TIM SPECTOR

Die Wissenschaft der Fermentation

TIM SPECTOR

Die Wissenschaft der Fermentation

Die lebensverändernde Kraft der Mikroben

Aus dem Englischen
von Petra Huber und Sara Riffel

DUMONT

Für meine leidgeprüfte Frau Veronique,
die das Chaos in unserem Kühlschrank ertragen muss.

Inhalt

Einleitung

Von all den Arten und Möglichkeiten, Lebensmittel zuzubereiten, ist die Fermentation womöglich diejenige, die immer noch am geheimnisvollsten erscheint und von zahlreichen Missverständnissen umgeben ist. Dabei entwickeln Menschen bereits seit Tausenden von Jahren verschiedene Methoden zur Fermentation von Pflanzen, Milchprodukten und Fleisch, um Haltbarkeit und Geschmack zu verbessern. Fermentation bedeutet schlicht die chemische Verwandlung aller Arten von Lebensmitteln oder Getränken mithilfe von Hefe, Bakterien oder anderen Mikroben, wobei es zur Entstehung von sprudelnden Bläschen und Hitze kommt. Auch naturbelassene Lebensmittel enthalten bereits Hunderte von chemischen Verbindungen; entfalten Bakterien oder Pilze aber einmal ihre erstaunliche Wirkung, vervielfachen sich diese Verbindungen und die Lebensmittel oder Getränke werden noch reichhaltiger. Während die fermentierenden Mikroben sich also über Speis und Trank hermachen, bilden sie Hunderte neuer, einzigartiger Verbindungen. Geschmack und chemische Zusammensetzung von Wein beispielsweise sind weitaus vielschichtiger als die von Traubensaft, ebenso verhält es sich mit Käse im Vergleich zu Milch. Inzwischen ist bekannt, dass dieser uralte alchemistische Prozess nicht nur den Geschmack von Nahrungsmitteln verwandelt, ihn vielfältiger und köstlicher macht, sondern auch eine Menge weiterer, gesundheitlicher Vorzüge mit sich bringt.

Im Jahr 2024 wurde eine der bis dahin größten Studien zu einem neuen Nahrungsergänzungsmittel durchgeführt, an der 10 000 Freiwillige aus Großbritannien teilnahmen. Sie wurden gebeten, drei

Wochen lang täglich eine bestimmte Dosis des Mittels einzunehmen und gesundheitliche Veränderungen aufzuzeichnen. Die Ergebnisse waren verblüffend. Fast die Hälfte der Teilnehmenden (47 Prozent) verzeichnete eine Stimmungsverbesserung, 55 Prozent gaben an, mehr Energie zu haben, 52 Prozent hatten weniger Hunger und bei 42 Prozent hatte die Häufigkeit von Blähungen nachgelassen. Tatsächlich wurde diese Studie von meinem Team und *ZOE* (dem wissenschaftlichen Ernährungsberatungsunternehmen, das ich mitbegründet habe) durchgeführt und in Wirklichkeit untersuchten wir kein neues kommerzielles Nahrungsergänzungsmittel, sondern ganz gewöhnliche, im Laden erhältliche fermentierte Lebensmittel wie Sauerkraut, Kefir, Joghurt und Kimchi.[1] Hätte ein neues Vitaminpräparat solche Ergebnisse erzielt, wäre es zum Verkaufsschlager geworden. Umso erstaunlicher ist es, dass so große gesundheitliche Vorteile allein durch die Aufnahme solch simpler Zutaten in die tägliche Ernährung erzielt werden können.

In diesem Buch möchte ich mit den Missverständnissen und Mysterien, die sich um fermentierte Lebensmittel ranken, aufräumen und zeigen, woher ihre positive Wirkung kommt. Ich habe sogar die Hoffnung, Sie davon überzeugen zu können, in Zukunft auf Vitaminpräparate zu verzichten und stattdessen zu fermentierten Lebensmitteln zu greifen – denn diese sind bei Weitem nahr- und schmackhafter.

Mittlerweile werden mir zu kaum einem anderen Thema so viele Fragen gestellt wie zu fermentierten Lebensmitteln. Die potenziellen Vorteile für die Gesundheit und ihre Auswirkungen auf das Darmmikrobiom haben ein enormes Interesse entfacht. Zwar habe ich auch in meinen früheren Büchern fermentierte Lebensmittel erwähnt, aber der Forschungsstand verändert sich so schnell, dass es noch so viel mehr zu sagen gibt als das. Beispielsweise erfuhr ich erst kürzlich zu meiner Begeisterung, dass sich selbst abgestorbene Mikroben, die wir über die Nahrung aufnehmen, positiv auf die

Gesundheit auswirken können. Folglich besitzen womöglich sogar manche Biersorten mit Rückständen abgestorbener Hefe eine gesundheitsfördernde Wirkung, die die negativen Auswirkungen von Alkohol teilweise wettmachen könnten. Solche bahnbrechenden Erkenntnisse hinsichtlich der Vorzüge fermentierter Lebensmittel haben bislang noch nicht den Raum und die Aufmerksamkeit bekommen, die ihnen gebührt.

Vielleicht hängt es auch damit zusammen, dass viele Menschen eine Scheu vor Fermentiertem haben. Fermentierte Lebensmittel werden nicht selten mit merkwürdigen Gerüchen, gefährlichen Bakterien und mikroskopisch kleinen, schleimigen Lebewesen in Verbindung gebracht. Auch was den Verzehr angeht, gibt es viele Missverständnisse. Ich werde oft gefragt, ob solche Lebensmittel denn überhaupt eine Wirkung hätten, da lebende Mikroben ja durch die Magensäure abgetötet würden. Seien daher probiotische Nahrungsergänzungsmittel nicht wirksamer? Und die gesättigten Fette in Joghurt und Kefir – seien die nicht schädlich? Greife Kombucha nicht die Zähne an und führe zu Sodbrennen und Lebensmittelvergiftungen? Und könne der Verzehr Menschen, die an Krebs oder einer Autoimmunerkrankung leiden, nicht sogar schaden?

Bevor ich 2010 anfing, mich wissenschaftlich mit Darmmikroben zu beschäftigen, hatte zugegebenermaßen auch ich keine Ahnung von fermentierten Lebensmitteln. Wie die meisten Menschen kannte ich die übertriebene Werbung für kommerzielle Joghurtprodukte, die wahrscheinlich keinerlei echte gesundheitliche Vorzüge hatten. Ich wusste nicht einmal, dass der Stilton-Blauschimmelkäse, den ich so gerne esse, gesundheitsfördernde Pilze in seiner blauen Marmorierung enthält oder dass Sauerkraut lebende Mikroben enthält. Von Kefir und Kombucha hatte ich noch nie gehört, und Kimchi war für mich scharfes eingelegtes Zeug, von dem man lieber die Finger lässt. Ich liebte japanisches Essen, ohne zu ahnen, dass der komplexe Geschmack von Sojasoße, Tofu und Misosuppe dem genialen Wirken von Mikroben zu verdanken ist. Da ich meine ärztliche Ausbildung in den 1970ern durchlief, konnte ich beruflich und auch persönlich jede Menge Erfahrungen mit Alkohol sammeln. Während mir damals durchaus schon bekannt war, dass Mikroben am Fermentationsprozess beteiligt sind, bei dem Zucker in Alkohol umgewandelt wird, und dass sie auch dazu fähig sind, die vergessenen Rotweinreste in Essig zu verwandeln, hatte ich keine Ahnung, dass meine bescheidene Tasse Kaffee ihren guten Geschmack und die langfristigen gesundheitlichen Vorteile, die sie obendrein besaß, dem Fermentationsprozess verdankte. Genauso wenig war mir klar, dass mein selbst gebackenes Sauerteigbrot aus demselben Grund leckerer und gesünder war als Supermarktbrot. Und je tiefer ich mich in das Thema einarbeitete, desto mehr Überraschendes erfuhr ich, wie zum Beispiel, dass Marmite, eine Würzpaste aus Hefeextrakt, die sich als Brotaufstrich besonders in Großbritannien großer Beliebtheit erfreut, und Tabascosoße ebenfalls fermentierte Lebensmittel sind!

Ich begann, selbst mit der Fermentation meiner eigenen Lebensmittel zu experimentieren und war bald mit Feuereifer bei der Sache. Zum Beispiel stellte ich meinen eigenen Kombucha her, auf Basis eines »SCOBY« (ein Akronym, das sich aus den Anfangsbuchstaben der englischen Worte *symbiotic culture of bacteria and yeasts* zusammensetzt, also eine symbiotische Kultur aus Bakterien und Hefe), den wir bei uns zu Hause liebevoll »blob«, Klumpen, nennen. Ich habe ihn aus einem winzigen Klümpchen gezogen, das ich auf dem Boden einer Flasche gefunden hatte.

Schon nach kurzer Zeit nahm ich mit fast jeder Mahlzeit fermentiertes Gemüse zu mir. Und mein säuerlicher Kefir (fermentierte Milch) mit Nüssen und Beeren schmeckt mir inzwischen besser als jedes andere Frühstück. Ich habe sogar meine eigene Kimchi-Variante erfunden (bei uns zu Hause mir zu Ehren »Timchi« genannt), die ich aus Resten, die ich im Kühlschrank finde, herstelle. Ich liebe den Geschmack und finde es großartig, dass sich damit auch noch Lebensmittelabfälle reduzieren lassen. Zu meiner Freude habe ich erfahren, dass sich Rotwein und vielleicht sogar handgemachter Cider (in Maßen genossen) günstig auf unser Herz und Mikrobiom auswirken; und mittlerweile stelle ich fest, dass ich sogar regelmäßig fermentieren muss, um mich gesund und glücklich zu fühlen.

Uns Ärzten wurde früher beigebracht, dass Mikroben grundsätzlich gefährlich seien und es deshalb unsere Aufgabe sei, sie mithilfe von Antibiotika und Antimykotika auszumerzen – im Körper und auch außerhalb. Essen sollte möglichst steril sein, damit man es bedenkenlos verzehren kann. Aus den E-Mails, die ich erhalte, weiß ich, dass viele Ärztinnen und Ärzte nach wie vor besorgt sind, wenn ihre Patienten Joghurt essen. Den meisten ist nicht mehr bewusst, dass unsere Vorfahren vor der Erfindung des Kühlschranks jahrtausendelang gezielt lebende Mikroben zu Lebensmitteln hinzufügten, um diese haltbar zu machen. Die Menschen damals wussten, was wir mittlerweile aus dem Blick verloren haben: Mikroben sind im Allgemeinen unsere Freunde. Wenn wir sie unterstützen und ihnen die richtigen Umgebungsbedingungen bieten, siedeln sie sich rasch in einer Tasse Milch oder auf in Salzlake eingelegtem Gemüse an; sie bilden chemische Stoffe, die den Säuregehalt verändern; in Zucker eingelegt produzieren sie Essigsäure oder Alkohol, sodass nur die Mikroben gedeihen, die für unsere Gesundheit förderlich sind. Die Lebensmittel verderben nicht mehr, schädliche Mikrobenarten werden ferngehalten, und es entsteht eine geschmackliche Vielfalt. Wir wissen mittlerweile außerdem, dass fermentierte Lebensmittel außergewöhnlich große gesundheitliche Vorzüge haben können, und die Wissenschaft beginnt gerade erst, sie in ihrer Fülle zu verstehen.

Für viele ist das Fermentieren heutzutage zu einer Art Hobby geworden. Ich selbst habe als Sechzehnjähriger meine ersten Erfahrungen damit gemacht. Damals kauften mir meine Eltern ein Bierbrau-Set, weil sie wohl dachten, dass es für mich sicherer wäre, mir zu Hause einen leichten Rausch anzutrinken, als mich in der

Art von Pubs herumzutreiben, in denen man nicht nach dem Ausweis gefragt wurde. Nun, es stellte sich heraus, dass ich dort wohl doch besser aufgehoben gewesen wäre – meine Biere waren zwar geschmacklos und trüb, aber sehr stark, was für einen besonders heftigen Kater sorgte. Ein anderes Mal brachte mein Vater, ein Medizinwissenschaftler, einen 40-Liter-Vorratsbehälter aus dem Labor mit nach Hause, und nach einigen katastrophalen Fehlschlägen samt merkwürdiger Bakterienteppiche brachte ich tatsächlich ein Gebräu zustande, das für einen anspruchslosen Teenager wie mich und seine Freunde trinkbar war. Ich kann mich noch an den charakteristischen Geschmack des Dosenmalzes und an die Hefefermente am Boden des Behälters erinnern, die mich auch noch in meinem ersten Studienjahr begleiteten, bevor sie durch andere Interessen und besseres Bier verdrängt wurden. Nicht im Traum hätte ich damals gedacht, dass ich Jahre später ein Buch über das Fermentieren schreiben und so überzeugt von den gesundheitlichen Vorzügen sein würde.

Heute gibt es zunehmendes Interesse an diesem Thema, doch vieles kann nach wie vor verwirrend sein. Das hat teilweise auch mit der cleveren, aber irreführenden Vermarktung von Produkten wie hoch verarbeiteten Joghurts zu tun, denen ein Dutzend chemischer Stoffe und unechte Früchte zugesetzt wurden und die als gesund angepriesen werden, nur weil sie kurz vor dem Verpacken noch mit ein paar Mikrobenstämmen angereichert wurden. Viele Lebensmittelunternehmen verwenden Wörter wie »Mikroben« und »Fermentation«, um uns zum Kauf zu verlocken. Oftmals können wir aber nicht wissen, ob ein solches »fermentiertes« Lebensmittel zur Zeit des Kaufs lebende oder tote Mikroben enthält. Es gibt einfach zu wenige Vorschriften für die Kennzeichnung von Verpackungen, die Konsumierende ausreichend informieren.

Wenn es darum geht, sich selbst am Fermentieren zu probieren, scheuen viele Menschen noch immer davor zurück, weil sie nicht wissen, wo sie anfangen sollen. Vielleicht hätten ja auch Sie Lust, es zu versuchen, haben aber Angst, es könnte zu Explosionen in Ihrer Küche kommen. Oder Sie haben schon einmal probiert, Sauerkraut zu machen, mochten aber den Geschmack nicht oder befürchteten, sich damit den Magen zu verderben. Meine Hoffnung ist, Sie mit diesem Buch zu ermuntern, mindestens ein Lebensmittel oder Getränk selbst zu fermentieren, und wenn Sie nur Knoblauchzehen in ein Glas Honig geben. Ich möchte zeigen, wie Fermentiertes in ihrem Körper wirkt und Ihre Gesundheit verbessern kann, und warum wir alle mindestens einmal täglich ein fermentiertes Lebensmittel essen sollten. Und falls Sie doch lieber die Finger von solchen Experimenten lassen wollen, helfe ich Ihnen, die besten (und schlechtesten) Produkte im Supermarkt ausfindig zu machen. Zumindest möchte ich jedoch Ihre Bewunderung für die winzigen, unscheinbaren Mikroben wecken, die in unserem Körper und unseren Lebensmitteln all die Arbeit leisten.

Schon oft habe ich über die Bedeutung der »vier Ks« gesprochen: Kefir, Kimchi, Kombucha und Kraut. Bei der Recherche für dieses Buch bin ich jedoch auf Hunderte weitere fermentierte Lebensmittel gestoßen, die mir vollkommen neu waren, und habe viele neue Tipps und Rezepte ausfindig gemacht. Am Ende dieses Buches finden Sie die besten und einfachsten Rezepte, die Sie zu Hause selbst ausprobieren können, mit minimalem Aufwand und nur wenigen Zutaten. Sie reichen von Ihrer ganz persönlichen Kimchi-Variante bis hin zu in Honig fermentiertem Knoblauch. Ich wünsche mir, dass Sie aus meinen fehlgeschlagenen Versuchen lernen, und möchte Sie ermutigen, selbst die Ärmel hochzukrempeln und zu fermentieren und so etwas Gutes für Ihre Gesundheit zu tun.

Mein Hauptaugenmerk in diesem Buch liegt auf Lebensmitteln, die auch nach der Zubereitung noch lebende Mikroben enthalten, und weniger auf solchen, bei denen sie durch Backen, Braten, Kochen oder durch Alkohol abgetötet werden. Da es aber neue wissenschaftliche Erkenntnisse gibt, die zeigen, dass bestimmte Mikroben auch dann noch gesund sein können, wenn sie bereits abgestorben sind, werde ich auch auf diese »toten« oder »fast toten« mikrobiellen Produkte zu sprechen kommen. Es ist gut möglich, dass Sie sie ohnehin schon regelmäßig verzehren, sei es Kaffee, Tee, Sauerteigbrot, Wein oder Bier.

Dieses Buch soll Ihre Fantasie, Ihre Geschmackssinne und Ihr Darmmikrobiom anregen und Ihr Verständnis dessen vertiefen, was unsere Vorfahren als »Kaltgaren« bezeichneten. Indem wir mehr über den Fermentationsprozess erfahren, der im Glas, außerhalb unseres Körpers, stattfindet, lernen wir auch, welche Vorgänge sich tagtäglich in unserem Körper abspielen, die für unser Leben und für unsere Seele so wichtig sind.

Aber um besser zu verstehen, was fermentierte Lebensmittel ausmacht, möchte ich den Blick zuallererst auf etwas werfen, das von verschiedenen Lebensformen nur so wimmelt …

1

Was ist Fermentation?

Die Reise der Mikroben – vom Feld ins Fermentationsglas

Stellen Sie sich ein Feld bei Sonnenuntergang vor. Es ist dunstig und die Spätsommersonne verleiht den äußeren Blättern des Rotkohls eine orange Färbung. Der Kohlkopf thront stolz auf der Erde, die in den letzten sechs Monaten seine Heimat war. Das Erdreich mit seinen Mikroben und das unendliche Netzwerk aus Myzelien haben ihn von einem kleinen Samen zu einem vielblättrigen und farbenfrohen Gemüse heranreifen lassen. Die komplexe Matrix aus Zellen hält alles zusammen und verleiht dem Kohl seine dichte Struktur. Die dunkelvioletten Blätter enthalten Hunderte von Polyphenolen (schützende chemische Stoffe), die den Kohl während seiner Zeit auf dem Feld vor Schäden durch Temperaturveränderungen und Wassermangel bewahrt haben. Auch die Darmmikroben desjenigen, der sich glücklich schätzen und den Kohl einmal verspeisen darf, werden von ihnen mit zusätzlicher Energie versorgt werden.

Nachdem der Rotkohl also sechs Monate lang gewachsen und gediehen ist, ist er endlich erntereif. Ob er aus Bioanbau oder von einem kleinen Bauernhof stammt, an dem kaum Pestizide und Düngemittel verwendet wurden, oder zwecks schnelleren Wachstums mit großen Mengen von beidem besprüht wurde: Mittlerweile haben sich Millionen von Mikroben zwischen den Blättern und in ihren Furchen angesiedelt. Er wird geerntet, gewaschen, verpackt und in Plastik- oder Holzkisten zum Supermarkt oder auf den Bauernmarkt transportiert. Um ihn frisch zu halten, wird er fast immer gekühlt.

Wird der Rotkohl dann von jemandem – zum Beispiel von Ihnen oder mir – gekauft, sind seine äußeren Blätter mit Waschmitteln, Händen, Plastik, der Transportkiste, noch mehr Händen und vielleicht auch Supermarktregalen in Berührung gekommen. All das hat die Vielfalt der Mikroben in den äußeren Bereichen vermutlich beeinträchtigt, doch es sind trotzdem noch jede Menge übrig. Nun liegt der Kohlkopf auf Ihrem Schneidbrett und Sie machen sich daran, dieses architektonische Meisterwerk der Natur einer weiteren Verwandlung zu unterziehen.

Zunächst entfernen Sie die äußeren Blätter (heben Sie diese für später auf) und spülen den Kohlkopf gut unter fließendem Wasser ab. Anschließend schneiden Sie ihn in dünne Streifen. Beachten Sie dabei das schöne Wellenmuster, das sich zeigt: In diesen Kräuseln befinden sich Millionen von Mikroben, die sich von den Zuckerarten in den Zellen des Kohls ernähren. Jeder Kohl, ob nun bio oder nicht, beheimatet zahlreiche Mikroben, die speziell an diese eine Pflanzenart angepasst sind. Es gibt viele verschiedene Mikrobenarten – die durchsetzungsfähigsten unter ihnen sind normalerweise die milchsäurebildenden Bakterien (Laktobazillen), wie zum Beispiel *Lactobacillus*, *Leuconostoc* oder *Weissella*. Andere, weniger gut angepasste Arten sind *Klebsiella*, *E. coli*, *Pseudomonas*, *Bacillus* und *Staphylococcus*. Auch einige Hefen, *Saccharomyces* (Back- oder Bierhefe), sind dort zu finden sowie der Hefepilz *Candida*, der zudem eine Vorliebe für dunkle, verschwitzte menschliche Körperregionen hat. Manche Schimmelpilze, wie *Aspergillus* und *Penicillium*, sind enthalten und schließlich auch viele winzige Viren, die sogenannten Phagen, die darauf spezialisiert sind, Milchsäurebakterien abzutöten. Stellen Sie sich diesen zusammengewürfelten Haufen von Mikrobenarten als rivalisierende Teams in einer Fermentations-Gameshow vor, die miteinander ums Überleben kämpfen.

Die erste Fermentation

Den geschnittenen Kohl geben Sie einfach mit einer großzügigen Prise Meersalz darüber (etwa 2 Prozent des Gewichts des Kohls) in eine saubere Schüssel und kneten das Salz mit sauberen, trockenen Händen ein. Kneten Sie den Kohl gut durch, um so viel Saft wie möglich herauszuholen. Das Salz führt dazu, dass die Pflanzenzellen ihre Struktur verlieren, da die in ihnen enthaltene Flüssigkeit durch Osmose austritt. Nach ein paar Minuten sollte sich reichlich Flüssigkeit auf dem Schüsselboden angesammelt haben, die reich an natürlichem Zucker des Kohls ist. Sie stellt einen nahrhaften Snack für die Mikroben dar, die darin rasch wachsen und sich vermehren können. Die nunmehr weichen Kohlblätter geben Sie mit der Flüssigkeit in ein sauberes Glas und drücken sie mit der Faust nach unten. Achten Sie darauf, dass die Lake den Kohl vollständig bedeckt. Bei Bedarf können Sie das Gefäß mit ein wenig Salzwasser auffüllen und verschiedene Kräuter und Gewürze, zum Beispiel Kümmelsamen oder Fenchel oder, je nach Gusto, auch noch beliebiges anderes gehacktes Gemüse hinzufügen. Schon ein paar Karottenscheiben versorgen die Mikroben mit weiteren schmackhaften Kohlenhydraten und beschleunigen so die Fermentation. Anschließend drücken Sie diese Mischung unter Zuhilfenahme der äußeren Kohlblätter so fest wie möglich nach unten – sie bilden einen natürlichen Deckel, der das Eindringen von Luft verhindert.

Wir sind überall von Mikroben umgeben. Wenn Sie am Tag im Garten gearbeitet oder Ihr Haustier gestreichelt haben, befinden sich – selbst wenn Sie sich die Hände gewaschen haben – Mikroben aus der Erde oder dem Haustier auf Ihrer Haut. Steht Ihr Küchenfester offen, trägt der Wind weitere Mikroben herein, darunter auch natürliche Hefepilze. Sie alle mischen jetzt bei der Fermentations-Gameshow mit und treten in einem brutalen Überlebenskampf gegen die zähen Kohlmikroben an. So entscheidet sich, welche von ihnen dem Kohl seine einzigartige Zusammensetzung verleihen.

Die erste Herausforderung für die Mikroben-Teams besteht darin, sich ohne Sauerstoff durchzuschlagen. Die nützlichen anaeroben Bakterien, die in der Lage sind, ohne viel Sauerstoff auszukommen, haben eine größere Überlebenschance, während sauerstoffliebende Mikroben, darunter ein paar unangenehme Vertreter (Pathogene), die gesundheitliche Probleme verursachen können, wahrscheinlich durch das Salz und den Sauerstoffmangel im Fermentationsglas abgetötet werden. Das Salz ist für diese Mikroben ein Hindernis, die Überlebenden belohnt es jedoch, da es den in den Kohlblättern gespeicherten Zucker freisetzt.

Verschließen Sie nun das Gefäß mit einem Deckel, sodass kein weiterer Sauerstoff mehr eindringen kann. Jetzt können Sie sicher sein, dass auch viele der übrigen unerwünschten Mikroben abgetötet werden, wodurch für die Überlebenden mehr Nahrung übrig bleibt. Nun stellen Sie die Mischung an einen kühlen, dunklen Ort und warten, dass die Magie beginnt. Natürlich handelt es sich beim Prozess des »Kaltgarens« nicht wirklich um Magie, sondern schlicht um einen Selektionsprozess von Mikroben, die verschiedene chemische Stoffe bilden. Schon nach etwa 24 Stunden zeigen sich an der Oberfläche der Flüssigkeit erste Bläschen – ein klares Anzeichen dafür, dass die winzigen Mikroben sich bereits vermehrt haben und sich den Kohl schmecken lassen. Die darin enthaltenen Ballaststoffe und Polyphenole sind, ebenso wie das zuckerhaltige Innere, ein Festmahl für die Mikroben, deren Appetit unersättlich ist. Diese winzigen Kohlendioxidbläschen, die von spezialisierten Mikroben (Hefen und ein paar Bakterienarten) erzeugt werden, steigen an die Oberfläche. Daher ist es empfehlenswert, das Gärgefäß alle paar Tage zu entlüften, damit sie entweichen können und sich nicht zu viel Druck aufbaut. Sonst könnte Flüssigkeit austreten oder, noch schlimmer, es gar zu einer Explosion kommen. In der Fermentationswelt spricht man in diesem Zusammenhang auch liebevoll vom »Rülpsen« oder »Aufstoßen« der fermentierten Lebensmittel.

Noch ist der Überlebenskampf der Mikroben jedoch nicht vorbei, sie wetteifern weiter um den Sieg. Einige sind in dem sauerstoffarmen und salzreichen Milieu ganz in ihrem Element, und nun, da die sauerstoffliebende Konkurrenz ausgeschaltet ist, haben sie sich stark vermehrt. Allerdings erwartet sie bald ein Schock. Manche der Mikroben beginnen in der sauerstoffarmen Umgebung, schwache Säuren wie Milch- und Essigsäure zu bilden, wodurch die Mischung sauer wird. Ihr pH-Wert sinkt auf unter 4,5, was nur wenige Mikrobenarten vertragen. Und so sind nach etwa drei Tagen nur noch die Spezialisten unter den Bakterien und Hefen übrig. Die aggressiven, potenziell gefährlichen Mikroben wie *E. coli* und *Staphylococcus* wurden mittlerweile eliminiert. Der fermentierte Kohl – das Sauerkraut – kann jetzt bedenkenlos probiert werden.

Der ursprünglich violette Kohl leuchtet jetzt rosa wie ein Sonnenuntergang, seine Textur ist weicher und der Geschmack pikanter, säuerlicher geworden. Die hunderten unterschiedlichen chemischen Verbindungen und Ballaststoffe, die im Kohl enthalten waren, haben die Vermehrung der überlebenden Bakterien befeuert, wodurch noch mehr Säure und Kohlendioxidbläschen entstanden sind. Die siegreichen Mikroben fühlen sich nun in dem Gefäß ganz zu Hause und erzeugen Hunderte weitere Stoffwechselprodukte, während sie den Kohl zersetzen. Alle Mikroben, die Ballaststoffe abbauen und Polyphenole verwenden, bilden dabei sogenannte »postbiotische« Stoffe – gleichsam aus dem Nichts wie ein Zauberer, der ein Kaninchen aus dem Hut zieht, und Sie sitzen in der ersten Reihe dieser magischen Show. Es ist derselbe Fermentationsprozess, bei dem Pflanzen, hier Ihr Kohl, von Mikroben zerlegt und in völlig neue Stoffe umgewandelt werden, der auch in jedem Einzelnen von uns stattfindet.

Warten Sie geduldig ab, bis Ihr Sauerkraut den richtigen Grad an Knackigkeit, Säure und Geschmacksvielfalt angenommen hat. Ich persönlich verzehre es nach fünf bis zehn Tagen, abhängig von der Farbe des Kohls (Rotkohl braucht etwas länger als Weißkohl), der Gemüsemischung und der Zimmertemperatur, da all das die Geschwindigkeit des Fermentationsprozesses beeinflusst.

Diese herrliche Mischung aus Mikroben und ihren Stoffwechselprodukten, Ballaststoffen und Polyphenolen durchwandert dann später den Kosmos Ihres Darms und muss sich in der nächsten Runde der Fermentationsshow weiteren Überlebenskämpfen stellen. Auf die Krautmikroben warten nun Hunderte Billionen Darmmikroben (im Dickdarm sind es hauptsächlich Bakterien und Viren, aber auch Hefepilze und Parasiten; in der Dünndarmschleimhaut davor handelt es sich nur um ein paar Milliarden Mikroben). Jeder Bissen eines fermentierten Lebensmittels schleust neue Mikroben in unser Darmmikrobiom ein und versorgt die bereits vorhandenen zudem mit einer Vielzahl köstlicher Ballaststoffe und Polyphenole, die infolge der Fermentierung im Glas teilweise bereits umgewandelt und vorverdaut sind.

Der gewaltige Unterschied zwischen rohem geschnittenen Kohl in einem Salat und seiner fermentierten Version in Form von Sauerkraut ist allein der Kraft der Fermentation, dieser uralten Form des Kochens, zu verdanken.

Schauen wir uns nun also an, was mit dem Sauerkraut und seinen Mikroben, dem Spezialteam von säureliebenden und sauerstoffverachtenden Überlebenskünstlern, passiert, sobald wir einen Bissen davon nehmen und sie wieder einmal gezwungen sind, sich an eine neue Umgebung anzupassen.

Die zweite Fermentation

Sobald die Mikroben in unserem Mund mit dem Speichel in Berührung kommen, befinden sie sich in einem neutralen, nicht sauren Milieu. Das ist allerdings nicht weiter problematisch, da sie dort nur wenige Sekunden verweilen, bevor sie sich im Magen mit der nächsten Herausforderung konfrontiert sehen. Dort sind sie von

Magensäure umgeben, die einen pH-Wert von unter 2 aufweist, der für sie sehr ungemütlich ist. Früher ging man davon aus, dass nahezu alle der mehreren Milliarden Mikroben (allein eine Portion Sauerkraut enthält 25 Milliarden) sofort von der Magensäure abgetötet würden; doch das beruhte auf veralteten Daten und Zellkultivierungsmethoden, die 99 Prozent der Mikrobenarten außer Acht ließen. Manche Mikroben sterben im Magen tatsächlich innerhalb weniger Minuten ab, insbesondere die der äußeren Krautschichten; andere wiederum sind womöglich zwischen Blätterschichten vor der Säure geschützt. Auch besonders kleine Mikroben, die erst kürzlich entdeckt wurden, dürften der Magensäure entgehen. Diese sogenannten Ultramikrobakterien (UMB) sind höchstens 0,1 Kubikmikrometer groß, manche sogar nur 0,009 Kubikmikrometer.[2] Zur Veranschaulichung: Ein einziges *E.-coli*-Bakterium könnte bis zu 150 dieser Winzlinge beherbergen; 150 000 von ihnen würden auf die Spitze eines Menschenhaares passen. Auch können sich manche normalgroßen Mikroben temporär zusammenziehen, um sich vor Änderungen des Säuregehalts oder der Temperatur zu schützen. In diesem Zustand sind sie selbst mit modernen wissenschaftlichen Methoden nicht zu entdecken.

Bekannt ist allerdings auch, dass ein paar Bakterienarten selbst die widrigen Bedingungen im menschlichen Magen so sehr lieben, dass sie dort dauerhaft leben, wie zum Beispiel der weitverbreitete *Helicobacter pylori*, der Magengeschwüre verursachen kann. Um ihm den Garaus zu machen, braucht es normalerweise die Kombination von drei Antibiotika. Interessanterweise können jedoch auch probiotische Mikroben, die die Magenschleimhaut besiedeln, die Schwere dieser Geschwüre verringern, wenn der Säuregrad einmal gesunken ist. Der Säuregrad des Magens unterliegt starken Schwankungen, und bei Menschen, die unter einer Gastritis (Magenschleimhautentzündung) leiden oder säureblockende Medikamente wie Protonenpumpenhemmer (PPI) einnehmen, ist er niedriger, wodurch viele Mikroben überleben – nützliche ebenso wie schädliche.

Sind es Mikroben aus Probiotika wie unserem Sauerkraut, ist das von Vorteil, meistens handelt es sich jedoch um schädliche Pathogene, die das Risiko für Entzündungen in Magen und Darm erhöhen.

Obwohl die schwächeren, schutzlosen Mikroben nun also dezimiert wurden, klammern sich noch viele von ihnen tapfer an Stückchen des Kohls fest und setzen ihren Weg in den Zwölffingerdarm fort. In dem flüssigen Milieu zwischen den schleimigen Schichten der Dünndarmwand hat sich der Überlebenskampf etwas beruhigt. Hier treffen unsere Kämpfer nur auf ein paar Mikroben, die versteckt in den vielen Falten und Einbuchtungen des riesigen Dünndarms hausen. Mit seinen etwa fünf Metern Länge und einer Oberfläche von 200 Quadratmetern würde er ausgebreitet glatt einen ganzen Tennisplatz bedecken. Noch wissen wir nicht genau, was sich im riesigen Dünndarm abspielt, da er bislang ohne chirurgischen Eingriff nur schwer zugänglich ist. Zwar gibt es seit Neuestem kleine, intelligente Kapseln zum Schlucken, die beim Durchwandern des Dünndarms eine winzige Biopsie durchführen und am nächsten Tag in der Toilette wieder eingesammelt werden können, doch dieses kostspielige Experiment wurde bisher erst wenige Male durchgeführt.[3] Daher wissen wir, dass die Hauptfunktion des Dünndarms in der Aufnahme von Nährstoffen besteht, aber was dort sonst noch vor sich geht, können wir nur mutmaßen. Nach derzeitigem Kenntnisstand läuft die wichtigste Wechselwirkung zwischen den dort ansässigen Mikroben und den fermentierten Lebensmitteln über Signale und Wahrnehmung ab: Sobald die Darmmikroben die Besucher auf dem Kohl entdecken, signalisieren sie ihren Freunden und ihrem weitverzweigten Netzwerk, dass Ballaststoffe und Polyphenole zum Dickdarm unterwegs sind, der von ganzen Heerscharen von Mikroben besiedelt ist.

Wichtig für die Zusammenarbeit mit den Darmmikroben sind die erst kürzlich entdeckten Neuropod-Zellen in der Darmschleimhaut.[4] Sie sind darauf spezialisiert, zu erspüren, welche Nährstoffe von den Mikroben aufgenommen und welche chemischen Stoffe gebildet werden. Mittels eines weit gefächerten Kommunikationssystems melden sie dem Gehirn innerhalb von Millisekunden, welche guten und schlechten Nährstoffe unterwegs sind. Diese Lebensmittelsensoren spielen eine entscheidende Rolle für das Essverhalten, und ihre Entdeckung hat den Blick auf das Verhältnis von Darm und Hirn völlig verändert. Die spezialisierten Neuropod-Zellen weisen nicht nur Geschmacksrezeptoren auf, um winzige Mengen an Zucker, Fett und Proteinen aufzuspüren, sondern sind auch in der Lage, Mikroben und ihre Stoffwechselprodukte, wie zum Beispiel kurzkettige Fettsäuren (SCFA), zu erkennen.

Mittlerweile setzt sich zunehmend die Auffassung durch, dass die Wirkung fermentierter Lebensmittel oder zumindest ihrer probiotischen Mikroben darin besteht, wie sie mit dem Dünndarm interagieren, der daraufhin mit dem Immunsystem kommuniziert und es beeinflusst. Noch ist das eine Hypothese und uns fehlen eindeutige Beweise. Dafür spricht allerdings, dass der Dünndarm die einzige Station auf der Reise der Krautmikroben durch den Darm ist, an der das Milieu ihnen nicht feindlich gesinnt ist. Zudem, und das ist entscheidend, sind sie dort nicht mit einer Übermacht von ansässigen Darmmikroben konfrontiert, die ihnen zahlenmäßig eine Million zu eins überlegen sind und mit der sie konkurrieren müssen. Da manche Dünndarmerkrankungen durch Probiotika abgemildert oder bisweilen sogar geheilt werden können, wissen wir, dass von außen zugeführte Mikroben dort durchaus wirken können. Also liegt der Schluss nahe, dass unsere Mikroben auf ihrem Sauerkrautfloß in diesem freundlichen Hafen anlegen, um sich auszuruhen und zu vermehren. So wächst ihre Zahl an, und sie können größere Mengen an gesunden Stoffen bilden, die mit den Neuropod- und Immunzellen in der Darmschleimhaut interagieren.

Während das Krautfloß nun mitsamt seiner nützlichen Besatzung die Reise in Richtung Dickdarm fortsetzt, weiß unser Körper bereits Bescheid und ist vorbereitet.

In nunmehr etwas größerer Schar werden die unerschrockenen Reisenden durch die Ileozäkalklappe auf peristaltischen Wellen, die von Nervenzellgeflechten gesteuert werden, in die dunklen Tiefen des Dickdarms befördert. Dort sehen sie sich der nächsten Herausforderung gegenüber: Plötzlich sind sie von einer riesigen Schar Darmmikroben umgeben. Stellen Sie sich eine Gruppe von zwanzig Fußballfans vor, die eng aneinandergedrängt nach einem Auswärtsspiel ihrer Mannschaft das Stadion verlässt und sich einem Meer von grölenden Fans der gegnerischen Mannschaft gegenübersieht. Die Mikroben klammern sich verzweifelt an ihr Rettungsfloß aus fermentiertem Kohl. Lassen sie los, bedeutet das für sie den sicheren Tod, denn im Gegensatz zu den zähen Einheimischen sind sie an das Leben auf dem sauren, salzigen Kohl gewöhnt, nicht an das alkalische Milieu des Darms.

Ein paar glückliche Mikroben, die sich noch an unverdautem Kohl festklammern konnten, schaffen es, sich unbemerkt zu vermehren und gesunde chemische Stoffe, etwa entzündungshemmende kurzkettige Fettsäuren, zu bilden. Wie im Dünndarm werden sie auch hier von den wachsamen Neuropod-Zellen und den vielen Immunzellen in der Darmschleimhaut entdeckt, die dann beruhigende Signale an Immunsystem und Gehirn aussenden. Inzwischen geht man davon aus, dass die weitgereisten Mikroben diese Signale über einzigartige chemische Stoffe weitergeben, die vermutlich gar nicht erst entstehen würden, würde man den Darmmikroben einfach gekochten Kohl vorsetzen. Sie verdanken ihre Existenz der besonderen Kraft fermentierter Lebensmittel.

Bald darauf wird das Krautfloß vollständig von den hungrigen Darmmikroben vertilgt. Sie verwenden die Nährstoffe in den Fasern sowie die Polyphenole als eine Art Treibstoff, um sich zu vermehren und noch mehr nützliche Chemikalien zu bilden. Nach ein paar Tagen des Kampfes gegen die millionenfache Übermacht der Darmmikroben sind wahrscheinlich fast alle Krautmikroben und ihre Nachkommen tot. Ihre abgestorbenen Überreste werden kurzerhand über den Stuhl ausgeschieden, zusammen mit Billionen kurzlebiger Darmmikroben. Etwa die Hälfte der Trockensubstanz unseres täglichen Stuhls besteht aus winzigen abgestorbenen Mikroben – was Ihnen vielleicht einen Eindruck von der schieren Menge der beteiligten Mikroben und den schnellen Lebenszyklen in unserem Darm verschafft.

Bis vor Kurzem konnte nur ein Bruchteil der Mikroben in einer durchschnittlichen Stuhlprobe nachgewiesen werden. Mittlerweile lässt sich mittels genetischer Sequenzierung jedoch einschätzen, wie viele der milchsäurebildenden Mikroben aus einem fermentierten Lebensmittel tatsächlich den Weg bis in die Kloschüssel schaffen. Menschen, die regelmäßig Fermentiertes verzehren, ob nun einfachen Joghurt, Kimchi oder Sauerkraut, weisen in ihren Stuhlproben eine deutlich größere Anzahl an fermentierenden Mikroben auf als Personen, die solche Lebensmittel nicht verzehren. Entscheidend ist dabei, dass diese Mengen weit über der Zahl der Mikroben liegen, die mit der Nahrung in den Darm gelangt sind – ein eindeutiger Hinweis darauf, dass sie sich im Körper vermehrt haben.

Früher ging man davon aus, dass alle probiotischen Mikroben, die – ob nun aus Lebensmitteln oder Kapseln – in den Magen gelangen, absterben, noch bevor sie ihre gesundheitsfördernde Wirkung entfalten können. Mittlerweile weiß man jedoch, dass viele von ihnen die Reise durch Magen und Dünndarm überleben, bevor sie anschließend in den Dickdarm gelangen, und viele klinische Studien zeigen nun, dass sie die Gesundheit tatsächlich verbessern können.[5] Ein weiterer, ebenso bizarrer wie einleuchtender Grund, warum sich probiotische Mikroben positiv auswirken, ist ihr »Nachleben«. Selbst wenn sie auf der Reise sterben, wirken sie sich, vermutlich durch chemische Stoffe, die sie bilden, oder Proteine in ihren Zellwänden, nach wie vor günstig auf die Gesundheit aus. Über negative Effekte dieser Zombie-Mikroben gibt es bisher keine Erkenntnisse. Wir werden später noch einen genaueren Blick auf diese skurrile Vorstellung eines Mikroben-Nachlebens werfen.

Dass fermentierte Lebensmittel gesünder sind als rohe, liegt also auch daran, dass sie im Grunde doppelt fermentiert werden. Die erste Fermentierung spielt sich im Gefäß ab. Sie ist anhand der neu entstehenden Gerüche, Bläschen und der Veränderungen in Farbe, Konsistenz und Geschmack nachzuvollziehen. Die zweite Fermentation können wir uns nur vorstellen. Sie läuft, wie wir nun gesehen haben, in der Dunkelheit des Darms ab. Infolge der ersten Fermentation können sich die Darmmikroben alle langwierigen Vorbereitungen sparen und sich gleich daranmachen, die ideale Mahlzeit zuzubereiten, die ihnen alle Nährstoffe liefert, die sie brauchen. Ein einfaches Beispiel dafür ist die Fermentation von Milch: Bei der Herstellung von Joghurt, Käse oder Kefir wird die Laktose (Milchzucker) durch externe, zugesetzte Mikroben bereits vorverdaut. Die Darmmikroben bekommen es daher mit viel kleineren Laktosehappen zu tun, die sie effektiver in winzige Zucker aufspalten können, und diese sind wiederum leichter verdaulich. Aus diesem Grund sind fermentierte Milchprodukte für Menschen, die an einer Laktoseintoleranz leiden oder denen das Verdauungsenzym Laktase fehlt, was auf 80 Prozent der Weltbevölkerung zutrifft, gut verträglich, während ihnen frische Milch Beschwerden bereitet.

Es war eine lange Reise für die Mikroben – vom Kohl auf dem Feld über das salzige Milieu im Fermentationsgefäß bis in den Darm, wo sie chemische Stoffe bildeten und einen heldenhaften Märtyrertod starben. Ich hoffe, diese Beschreibung der Reise der Mikroben konnte Ihnen veranschaulichen, welch große transformative Kraft in diesen Winzlingen steckt und was für eine erstaunliche Leistung sie im Dienste unserer Gesundheit erbringen.

Die »Fermentierer« – ein Überblick

Das Leben der Mikroben gleicht einem abenteuerreichen Actionfilm. Im Zeitraffer werden sie geboren, leben, fressen, pflanzen sich fort und sterben. Und sie hinterlassen ein Vermächtnis in Form ihrer Überreste und Flüssigkeiten, das noch monatelang nachwirkt. Viele Mikroben sind in der Lage, in einen inaktiven Zustand zu verfallen, entweder als geschrumpfte Version ihrer selbst oder als Spore mit einer schützenden Hülle, wodurch sie in einem unwirtlichen Milieu (Säure, Hitze, Kälte) überleben können, bis die Bedingungen sich wieder verbessern.[1] Sogenannte Ultramikrobakterien, über die nur wenig bekannt ist, sind so klein, dass sie durch jeden Filter schlüpfen.

Rund die Hälfte der Bakterienarten kann Sporen bilden, die in einer Art Tiefschlaf bis zu mehreren Jahren überdauern. Auch hier sichert dieser raffinierte Schutzmechanismus ihr Überleben in feindlicher Umgebung. In seltenen Fällen lösen Sporen gesundheitliche Probleme aus, zum Beispiel kann *Bacillus cereus* beim Aufwärmen von weißem Reis oder anderen Speisen eine Lebensmittelvergiftung verursachen.[2] Dieser Mikrobe ist durch Hitze oder Alkohol nur schwer beizukommen, und sanftes Erhitzen erweckt sie wieder zum Leben. Beim Fermentieren sind Sporen in der Regel allerdings kein Problem und die meisten Milchsäurebakterien sind nicht sporenbildend.

Die Vermehrungsrate der Mikroben und mithin auch die Fermentationsgeschwindigkeit hängen von verschiedenen Faktoren ab, unter anderem auch vom Säuregrad der Umgebung, wie wir schon bei unseren Krautmikroben gesehen haben, und vor allem der Gärtemperatur. Manche Mikroben verdoppeln sich im Körper alle 30 Minuten; im Gefäß dauert es meist etwas länger: Nach ein paar Stunden der Anpassung an die neue Umgebung kann sich ihre Zahl alle 90 Minuten verdoppeln, was bedeutet, dass in 24 Stunden bis zu sechzehn Mikrobengenerationen entstehen können. Gibt man 3 Gramm Kefirknollen mit 300 Millionen Kolonien zur Milch (Mikroben werden in koloniebildenden Einheiten [KBE] gemessen), ergibt das nach 24 Stunden 20 Billionen Mikroben, also sage und schreibe 70 Milliarden pro Milliliter! Die Anzahl der Mikroben dürfte in den meisten kommerziellen Kefir- und Joghurtprodukten niedriger liegen, da diese dort erst in den späteren Stadien des Herstellungsprozesses, kurz vor der Kühlung, zugesetzt werden. Zum Vergleich: Die meisten probiotischen Nahrungsergänzungsmittel enthalten nur 1 bis 10 Milliarden KBE pro Kapsel. Irgendwann sterben die Mikroben ab, wenn ihnen Nährstoffe oder der Platz ausgehen oder die Bedingungen zu unwirtlich für sie werden. Oft zerstören sie sich selbst, weil sie zu viele Nebenprodukte bilden, sodass der Gehalt an Alkohol (15 Prozent ist die Obergrenze) oder Säure zu hoch liegt.

Bis vor Kurzem wussten wir fast nichts darüber, wie viele verschiedene Lebensmittelmikroben es überhaupt gibt und was sie bewirken. Durch eine Studie aus dem Jahr 2024, die nach fünf Jahren Arbeit eines EU-Forschungsverbunds durchgeführt wurde, konnten endlich einige wichtige Fragen beantwortet werden und die Anzahl der bekannten Lebensmittelmikroben hat sich verdreifacht. Im Zuge der Studie entstand eine Datenbank der Lebensmittelmikroben, indem die Gene der Bakterien in 2533 Lebensmitteln sequenziert und mit den Bakteriengenen in Darmproben von 20000 Personen verglichen wurden.[3] Die untersuchten Lebensmittel reichten von Alkohol über Milchprodukte bis hin zu Kefir und Kombucha, fermentierten Fleischprodukten wie Wurst und Salami und nicht fermentierten Fleischprodukten, Saaten, Wurzeln sowie Fisch,

Gemüse beziehungsweise Obst in fermentierter und nicht fermentierter Form. Zudem wurden 358 Sorten probiotischer Lebensmittel, von Kimchi bis Sauerteig, unter die Lupe genommen, einschließlich einiger Lebensmittel, die noch nie eingehender untersucht worden waren, wie fermentierte Saaten und Fisch (zum Beispiel koreanischer Rochen), mexikanischer Pulque (fermentierter Agavensaft), afrikanischen Palmwein und verschiedene Fleischsorten. Es wurden mehr als 10 000 verschiedene Bakteriengenome entdeckt, die in 1 036 Artengruppen unterteilt wurden, von denen der größte und häufigste die *Bacillota* (früher: *Firmicutes*) waren. Etwa die Hälfte der gefundenen Mikroben waren bis dahin unbekannt, selbst in gut untersuchten Lebensmitteln wie vielen Käsesorten und anderen Milchprodukten. Das zeigt, wie wenig wir wissen und wie viel es auf diesem Gebiet noch zu entdecken gilt.

Etwa 40 Prozent der entdeckten Bakterien sind, was ihre Nahrung angeht, wählerisch – sie waren nur in einem einzigen Lebensmittel nachzuweisen. Etwa 25 Prozent traten hingegen in unterschiedlichen Lebensmitteln auf. Allgemein lässt sich sagen, dass sich in fermentierten Lebensmitteln meist Mikrobenarten fanden, die auch in anderen fermentierten Produkten gefunden wurden; bei nicht Fermentiertem waren die Mikrobenarten hingegen häufig spezifisch für das jeweilige Produkt. Ein Beispiel dafür ist *Brochothrix*, ein Bakterium, das häufig in Fleisch zu finden und dafür verantwortlich ist, dass es schnell verdirbt und unangenehm zu riechen beginnt. Eine Ausnahme stellt Rohmilch dar, bei der man in kleinen Mengen die Mikrobenarten fand, die auch in Joghurt vorhanden sind, zum Beispiel mehrere *Lactobacillus*-Stämme sowie *Streptococcus thermophilus*. Viele dieser Mikroben wurden noch nie außerhalb von Lebensmitteln nachgewiesen, was darauf schließen lässt, dass sie auf diese spezielle Umgebung in den jeweiligen Produkten spezialisiert sind.

Auch die Vielfalt verschiedener Mikrobenarten wurde untersucht. Die Studie kam tatsächlich zu dem Ergebnis, dass unpasteurisierte Lebensmittel mehr unterschiedliche Arten enthielten als fermentierte. Das ist darauf zurückzuführen, dass durch den Fermentationsprozess nicht angepasste Mikroben rasch abgetötet werden. Die höchste Mikrobenvielfalt fand sich in Proben von Fisch (der markante Fischgeruch verdankt sich den vielen chemischen Stoffen, die von ihnen gebildet werden). In nahezu allen Lebensmitteln stieß man auf unbekannte oder neue Arten, insbesondere in fermentiertem Tee (Kombucha) und fermentierter Agave (Pulque). Nur 25 Mikrobenarten (23 Bakterien und zwei Hefen) sind für den Geschmack der meisten getesteten Lebensmittelkategorien verantwortlich und sie erwiesen sich somit als ausschlaggebender als die geografische Herkunft. Merkwürdigerweise gab es eine beträchtliche Schnittmenge der Mikroben in Kombucha, Kaffee und fermentiertem Tee (Pu-Erh).

Während in Speichelproben kaum Lebensmittelmikroben nachgewiesen werden konnten, stieß man in menschlichem Stuhl auf etwa die Hälfte dieser Mikroben, was darauf hindeutet, dass sie im Darm zumindest kurzzeitig überleben können. Bei Säuglingen stimmen sogar 56 Prozent der Mikrobenarten im Darm mit denen in der Ernährung überein; hierbei dominiert *Bifidobacterium longum*, das in Muttermilch enthalten ist. Mit zunehmender Vielfalt der Darmmikroben sinkt dieser Anteil jedoch – auf nur 8 Prozent bei älteren Kindern und auf durchschnittlich 3 Prozent bei Erwachsenen. Das ist auf eine größere Ernährungsvielfalt zurückzuführen, die nicht mehr rein auf Muttermilch beschränkt ist, sowie auf die stärkere Interaktion mit der Umwelt, einschließlich Menschen und Tieren. Der niedrige Anteil von nur 3 Prozent Lebensmittelmikroben verdeutlicht, dass die Billionen von Mikroben im Darm nicht nur aus der Ernährung, sondern aus den unterschiedlichsten Quellen stammen können wie Luft, Erde, Tiere und anderen Menschen. Deutlich wird jedoch auch, wie überdurchschnittlich stark die aus Lebensmitteln aufgenommenen Mikroben unsere Gesundheit beeinflussen, anders als ihr geringer Anteil am gesamten Darmmikrobiom vermuten lassen würde. Wir haben bereits gesehen, dass fermentierende Mikroben im Dünndarm eine noch viel größere Wirkung haben; dort liegt ihr Anteil vermutlich höher, doch noch ist es nicht möglich, diesen genau zu bestimmen.

Ganz gleich aber, wie die Zusammensetzung des Darmmikrobioms aussieht, neue Mikrobenarten können durch den Verzehr unterschiedlicher Lebensmittel – ob fermentiert oder nicht – aufgenommen werden, und bereits vorhandene Mikroben können sich vermehren. Ein gutes Beispiel sind die auf Algen spezialisierten Mikroben *Vibrio* EJY3. Verzehrt man einen Fisch, der sich von diesen Algen ernährt, nimmt man auch die Mikroben auf, die sich dann im Darm ansiedeln. Durch sogenannten horizontalen Gentransfer tauschen die Mikroben Gene mit bereits vorhandenen Darmbakterien aus. Durch dieses genetische Geben und Nehmen werden Gene, die für Enzyme zur Verdauung von Algen kodieren, weitergegeben. Die Darmmikroben (und folglich der Körper) können somit alle Nährstoffe und gesundheitlichen Vorzüge der Algen, die verzehrt wurden, aufnehmen.[4] Bei den Bewohnern der Küsten Japans ist genau das der Fall: Ihr Darmmikrobiom ist evolutionär genau darauf ausgerichtet, diese Algen, die roh gegessen werden, zu verwerten. Das Darmmikrobiom von Menschen, die nicht dort leben und nur gelegentlich Sushi essen, verfügt in der Regel nicht über die speziellen Mikroben, die die besten Nährstoffe aus den zähen Polysacchariden in rohen Algen verdauen können. Auch unsere Darmmikrobiome sind, je nachdem, wo wir leben, voller besonderer Gäste. Bierhefe (*Saccharomyces cerevisiae*; auch Brau- oder Backhefe genannt), die in vielen Lebensmitteln enthalten ist, die wir regelmäßig zu uns nehmen, ist etwa so ein heimisch gewordener Gast.

Als wir gemeinsam mit unseren italienischen Kollegen eine Teilmenge von gut 30 000 Personen unserer ZOE-Datenbank (die insgesamt 250 000 Personen umfasst) näher unter die Lupe nahmen, stießen wir auf eine weitere interessante Mikrobenart: *Lawsonibacter asaccharolyticus.* Die Ergebnisse unserer Studie wurden im renommierten Journal *Nature Microbiology* publiziert. Der Kaffee liebende *Lawsonibacter* lässt sich im Darm von Kaffeetrinkern in großen Mengen nachweisen, nicht aber bei Teetrinkern.[5] Wir fanden heraus, dass dieser *Lawsonibacter*, wenn auch selten und in geringen Mengen, sogar bereits im Mikrobiom von Neugeborenen nachgewiesen werden kann, was bedeuten muss, dass er sich schon nach einem Kuss von einem kaffeetrinkenden Elternteil in kleinen Mengen dort ansiedeln kann. Die Mikrobe wartet dann geduldig in einem Winkel des Darms auf den Tag, an dem sie wieder mit Kaffee gefüttert wird. Auch bei Menschen aus Ländern, in denen kein Kaffee getrunken wird, ließen sich geringe Mengen des *Lawsonibacter* nachweisen. Daraus lässt sich schließen, dass, obgleich man ein bestimmtes Lebensmittel oder Getränk nicht selbst zu sich nimmt, ein paar der darin enthaltenen Mikroben den Weg in den Darm finden können, wenn jemand in unserer Nähe es verzehrt. Auch aus diesem Grund ist die Vielfalt verschiedener Esskulturen so wichtig.

Viele der Mikroben, die sich in und auf Lebensmitteln tummeln, spielen für die Fermentierung und die damit einhergehende Umwandlung von Lebensmitteln vermutlich keine Rolle; andere hingegen haben die entsprechenden Fähigkeiten entwickelt. Es gibt Hunderte verschiedener »Fermentierer«, ihr Spektrum umfasst Bakterien, Pilze und auch Viren. Sie spielen eine entscheidende Rolle für unsere Gesundheit, und auch wenn sie für das bloße Auge nicht sichtbar sind und schwer verständliche wissenschaftliche Bezeichnungen tragen, sollten wir lernen, sie als Freunde zu betrachten. Nehmen wir uns also einen Moment Zeit und werfen einen Blick auf die verschiedenen Arten dieser Mikroben und ihre Funktionen.

Milchsäurebakterien und Co.

Lactobacillus Der Begriff ist eine Zusammensetzung aus dem Lateinischen *lacto*, »Milch«, und *bacillus*, »Stäbchen« – damit ist der Name Programm. Heute bezeichnet »Lactobacillus« im weiteren Sinn eine große Gruppe eng miteinander verwandter Milchsäurebakterien, die aufgrund genetischer Analysen im Jahr 2020 auf 25 teils sehr heterogene Gattungen verteilt wurden. Diese wichtige Gruppe an stäbchenförmigen Bakterien ernährt sich vom Glukoseanteil der Laktose. Laktobazillen spielen auch bei der Fermentation eine entscheidende Rolle, da sie Zucker in Säure verwandeln und so für einen niedrigen pH-Wert (also einen hohen Säuregrad) sorgen. Dadurch werden die für Fäulnis verantwortlichen Mikroben abgetötet. Laktobazillen bevorzugen eine dunkle, sauerstoffarme Umgebung, können aber auch Luft vertragen, weshalb sie zu den aerotoleranten anaeroben Mikroorganismen gezählt werden. Sie mögen es gerne warm, im Kühlschrank fallen sie in eine Art Kälteschlaf. Was ihre Ernährung betrifft, sind sie wählerisch: Sie ernähren sich ausschließlich von bestimmten Einfachzuckern, sogenannten Hexosen, die ihnen glücklicherweise in großen Mengen zur Verfügung stehen. Zu den verbreiteten Unterarten gehören *Lactobacillus acidophilus* (säureliebend), *Lactobacillus delbrueckii*, *Lacticaseibacillus casei* und *Lacticaseibacillus paracasei* (käseliebend), *Lacticaseibacillus rhamnosus* und *Lactobacillus gasseri.* Laktobazillen sind in vielen fermentierten Lebensmitteln zu finden, wie zum Beispiel Joghurt, Kefir, Sauerteig, Sauerkraut, Tempeh (fermentiertes Soja) und Kimchi. Sie werden als Probiotika eingesetzt und sind häufig Bestandteil von Starterkulturen für fermentierte Lebensmittel. (Als Starterkultur bezeichnet man eine Mischung von bestimmten Mikroben und einem Nährboden, also einem Lebensmittel wie Saaten oder Körner, das die Mikroben mögen. Diese eingespielten mikrobiellen Gemeinschaften bringen den Fermentationsprozess in Gang.)

Lactococcus hat eine ähnliche Funktion und Wirkweise wie *Lactobacillus*; allerdings ist es nicht stäbchenförmig, sondern bildet Paare oder Ketten. Auch diese Mikroben erzeugen Milchsäure, ernähren sich ausschließlich von Glukose und werden üblicherweise bei der

Fermentation von Milchprodukten eingesetzt. Viele von ihnen tragen deshalb »Lacto-« im Namen, doch es gibt zahlreiche andere milchsäurebildende Bakterien, bei denen das nicht der Fall ist, wie zum Beispiel *Pediococcus*, *Aerococcus*, *Weissella* und *Leuconostoc*.

Leuconostoc bildet ebenfalls Ketten, ist jedoch anpassungsfähiger als *Lactococcus*. Was seine Nahrung angeht, ist es nicht so wählerisch, es mag nicht nur Milchprodukte, sondern auch verschiedene Pflanzenarten, wie zum Beispiel Kohl. Auch bei der Herstellung von Kombucha kommt *Leuconostoc* im SCOBY zum Einsatz (dazu später mehr). Für die Herstellung von Sauerteig ist es ebenfalls nützlich, allerdings entwickelt die Starterkultur dann bisweilen einen recht intensiven Geruch. Aber das legt sich normalerweise rasch wieder, denn sobald sich säurebildende Bakterien vermehren, wird das säureempfindliche *Leuconostoc* abgetötet.

Streptococcus thermophilus ist ein verbreitetes milchsäurebildendes Bakterium und wird häufig bei der Herstellung von kommerziellem Joghurt verwendet. Es ist gut an sauerstoffarme Umgebungen angepasst und wartet dann einfach den richtigen Moment für seinen Einsatz ab.[6] Allerdings mag *S. thermophilus* es gerne warm und entwickelt seine Superkräfte erst bei 35 bis 42 °C. Am besten arbeitet er im Team zusammen mit *L. delbrueckii*: Die beiden Mikrobenarten arbeiten Hand in Hand und teilen Nährstoffe miteinander, wie zum Beispiel Folsäure. Viele Mikroben bilden Vitamine wie Folsäure oder Vitamin K und tauschen diese mit befreundeten Nachbarn aus oder geben sie an ihren Wirt (also an uns) weiter.

Was passiert, wenn man ein Milchsäurebakterium wie etwa *Lactobacillus* in ein Gefäß mit Milch gibt, um Kefir oder Joghurt herzustellen? Während das Bakterium umherschwimmt, absorbiert (schluckt) es ein kleines Kügelchen der Laktose. Sobald es geschluckt wurde und sich im Inneren des Bakteriums befindet, spaltet das Bakterium die Laktose enzymatisch in ihre Bestandteile auf: die

Einfachzucker Glukose und Galaktose. Anschließend verwendet es die Glukose (sowie manchmal auch die Galaktose) als Energiequelle, um rasch zu wachsen und sich zu vermehren, wobei Milchsäure als Nebenprodukt entsteht. Die Säure, die sich dadurch in der Zelle des Bakteriums ansammelt, wird an die Milch abgegeben, deren Säuregehalt somit wiederum steigt. Andere, weniger gut angepasste Bakterien werden auf diese Weise davon abgehalten, sich ebenfalls von der Milch zu ernähren.

Acetobacter aceti, ein Bakterium, das Wein (Ethanol) in Essig (Essigsäure) umwandelt, wurde von Louis Pasteur entdeckt. Es gehört der Gattung *Acetobacter* (Essigsäurebakterien) an, die alle Essigsäure bilden. Im Unterschied zu den Milchsäurebakterien benötigen *Acetobacter* Sauerstoff und ernähren sich von verschiedenen Zuckerarten, die sie fermentieren, etwa in Blütennektar, Honig, Früchten und Erde. Anders als Milchsäurebakterien sind sie außerdem aktiv beweglich. Sie können im Nu eine Schicht, auch »Essigmutter« genannt, bilden und haben eine Toleranz gegenüber Essigsäure entwickelt, sodass sie in der von ihnen erzeugten sauren Umgebung überlebensfähig sind.

Wenn *Acetobacter* es sich lästigerweise in einer Flasche Rotwein gemütlich macht, die irgendwo offen herumsteht, nimmt es den Alkohol auf und wandelt ihn mittels zweier Enzyme in Acetaldehyd um; in einer zweiten Reaktion entsteht Essigsäure. Diese sondert *Acetobacter* dann in den Wein ab, der sich somit langsam, aber sicher in Essig verwandelt. Allerdings benötigt *Acetobacter* dafür Sauerstoff. Eine bereits geöffnete Flasche Rotwein lässt sich deshalb noch ein paar Tage aufbewahren, wenn der Flasche mittels einer Vakuumpumpe der Sauerstoff entzogen wird. Im Kühlschrank aufbewahrt, bleibt der Wein noch länger trinkbar, da sich die Aktivität der Mikroben bei kühleren Temperaturen verlangsamt. Neben der Essigherstellung kommt *Acetobacter* auch in vielen industriellen Prozessen zum Einsatz, etwa bei der Produktion von Biokraftstoffen.

Bacillus ist ein stäbchenförmiges Bakterium und ein echtes Allround-Talent. Es kann mit und auch ohne Sauerstoff überleben, und als Allesfresser ernährt es sich von Kohlenhydraten, Proteinen und bisweilen auch Fetten. Es ist ebenso zäh wie clever: Bei widrigen Bedingungen bildet es eine schützende Spore aus, indem es sich quasi über sich selbst stülpt, wodurch sich seine Zellwand verdoppelt. Dadurch ist es unempfindlich gegen Hitze wie Kälte und kann Jahrzehnte, ja sogar Jahrhunderte überleben. Manche Arten werden hauptsächlich eingesetzt, um Geschmack und Textur von Lebensmitteln zu verändern. *Bacillus subtilis natto* beispielsweise baut bei der Herstellung von Nattō die robusten Eiweiße von Sojabohnen ab, wodurch die typische schleimige Konsistenz und der charakteristische starke Geruch entstehen, und versorgt den Körper mit zusätzlichen Vitaminen wie etwa K2.

Bifidobakterien sind verzweigt geformte, nicht aktiv bewegliche Bakterien, die keinen Sauerstoff mögen und sich von Kohlenhydraten ernähren. Im Darmmikrobiom von Babys sind sie die am häufigsten zu findende Mikrobe; sie fühlen sich bei Körpertemperatur wohl und verdauen die Oligosaccharide in der Muttermilch, die für das Wachstum eines Säuglings wichtig sind. Diese vielseitigen Bakterien bilden sowohl kleine Mengen von Milch- als auch von Essigsäure. Als gute Teamplayer kooperieren sie bei der Fermentation einer ganzen Reihe von Milchprodukten mit anderen Bakteriengattungen, zum Beispiel *Lactobacilli* und *Streptococci*, was nicht nur für Geschmacksvielfalt sorgt, sondern auch gesundheitliche Vorteile mit sich bringt.

Propionibakterien sind echte Fermentationsspezialisten. Für die Käseherstellung in der Schweiz (allgemein in den Alpen) spielen sie eine zentrale Rolle. Unter anderem sorgen sie für die Löcher im Emmentaler Käse und weiteren Sorten. Sie ernähren sich von der Milchsäure, die andere Mikroben in ihrer Umgebung bilden. Im

Gegenzug bauen sie diese zu Propion- und Essigsäure ab, die die Fermentierung begünstigen. Steht ihnen genügend Nahrung zur Verfügung, verzehren sie auch Fett und produzieren CO_2, das dem Emmentaler seine charakteristischen Löcher verleiht, sowie Fettsäuren, denen er seinen nussigen Geschmack verdankt.

Enterobakterien begegnen uns bei bakteriellen Lebensmittelvergiftungen. Ein paar grundlegende Fakten darüber sollten jedem von uns bekannt sein. Sie werden durch den Verzehr von mit Mikroben verseuchten Lebensmitteln ausgelöst. Da der Körper versucht, sich dieser pathogenen – also krankheitserregenden – Mikroben auf dem schnellsten Weg zu entledigen, kommt es zu Symptomen wie Übelkeit, Erbrechen und Durchfall. In vielen Fällen stecken *Enterobakterien* dahinter, eine große Gruppe von Bakterien, die häufig im Darm leben (griechisch *énteron* bedeutet »Darm«), aber auch in zahlreichen Lebensmitteln vorkommen. *Salmonellen* gehören zu den bekanntesten Vertretern dieser Bakteriengruppe. Häufig besiedeln sie rohes Fleisch (in den USA sind 25 Prozent des Hühnerfleischs verseucht, in Großbritannien 5 Prozent, in Deutschland liegt die Kontamination ebenfalls auf niedrigem Niveau), Eierschalen (falls diese nicht mit Bleichmittel oder Chlor gereinigt wurden) und 2 Prozent des rohen Rinderhackfleischs[7]. Selten kann eine Salmonellenvergiftung auch nach dem Verzehr von Milchprodukten oder verunreinigten verarbeiteten Lebensmitteln auftreten oder auch nach dem Genuss von Obst oder Gemüse in roher Form, die durch den Kontakt mit Wasser, Dung, Erde, Kompost oder Menschen kontaminiert wurden.

Die meisten *Enterobakterien* sind aktiv beweglich mittels fadenartiger Gebilde (Flagellen oder Geißeln). Sie mögen es gerne sauerstoffarm und dunkel. Abgesehen von den unangenehmeren Vertretern der Gruppe, wie etwa den *Salmonellen*, können sie durchaus nützlich sein: Viele *Enterobakterien* bilden Milchsäure, was die Frühphase der Fermentation beschleunigt. Auch können sie im Darm

Nitrate in Nitrite umwandeln, und manche von ihnen ernähren sich von Nahrungsfetten. Einige Arten führen allerdings, wenn sie sich beim Fermentationsprozess von Milch oder Gemüse ernähren, zu unangenehmem Geruch oder zu Fäulnis. Zu diesen Fieslingen gehören neben *Salmonella* auch andere bekannte Vertreter wie *E. coli*, *Klebsiella* und *Shigella*. Nimmt man zu viele von ihnen auf, kann es zur oben erwähnten Lebensmittelvergiftung, die sich durch Durchfall und Erbrechen äußert, kommen. Glücklicherweise macht ihnen ein hoher Säuregehalt zu schaffen – verläuft der Fermentationsprozess normal, sind sie alle längst abgetötet, bevor das Lebensmittel auf den Tisch kommt. Auch das Erhitzen beim Kochen macht ihnen den Garaus.

Hefen und Schimmelpilze

Hefeorganismen sind etwa fünfmal so groß wie Bakterien. Sie gehören zum großen Reich der Pilze (*Fungi*), zu dem auch Schimmel und Fruchtkörper bildende Pilze gehören, und sie sind weder Tiere noch Pflanzen. Für die gelungene Fermentation vieler Lebensmittel, wie zum Beispiel Brot, Wein und Bier, sind Hefen seit Jahrtausenden unverzichtbar, meist im Zusammenspiel mit Bakterien in unterschiedlichem Mischungsverhältnis. Hefen sind zäh und anpassungsfähig: Sie kommen mit und ohne Sauerstoff bestens zurecht, halten Hitze ebenso gut aus wie Kälte, allerdings sind Temperaturen zwischen 15 und 30 °C ideal für sie. Auch ein hoher Säuregehalt macht ihnen nichts aus. Alkohol vertragen sie gut, solange der Gehalt 16 Prozent nicht übersteigt. Sie wandeln Zucker in Alkohol und Kohlendioxid um, das den Teig aufgehen lässt. Hefen bilden bei der Fermentation viele Aromastoffe, und Nährhefe, eine inaktive Hefe (in Form von Flocken oder Pulver) wird häufig als veganer Ersatz für Parmesankäse eingesetzt, da sie ebenfalls Glutamat enthält, das für den herzhaften Geschmack sorgt.

Hefen sind einzellige Organismen, die sich zu großen Kolonien zusammenschließen; über tausend verschiedene Arten sind heute bekannt. *Saccharomyces* (Zuckerhefe) ist die bekannteste Fermentationshefe; sie ist in fast allen fermentierten Getränken zu finden – in Kefir ebenso wie in Bier. Auch im menschlichen Darm fühlt sie sich heimisch. In sauerstoffhaltiger Umgebung gedeiht *Saccharomyces* gut und vermehrt sich, aber sie erzeugt erst dann Alkohol, wenn man ihr während der Fermentation den Sauerstoff entzieht. Ohne Sauerstoff sind diese Hefepilze allerdings nicht lange überlebensfähig, sie müssen zur Belüftung umgerührt werden, sodass sie sich über viele Generationen vermehren können. Vor der Erfindung des Mikroskops waren Hefepilze für das bloße Auge nicht sichtbar, aber das Wort »Hefe« im Deutschen oder seine Entsprechungen im Englischen und Französischen gehen auf alte Formen von »heben«, »schäumen« und »treiben« zurück.[8] Unsere Vorfahren wussten also sehr wohl über die besonderen Fähigkeiten dieser Mikroorganismen Bescheid.

Viele von ihnen sind in unserem Darm zu Hause und tragen zu unserer Gesundheit bei. Hefegattungen, die in fast jedem gesunden Darm auftreten, sind vor allem *Candida* und *Saccharomyces cerevisiae*. Letztere findet sich bei mehr als 60 Prozent aller Erwachsenen.[9] Bei einer sehr seltenen Darmerkrankung, dem sogenannten Eigenbrauer-Syndrom, wird das Mikrobiom im Dünndarm von Brauhefepilzen überwuchert. Dabei entsteht nach dem Essen durch Gärung Alkohol – die wohl beste Entschuldigung, um vom Vorwurf der Trunkenheit am Steuer freigesprochen zu werden![10] Abgesehen von einer Überbesiedelung durch Hefepilze bei Personen, die immunsupprimiert sind oder Antibiotika genommen haben – bei Frauen oft in Form einer vaginalen Pilzinfektion-, sind Hefeinfektionen im Darm selten. Jeder von uns trägt kleine Mengen von *Candida*-Hefen in Mund und Darm, das ist ganz normal und sogar gut für uns, da sie das Immunsystem unterstützen. Obwohl diese Tatsache bereits seit rund zwanzig Jahren bekannt ist, lebt ein großer

Zweig der Gesundheitsindustrie davon, uns einzureden, dass unser Darm mit *Candida* und anderen Hefepilzen überbesiedelt sei, weshalb wir teure Behandlungen bräuchten, um sie wieder loszuwerden.

Die meisten Hefen schweben in der Luft um uns herum und halten nach etwas Essbarem Ausschau. Sie kommen bei der Herstellung der meisten bekannten fermentierten Lebensmittel und Getränke zum Einsatz, einschließlich Brot, Kefir, Kimchi, Sauerkraut, Kombucha und Soja. Die Hefen, die Bier oder Brot fermentieren, wie auch oben im Fall von *Saccharomyces* beschrieben, wandeln Zucker unter Sauerstoffmangel in Alkohol und oft auch Kohlendioxid um. Sie bilden auch das Enzym Invertase, das Zucker in kleinere Bestandteile, etwa in Glukose und Fruktose, aufspaltet, die andere Mikroben, wie zum Beispiel Milchsäurebakterien, verwerten können. Erhöht sich der Alkoholgehalt, geht es manchen der anderen Mikroben an den Kragen, übersteigt er ein gewisses Maß, sterben selbst die Hefepilze. Hefen sind eigentlich Teamplayer und werden nur bei der industriellen Fermentation als Einzelkämpfer eingesetzt. In Kombucha und den meisten Kefirsorten arbeiten Milchsäure- und Essigsäurebakterien (*Acetobacter*) häufig Seite an Seite mit Hefen, um chemische Stoffe zu bilden, die andere Mikrobenarten fernhalten. Die Netzwerke von Mikroben in Kombucha und Kefir bilden eine feste Matrix aus Zucker (Polysacchariden), einen Biofilm, der ihre Gemeinschaft zusammenhält und sie bestens vor Temperaturveränderungen oder eindringenden Mikroben schützt. Nicht nur viele natürliche Hefen verstehen sich auf die Herstellung von Alkohol aus Zucker, sondern auch ein paar Bakterien haben diese Fähigkeit (zum Beispiel *Zymomonas*). Und womöglich gibt es noch mehr solcher Alkoholspezialisten, die noch darauf warten, entdeckt zu werden.

Aspergillus oryzae* oder *Kōji ist ein Schimmelpilz, der als wichtigster Mikroorganismus in ganz Ostasien gesondert erwähnt werden sollte. Aus der japanischen Küche ist er nicht wegzudenken. Er ist unabdingbar für die Fermentation von Sojabohnen, um daraus Sojasoße, Miso, Sake, Shōchū (eine Art japanischen Branntwein, der unter anderem aus Reis gewonnen wird) und Nattō herzustellen. Meist wird zunächst gekochter weißer Reis mit dem Pilz geimpft, wo er ideale Wachstumsbedingungen hat und die Stärke in Zucker umwandelt. Anschließend kann man ihn zu Sojabohnen oder anderen Pflanzen geben, um diese zu fermentieren. Kōji ist ein kraftvoller Veredler von Speisen und Getränken – er ist vielseitig einsetzbar und verändert Geschmack und Aromen grundlegend, indem er komplexe neue chemische Stoffe bildet. Er kommt gut ohne Sauerstoff aus, man muss ihm jedoch hin und wieder Luft zuführen; ideal sind für ihn Temperaturen von 25 bis 30 °C. Er mag es außerdem gern feucht und dunkel. Bei der Herstellung von Miso aus Sojabohnen arbeitet er häufig Hand in Hand mit anderen Mikroben wie etwa *Lactobacillus*.

Kōji kann man zu fast jedem Gemüse zugeben, um es langsam zu fermentieren. Ich »gare« ein paar geröstete Süßkartoffeln schon seit eineinhalb Jahren in Kōji; Sojabohnen »gare« ich schon seit sechs Monaten in Salz und Kōji. Dieser Schimmelpilz verleiht jedem noch so alltäglichen Lebensmittel eine außergewöhnliche Geschmacksfülle.

Es gibt noch weitere berühmte Schimmelpilze, die zur Veredlung von Lebensmitteln eingesetzt werden, zum Beispiel *Penicillium roqueforti*. Zur Herstellung von Roquefort-Blauschimmelkäse werden diese dem Käse zugesetzt, indem er mit Nadeln angestochen wird. Gleichzeitig wird den Kulturen damit Luft zugeführt. Dadurch entsteht die charakteristische blaue Marmorierung des Käses.

Genetisch haben Pilze größere Ähnlichkeit mit dem Tierreich, also auch uns Menschen, als mit Pflanzen. Viele Pilzarten sind sehr gesund, erwischt man allerdings die falschen, können sie tödlich sein.

Viren

Nur keine Panik – Viren sind zwar in allen Lebensmitteln zu finden, bisweilen führen sie zu Erkrankungen, oft wirken sie sich jedoch positiv auf die Gesundheit aus.[11] Ausbrüche von Noroviren durch kontaminierte Lebensmittel oder nach dem Verzehr von rohem Fisch oder Meeresfrüchten gibt es immer wieder. Nach dem Verzehr von fermentierten Lebensmitteln ist das hingegen nur selten der Fall. In unserem Darm und auf den meisten Lebensmitteln befinden sich zehnmal so viele Viren wie Bakterien. Diese winzigen Bakteriophagen (von griechisch *phageín*, »fressen«) können Bakterien infizieren und töten. Stellen Sie sich vor, dass Sie jedes Mal, wenn Sie 10 Milliarden Bakterien (KBE) im Joghurt zu sich nehmen, dazu noch 100 Milliarden Phagen verzehren![12]

Früher ging man davon aus, dass Viren bei der Fermentation grundsätzlich schädlich sind und eine Infektion die Starterkulturen von Milchprodukten, Wein und Soja zerstören und generell die Fermentation stören. Die am weitesten verbreitete Klasse von Lebensmittelviren sind die *Caudoviricetes*, was übersetzt so viel heißt wie »Viren mit Schwanz«. Sie benutzen ihren Schwanz, um sich an ihre bevorzugte Beute, ein Milchsäurebakterium, anzuheften, welches dann explodiert. In seltenen Fällen können sie eine Starterkultur verderben, indem sie sämtliche Mikroben kapern, meistens jedoch wirken sie sich günstig auf die Fermentation aus, da sie für ein Gleichgewicht zwischen den einzelnen Mikrobenarten sorgen und so sicherstellen, dass keine davon die Oberhand gewinnt.[13]

Auch Viren, die bereits in unseren Darm gelangt sind, können sich günstig auf die Gesundheit auswirken, indem sie Pathogene abtöten und helfen, Signale an das Immunsystem in der Darmwand zu senden. Manchmal tragen sie auch dazu bei, den Geschmack und den Geruch von Lebensmitteln zu verändern. Eine Studie zur Fermentation von Kakaobohnen kam zu dem Ergebnis, dass die Phagen, die die Milchsäurebakterien zerstören, Enzyme freisetzen, die eine wichtige Rolle für die vermehrte Bildung von Aromastoffen spielen.

Viren sind also überall um uns herum und ihrem Einfluss kann man sich kaum entziehen. Aber wenn Ihre Starterkultur viele verschiedene Mikroorganismen enthält, ist es unwahrscheinlich, dass sie den Fermentationsprozess stören, im Gegenteil, sie verbessern ihn wahrscheinlich sogar.

SCOBYs und andere Mischkulturen

Bei einem SCOBY (ein Akronym, das sich aus den Anfangsbuchstaben der folgenden Wörter zusammensetzt: *symbiotic culture of bacteria and yeast*) handelt es sich, wie der Name schon sagt, um eine symbiotische Kultur von Bakterien und Hefen. Diese gummiartige, schleimige und scheibenförmige Starterkultur besteht aus einer Mischung von mindestens zwanzig bis zu dreißig verschiedenen Bakterienarten, darunter Milchsäure- und Essigsäurebakterien, sowie mehreren Hefen, die in einer Kolonie zusammenleben. SCOBYs kommen vorwiegend bei der Herstellung von Kombucha zum Einsatz, aber mithilfe einer ähnlichen Kolonie von Mikroorganismen, einer sogenannten Essigmutter, kann auch sehr schnell Essig hergestellt werden. Die Hefen und rund dreißig Bakterienarten im SCOBY arbeiten im Team zusammen, um Kombucha herzustellen: Sie bauen den Zucker ab und bilden mithilfe der Teeblätter neue Aromamoleküle, während der Säuregehalt steigt und natürliche Kohlensäure entsteht. Zu ihrem Schutz bilden die Mikroben einen schleimigen Biofilm, der immer weiter wächst. Die Mikrobengemeinschaft bevorzugt angenehme Temperaturen (zwischen 18 und 30 °C). und saure Bedingungen; Sonnenlicht verträgt sie nicht. Zwar sind die meisten Teammitglieder anaerob, dennoch sollte man das Gefäß regelmäßig entlüften, um überschüssige Gase loszuwerden. SCOBYs können im Kühlschrank jahrelang überleben und wachsen fleißig weiter. Manchmal wird ihre Konsistenz so zäh, dass sich lederähnliche Kleidung daraus herstellen lässt.

Ein weiteres Beispiel für mikrobielle Mischkulturen sind Kefirknollen. Die Hefen und Bakterienarten bilden eine feste Struktur aus, in der sie leben und die ihnen Schutz bietet (dazu später mehr).

Lebende und tote Biotika

Lebensmittelhersteller und Forschende verwenden zahlreiche verschiedene Begriffe zur Beschreibung von Lebensmitteln und Mikroben. Für zusätzliche Verwirrung sorgt die Tatsache, dass 2021 viele Bezeichnungen durch eine internationale Vereinbarung geändert und ihre Definitionen vereinheitlicht wurden. Im Begriff »Biotika« steckt das griechische Wort *bios*, »Leben«, und es wird heute im weitesten Sinne für Lebensmittel oder Lebensmittelzusätze verwendet, die das Leben – die Gesundheit – positiv beeinflussen können; normalerweise sind lebende Organismen damit gemeint. In Europa und in geringerem Maße auch in den USA ist es erstaunlich schwierig für Lebensmittelhersteller, einen Begriff wie »probiotisch« zu verwenden, ohne vorher jahrelang Unmengen von Formularen ausfüllen und kostspielige klinische Studien durchführen zu müssen. Daher umgehen die meisten Hersteller diese überholten Vorschriften, indem sie dem betreffenden Produkt einfach eine winzige Menge an Magnesium, Kalzium, Kupfer oder Zink zusetzen, um dann mit fadenscheinigen Gesundheitsversprechen zu werben. Diese Versprechen gründen auf Vorschriften, die vor dreißig Jahren ausgearbeitet wurden, und die meisten Expertinnen und Experten sind sich heute einig, dass sie wertlos sind, da die zugrundeliegenden Daten fehlerhaft waren. Die derzeitigen Bestimmungen führen lediglich dazu, dass die großen Lebensmittelunternehmen eine Abkürzung nehmen und die wahren Bedürfnisse der Verbraucherinnen und Verbraucher ignorieren. Ich weiß aus eigener Erfahrung, wie schwer es ist, ein Produkt als Präbiotikum auszuweisen, selbst wenn es eindeutig eines ist. 2024 brachte ZOE eine präbiotische Mischung aus 32 gefriergetrockneten, ballaststoffreichen Pflanzen und Pilzen (»ZOE Daily30+« genannt) auf den Markt, die man mit den regelmäßigen Mahlzeiten zu sich nehmen kann. Zuvor hatten wir das Produkt in einer großen randomisierten Studie mit 399 Teilnehmenden im Vergleich zu einer Placebo-Gruppe getestet und konnten nachweisen, dass sich die Zusammensetzung des Darmmikrobioms und viele Symptome innerhalb von sechs Wochen signifikant besserten. In wissenschaftlichen Aufsätzen und außerhalb von Europa durften wir unser Produkt als Präbiotikum bezeichnen, in Europa hingegen war uns die Verwendung des Begriffs auf der Verpackung oder zu Werbezwecken verboten; genauso war es uns bizarrerweise untersagt, dort die Studie zu erwähnen. Wir waren also gezwungen, von einem »Vollwertnahrungsergänzungsmittel« zu sprechen.

Unter ***Probiotika*** versteht man lebende Mikroorganismen, die gesundheitsfördernd wirken können, wenn man eine ausreichende Menge davon verzehrt. Sie kommen in fermentierten Lebensmitteln vor, man kann sie jedoch auch in Form von Kapseln zu sich nehmen, die einen einzelnen Stamm oder eine Mischung mehrerer Stämme enthalten. Im Allgemeinen verfügen fermentierte Lebensmittel über eine größere Bandbreite an Mikroben als die meisten probiotischen Mischungen. Allerdings verändert sich der wissenschaftliche Stand auf beiden Gebieten schnell.

Präbiotika ist ein Oberbegriff für Nahrungsbestandteile, die das Wachstum darmfreundlicher und gesunder Bakterien fördern, also eine ähnliche Wirkung haben wie Düngemittel bei Pflanzen. So enthält pflanzliche Kost etwa eine Vielzahl von Ballaststoffen, die den Darmbakterien als Nahrung dient. Die Kohlenhydrate in den fermentierten Lebensmitteln, von denen sich die Mikroben ernähren, zählen vermutlich auch zu den Präbiotika. Beispiele hierfür sind die Zucker im Kohl, aus dem Sauerkraut gemacht wird, oder die Laktose in Milchjoghurt.

Synbiotika ist schlicht die Bezeichnung für die Kombination aus Präbiotikum und Probiotikum, wobei das Probiotikum das Präbiotikum positiv ergänzt, sie wirken also synergistisch. Dahinter steht der Gedanke, dass das Präbiotikum die Bakterien mit Nahrung versorgt und gedeihen lässt. Verzehren Sie beispielsweise ballaststoffreiches Obst wie Beeren mit natürlichem Joghurt, haben Sie im Grunde ein hausgemachtes Synbiotikum. Käuflich erwerbliche Synbiotika in Kapsel- oder Pulverform enthalten oft eine Form eines industriell gewonnenen Ballaststoffs wie Inulin in Kombination mit einem Probiotikum und sind deshalb teurer. Sauerkraut oder Kimchi sind ausgezeichnete Beispiele für Synbiotika mit natürlichen Ballaststoffen, die es schon lange gab, bevor diese Begriffe überhaupt erfunden wurden.

Postbiotika sind ein noch recht neues, aber wichtiges Konzept. Sie können aus einer Mischung abgetöteter ganzer Mikroorganismen, deren Bestandteilen oder aus den von ihnen zu Lebzeiten gebildeten Flüssigkeiten oder Substanzen bestehen. Dazu gehören etwa Teile bakterieller Zellwände oder der Stoffwechselprodukte, die beim Abbau der Ballaststoffe im Kohl gebildet werden. Damit ein Produkt die Bezeichnung Postbiotikum auch wirklich verdient, muss es sich günstig auf die Gesundheit auswirken. 2021 hat die Internationale Wissenschaftliche Vereinigung für Pro- und Präbiotika (ISAPP) nach hitzigen Debatten den Begriff Postbiotikum folgendermaßen definiert: »Ein Präparat aus inaktiven Mikroorganismen und/oder deren Bestandteilen, die dem Wirt einen gesundheitlichen Nutzen vermittelt.«[14] Andere Bezeichnungen wie »Parabiotika« oder – mein Lieblingsbegriff – »Gespenstbiotika« wurden verworfen. Mittlerweile gibt es ein paar kommerzielle Postbiotika als Nahrungsergänzungsmittel, deren Wirksamkeit erwiesen ist, zu kaufen. In Zukunft werden solche Produkte breiter verfügbar sein. Insgesamt lässt sich also sagen, dass selbst tote Mikroben (Bakterien und Hefen) in fermentierten Lebensmitteln gut für unsere Gesundheit sind.

Ruft man sich die Wirkweise vieler Impfstoffe ins Gedächtnis, wirkt diese Vorstellung gar nicht mehr so absurd. Denn neben Lebendimpfstoffen gibt es auch sogenannte Totimpfstoffe. Diese enthalten Bestandteile eines toten oder inaktivierten Virus (wie etwa des Poliovirus) oder Bakteriums (beispielsweise des Meningitis-Erregers) und lösen eine schützende Immunantwort in Form der Bildung von Antikörpern aus, die oftmals sogar geringere Nebenwirkungen, wie etwa Fieber und Müdigkeit, verursacht.

Zudem sind Totimpfstoffe billiger in der Herstellung und länger haltbar; auch besteht keine Gefahr, dass sich andere Personen mit dem lebenden Erreger anstecken. Die Kehrseite ist, dass die Immunantwort im Allgemeinen schwächer ausfällt und der Impfschutz daher weniger lang anhält, was Auffrischungsimpfungen erforderlich macht. Die Tatsache, dass Postbiotika ebenso wie Mikroben in fermentierten Lebensmitteln eine ähnliche positive Wirkung auf unsere Gesundheit haben, ist erfreulich. Selbst Mikroben, die vernachlässigt, übergroßer Hitze oder Kälte ausgesetzt, pasteurisiert, ausgehungert oder mit Zucker gemästet wurden, können sich noch günstig auswirken. Allerdings zeigen die einschlägigen Studien auch, dass Funktionsweise und Wirkung anders sind als bei lebenden Mikroben, die im Vergleich den größten gesundheitlichen Nutzen haben. Die Erkenntnisse auf diesem neuen Forschungsgebiet führen dazu, dass wir die Terminologie hinsichtlich fermentierter Lebensmittel und Mikroben überdenken und überarbeiten müssen. Das wiederum könnte große Auswirkungen auf Lebensmittelkennzeichnung, Gesundheitsversprechen und somit auch auf Konsumenten haben. Im Kleinen haben wir dies bereits beim Begriff des Postbiotikums oder wir bei ZOE auch mit unserem Produkt »ZOE Daily-30+« gesehen.

Postbiotika und gesunde fermentierte Lebensmittel mit toten Mikroben sind bereits auf dem Markt und nicht mehr wegzudenken. Mit der Zeit wird sich herausstellen, welcher Prozentteil toter Mikroben in Lebensmitteln messbare Auswirkungen hat, doch es wurden bereits ausreichend Belege für einen Effekt gefunden, um ein vielversprechendes Forschungsgebiet daraus zu machen. Durch Gefriertrocknen und Erhitzen lassen sich eine ganze Bandbreite von gesundheitsfördernden Lebensmitteln erzeugen, die obendrein eine Reihe von weiteren Vorzügen aufweisen: Sie sind relativ unbedenklich für Kranke, Junge, Alte oder Schwangere; sie sind lange haltbar, und sie überleben die Reise durch den menschlichen Darm.

Nach diesem kurzen Einblick in die Grundlagen der Fermentation und ihre Funktionsweise, wollen wir uns als Nächstes damit beschäftigen, warum genau sie so gesund für uns ist und wie es überhaupt dazu kam, dass wir Menschen eine Vorliebe für Fermentiertes entwickelt haben.

Was ist Fermentation? Eine Kurzfassung in fünf Fakten

1. Fermentation ist die Umwandlung von Lebensmitteln durch Mikroben, wobei sich Struktur und Geschmack verändern. Dieser Prozess läuft natürlicherweise im Inneren unseres Körpers ab, kann sich aber auch außerhalb eines Gefäßes vollziehen.
2. Es gibt Tausende Arten von Bakterien (und ein paar Pilze), die sich natürlicherweise von Lebensmitteln ernähren. Das entspricht bei Erwachsenen 3 Prozent und bei Neugeborenen über 50 Prozent des gesamten Darmmikrobioms.
3. Durch die Zugabe von Salz oder Zucker oder durch die Veränderung des Sauerstoffgehalts werden die Fermentationsspezia-

listen unter den Mikroben begünstigt. Diese bilden Säuren und Gase, die konkurrierende Mikroben abtöten.

4. Viele Lebensmittel werden mithilfe von Fermentation hergestellt, anschließend jedoch gekocht oder pasteurisiert, wodurch die gesunden Mikroben abgetötet werden (zum Beispiel Sauerteig, Bier, Kaffee, kommerzielles Sauerkraut).
5. Fermentierte Lebensmittel bestehen aus einer Mischung von Probiotika (Mikroben), Präbiotika (Nahrung für Mikroben) und Postbiotika (abgestorbene Mikroben), die alle bestimmte gesundheitliche Vorzüge aufweisen.

2

Warum fermentieren wir?

Fermentieren auf der ganzen Welt

Wir Menschen verzehren wohl schon den Großteil unserer Geschichte fermentierte Lebensmittel. Mittlerweile gibt es weltweit geschätzt 5 000 verschiedene Varianten. Sie stehen in weiten Teilen der Welt auf dem Speiseplan, sei es nun Joghurt in Indien, Gemüse in China, Miso und andere Sojaerzeugnisse in Japan, Kimchi in Korea und Vietnam, Getreidebrei in afrikanischen Ländern, Sauerkraut in Deutschland oder Kombucha und Kefir in Osteuropa und Russland. Garum, eine fermentierte Fischsoße, spielte eine große Rolle in der römischen Küche und fermentierter Getreidebrei war jahrtausendelang auf dem ganzen Erdball verbreitet. Jeder Kontinent hat seine eigene Geschichte der Fermentation, lokale Varianten hängen von den jeweiligen Bedingungen und dem Beginn der Tierzucht ab. Im Nahen Osten sowie in Indien und Europa wurde die Fermentation von Milchprodukten bereits früh entwickelt, in China, Japan und Korea lag der Schwerpunkt auf Gemüse, Reis, Fisch und Soja und auf dem afrikanischen Kontinent wurden in erster Linie verschiedene Getreidearten und Wurzelknollen fermentiert. Neben größerer geschmacklicher Vielfalt und gesundheitlichen Vorteilen war für unsere Vorfahren vor allem die längere Haltbarkeit, die durch die Fermentation erzielt wurde, entscheidend, sodass sie Lebensmittel ohne Bedenken verzehren konnten.

Es gibt eindeutige Belege dafür, dass wir Menschen bereits 4 000 oder womöglich sogar 12 000 Jahre v. Chr. Werkzeuge zur Fermentation verwendeten; Urformen der Fermentation gibt es womöglich schon seit über 10 Millionen Jahren, seit der Abspaltung des Menschen vom Affen. Einige Forschende vermuten, dass der Verzehr fermentierter Lebensmittel noch vor der Entdeckung des Feuers dank der enthaltenen zusätzlichen Nährstoffe eine Schlüsselrolle für das schnelle Hirnwachstum bei uns Menschen spielte, während sich unser Darm gleichzeitig verkleinerte.[1] In einer detaillierten Studie an verschiedenen Arten von Primaten (unseren Vorfahren) konnte eindeutig nachgewiesen werden, dass 15 Prozent der untersuchten Tiere gezielt fermentierte Früchte verzehrten, die in den meisten Fällen eine gewisse Alkoholkonzentration aufwiesen.[2] Die enge Verbindung unserer Vorfahren zu fermentierter Nahrung hat wohl dazu geführt, dass wir schon früh Gene zum Abbau von Alkohol entwickelten. Diese entstanden vermutlich durch Mutationen, setzten sich durch Selektionsdruck durch und wurden erwiesenermaßen bereits lange vor der Ausbreitung des Ackerbaus weitergegeben – vielleicht schon vor bis zu einer Million Jahren. Vielleicht suchten unsere Vorfahren gezielt nach fermentierten Früchten, um damit die geringe Mikrobenvielfalt im Darm, die wir Menschen im Vergleich zu anderen Primaten auch damals schon aufwiesen, auszugleichen. Offenbar ist der regelmäßige Verzehr von Fermentiertem also Teil der menschlichen Entwicklung, was viele Menschen inzwischen wohl vergessen zu haben scheinen.

Die Briten – und mit ihnen auch die Bewohnerinnen und Bewohner des alten Britischen Weltreichs, also der USA, Kanadas, Australiens und Neuseelands – verzehren vergleichsweise wenig traditionell fermentierte Nahrungsmittel, von Käse und Bier einmal abgesehen. Die Gründe dafür sind nicht ganz eindeutig, aber Ernährungshistoriker gehen davon aus, dass dabei unter anderem das frühe Einsetzen der Industriellen Revolution ab etwa 1750 und der damit einhergehende rasche Übergang zu städtischem Leben eine Rolle gespielt haben könnten. In dem Zuge gingen traditionelle Rezepte für Fermentiertes verloren, die es schon gab, bevor die Römer ihre Kochkünste mitsamt der vergorenen Fischsoße auf die britischen Inseln brachten. Ab dem 18. Jahrhundert gibt es in den Teilen Großbritanniens, in denen der Schwerpunkt der Industrialisierung lag, kaum noch Aufzeichnungen über das Fermentieren, in abgelegeneren Gegenden überlebten solche Traditionen viel länger.

In Irland, wo feudale, nahezu mittelalterliche Strukturen länger Bestand hatten, wurden viele lokale Traditionen bewahrt. Im Jahr 1690 gab es laut Berichten Rezepte für zwanzig verschiedene Arten fermentierter Milch, von denen die sauerste sich offenbar der größten Beliebtheit erfreute. Die vermutlich simpelste Variante hieß *bainne clábair*, also »saure Milch«. Mit Einwanderern aus Ulster fand sie ihren Weg in die USA, wo sie unter dem Namen *Bonny Clabber* bekannt wurde. In den Appalachen wird sie noch heute verzehrt; *to clabber* bedeutet dort, Rohmilch bei Zimmertemperatur sauer werden zu lassen, ohne dass sie gerinnt. In den schottischen Highlands war der Verzehr von *sowans*, fermentierten Haferkörnern, in Form von Porridge oder zu Scones gebacken, bis in die 1960er-Jahre verbreitet. Noch heute isst man in Schottland am Silvesterabend fermentierten Porridge. Im industrialisierten England mit seiner flacheren Landschaft und milderen Wintern war es nicht so nötig, Lebensmittel zu fermentieren, um das Überleben zu sichern, wie in bergigeren Regionen.

Es gibt zwei miteinander konkurrierende Gründe, warum unsere Vorfahren mit dem Fermentieren begannen: bessere Haltbarkeit und Genuss. Fermentierte Getränke wie Met, ein alkoholisches Getränk aus Honig und Wasser, Ale und Wein waren monatelang haltbar, in einer Zeit, in der Wasser krank machen konnte. Jeder, der eine Kuh besaß, hatte die Möglichkeit, Milch, die ansonsten ohne einen Kühlschrank innerhalb eines Tages sauer oder schimmlig geworden wäre, durch Fermentation in Joghurt, Kefir oder Käse zu verwandeln, die Wochen oder sogar Monate haltbar waren. Im Laufe der Zeit entwickelten wir Menschen eine besondere Vorliebe für säuerliche Aromen, da wir sie mit Vitaminen und Nährstoffen verbanden. Und mit einigen Primaten teilen wir die besondere Vorliebe für Alkohol. Diese zeigte sich womöglich erstmals, als unsere Vorfahren vergorene Früchte verzehrten, die unter einem Baum herumlagen, oder zufällig Bier brauten, als Getreide, das eigentlich zum Brotbacken gedacht war, sich durch den Kontakt mit natürlichen Hefen in Bier verwandelte.

Ekelgefühle und Risiken

Bewohner von Ländern, in denen traditionell noch viel Fermentiertes auf den Tisch kommt, sind an den säuerlichen Geschmack und die schleimige Beschaffenheit gewöhnt, die sich den Mikroben verdanken. In Kulturen, in denen das Wissen um die Vorzüge von Fermentiertem weitgehend verloren gegangen ist, wirken der Vorgang und seine Produkte häufig befremdlich. Wir Menschen haben einen natürlichen Ekel vor Schimmelpilzen, da die Farben, die Härchen und die Konsistenz unserem Hirn signalisieren, besser die Finger davon zu lassen.

Natürlich gibt es viele Arten von Pilzen, die für Menschen gefährlich sein können, aber Schimmelpilze auf Lebensmitteln sind in den meisten Fällen harmlos. Meine Mutter, die während des Zweiten Weltkriegs in Australien mit giftigen Spinnen und Plumpsklos groß wurde, kratzte den Schimmel einfach kurzerhand vom Käse, um diesen dann meinem Bruder und mir aufzutischen, die wir zimperlich waren, da wir im Großbritannien der sechziger und siebziger Jahre aufwuchsen und an bessere hygienische Bedingungen gewöhnt waren. Ich kann mich nicht erinnern, dass ich als Kind auch nur ein einziges Mal eine Lebensmittelvergiftung nach dem Verzehr einer hausgemachten Mahlzeit gehabt hätte, obwohl vielleicht nicht die sterilsten Bedingungen geherrscht haben und nicht jedes ältere oder vielleicht sogar angeschimmelte Lebensmittel gleich komplett entsorgt wurde. Auch bei keinem meiner Freunde war das jemals der Fall. Warum aber haben wir dann eine solche Angst vor Fermentiertem? Zumal das, was sich im Fermentationsgefäß abspielt – ob dieses nun Kohl und Salz oder Tee und Zucker enthält –, doch die Vorgänge in unserem Dickdarm widerspiegelt, wo Billionen von Mikroben tagtäglich die von uns verzehrten Lebensmittel verarbeiten und in gesunde Stoffe verwandeln. Ein Verständnis für die Fermentation bedeutet gleichzeitig ein Verständnis für unsere Darmgesundheit und kann daher langfristig die Gesundheit stärken und Krankheiten vorbeugen.

Während es in wohlhabenden Ländern kaum gemeldete Fälle von Infektionen nach dem Verzehr von Fermentiertem gibt, ist bei Reisen in Regionen mit geringeren Hygienestandards, etwa in Teilen Afrikas, Vorsicht angebracht: Dort können unpasteurisierte fermentierte Lebensmittel aus Kamel- oder Kuhmilch gefährliche Stämme von *E.-coli*-Bakterien enthalten.[3] Gelegentlich wurden Lebensmittelvergiftungen nach dem Genuss von fermentiertem Gemüse gemeldet, das mit schädlichen Mikroben kontaminiert war. Ein paar größere Ausbrüche in Korea, zu denen es nach dem Verzehr von Kimchi kam, konnten auf der Salzlake zugesetztes und mit *E.-coli*-Bakterien verunreinigtes Wasser zurückgeführt werden. Diese vereinzelten Vorfälle, die Angst und Schrecken verbreiteten, müssen jedoch in Relation zu der enormen Verbreitung hausgemachten Kimchis gesehen werden, der in Korea, Japan und China von Milliarden von Menschen verzehrt wird.[4] US-amerikanische Gesundheitsexperten warnen aus übertriebener Vorsicht zwar immer wieder vor dem Verzehr von hausgemachtem Fermentierten, vergessen aber gleichzeitig zu erwähnen, dass die Gefahr, sich in einem amerikanischen Restaurant eine Lebensmittelvergiftung insbesondere durch *Salmonellen* zuzuziehen, bei Weitem größer ist.

Ein Problem, das nach dem Verzehr von Fermentiertem tatsächlich häufiger auftreten kann, ist eine Histaminintoleranz. Viele Menschen berichten, der Genuss von Käse führe bei ihnen zu Albträumen oder anderen Symptomen, wie zum Beispiel eigenartigen Kopfschmerzen, die zusammenfassend als »Cheese-Effekt« bezeichnet werden. 1996 wurde diese Reaktion mit einer hohen Konzentration der Stoffe Tyramin und Histamin in Verbindung gebracht, die säureliebende Mikroben in den meisten fermentierten Lebensmitteln bilden.[5] Zwar sind manche Menschen tatsächlich von diesen Symptomen betroffen, in den meisten Fällen handelt es sich allerdings um reine Einbildung, ähnlich wie beim sogenannten »Chinarestaurant-Syndrom« der 1980er-Jahre, bei dem etwa Kopfschmerzen und Schwindel vermeintlich auf ein Übermaß an Glutamat zurückzuführen war, was letztlich aber nicht konsistent nachgewiesen werden konnte.[6] Viele Menschen machen außerdem Stilton-Blauschimmelkäse für ihren schlechten Schlaf verantwortlich. Da man diesen Käse jedoch normalerweise mit Port- oder Rotwein zu sich nimmt, könnte es sich auch um eine probate Ausrede handeln. Der Gehalt an Tyramin und Histamin steigt, je länger der Käse reift, was das Risiko für Beschwerden erhöht, allerdings kann die Zusammensetzung der Mikroben in der Starterkultur mittlerweile so austariert werden, dass geringere Mengen dieser Stoffe gebildet werden. In seltenen Fällen kommt es bei besonders empfindlichen Menschen nach dem Verzehr fermentierter Produkte, insbesondere von Sauerkraut, aber auch Schokolade, Salami, fermentierten Gurken, Wein und Bier zu ähnlichen Beschwerden. Noch sind die Ursachen dafür nicht ganz geklärt, aber vermutlich hängt es mit der Zusammensetzung des Darmmikrobioms der Betroffenen zusammen.[7]

Gesundheitliche Vorzüge – die neuesten Erkenntnisse der Wissenschaft

Früher war ich überzeugt davon, dass abgestorbene Bakterien keinerlei Nutzen hätten und dass handelsübliche pasteurisierte Produkte mit Mikroben wie Hefe oder Bakterien reiner Betrug seien, genau wie probiotische Nahrungsergänzungsmittel, die zu lange unsachgemäß gelagert werden. Doch damit lag ich falsch. Neueste wissenschaftliche Erkenntnisse zeigen einmal mehr, dass wir die Komplexität von Mikroben unterschätzt haben. Um einen wissenschaftlichen Glaubenssatz zu verändern, braucht es jedoch Zeit. In der Vergangenheit glaubte man, dass durch Hitze abgetötete Mikroben inaktiv und nutzlos seien, daher wurden sie in Studien an Produkten mit lebenden Mikroben oft als Placebo in der Kontrollgruppe eingesetzt. In letzter Zeit fiel Forschenden jedoch immer wieder auf, dass die »inaktiven« Mikroben in der Placebo-Kontrollgruppe bei den teilnehmenden Personen eine bemerkenswerte Wirkung zeigten. Bei den ersten paar Studien, die zu diesen unerwarteten Ergebnissen kamen, ging man noch davon aus, dass es sich um Fehler oder reine Zufälle handelte. 2010 wurde in Japan eine kommerzielle randomisierte Studie durchgeführt, bei der achtzig älteren Personen zwölf Wochen lang ein Placebo oder durch Hitze abgetötete Bakterien vom Stamm *Lactiplantibacillus pentosus b240* verabreicht wurde.[1] Sie kam zu dem Schluss, dass es bei den Teilnehmenden, die die abgetöteten Bakterien bekamen, zu einem Anstieg der natürlichen IgA-Antikörper im Speichel kam, was gegen Infektionen helfen könnte. Im Anschluss erfolgte eine größere randomisierte Studie mit 280 Erwachsenen, bei der eine Reduktion gewöhnlicher Erkältungskrankheiten um 40 Prozent festgestellt wurde.[2] Da es sich aber um eine kommerzielle Studie handelte, die in Japan durchgeführt wurde, fand sie kaum Beachtung. 2011 verwendeten ein paar Lebensmittelchemiker auf Kefir spezialisierte Milchsäurebakterien des Stammes *Lactobacillus kefiranofaciens* in einer Studie und fanden heraus, dass die eigentlich als Placebo in der Kontrollgruppe verabreichten pasteurisierten Mikroben nach wie vor eine immunstimulierende und antiasthmatische Wirkung hatten. Die Studie wurde allerdings mit Mäusen durchgeführt und in einem kleineren Journal für Lebensmittelchemie veröffentlicht, daher fand auch sie kaum Beachtung.[3] Doch mittlerweile gibt es so viele eindeutige Belege für eine positive Wirkung abgestorbener Mikroben, dass es in der Wissenschaft allmählich zu einem Umdenken gekommen ist.

Eine Übersichtsarbeit, die 2020 veröffentlich wurde, fasste sieben randomisierte kontrollierte Untersuchungen mit über 1700 Kindern unter fünf Jahren zusammen, die gegen Durchfall behandelt wurden.[4] Durch Hitze abgetötete Bakterien des Stamms *Lactobacillus acidophilus*, der in vielen fermentierten Milchprodukten zu finden ist, führten im Vergleich mit der Placebo-Gruppe zu einer signifikant verkürzten Dauer des Durchfalls. Hitzeinaktivierter *Lacticaseibacillus paracasei* CBA L74 verringerte auch das Risiko für das Auftreten einer Halsentzündung, und wurde er Milchpulver für Säuglinge zugesetzt, wirkte er sich offenbar positiv auf die Darmgesundheit aus und löste eine Immunantwort im Darm aus, zu messen am Anstieg der IgA-Antikörper.[5] 2020 kam eine große deutsche Studie mit 443 Patienten, die unter Reizdarmsyndrom litten, zu dem Ergebnis, dass abgetötete Bakterien des Stamms *Bifidobacterium bifidum*, der ebenfalls häufig in Fermentiertem vorkommt, die Symptome nach acht Wochen substanziell verringerten.[6] Andere kleine Studien mit abgetöteten traditionellen Probiotika wie zum Beispiel *Lactococcus lactis* und *Bifidobacterium* konnten diese Ergebnisse bestätigen.[7] Durch Hitze abgetötete probiotische Mikroben mögen also nachweislich eine Wirkung haben, aber wie steht es um Mikroben in Lebensmitteln? Ich habe mich immer gefragt, ob die vielen Mikroben in Sauerteigbrot nach dem Backen überhaupt noch eine Wirkung haben. Und so war ich begeistert, als ich eine Studie aus dem Jahr 2023 las, in der die recht unbekannte Mikrobe *Companilactobacillus crustorum*, die in Sauerteig vorkommt (ebenso in Kumys, vergorener Stutenmilch), durch Hitze inaktiviert wurde und anschließend an Mäuse mit absichtlich induzierter Colitis (eine entzündliche Darmerkrankung) verabreicht wurde. Laut Studienergebnis kam es zu einer Verbesserung der Darmbarriere sowie zum Rückgang der Entzündung.[8] Die meisten probiotischen Mikroben, die bei Tieren und Menschen auch inaktiviert eine Gesundheitswirkung zeigen, sind in ähnlicher Form in fermentierten Lebensmitteln zu finden. Neben den Untersuchungen an Mäusen, denen man abgetötete Kefirbakterien verabreichte, gibt es mittlerweile auch einige neuere Pilotstudien mit Menschen. Sie ergaben, dass der Verzehr von traditionellem Kefir mit einer gezielten Auswahl toter Mikroben zu einer Verbesserung der Blutfett- und Entzündungswerte führte, die in der Kontrollgruppe, die kommerziellen Kefir zu sich nahm, nicht zu verzeichnen war.[9] Inzwischen konnte auch festgestellt werden, dass selbst hitzebehandelter Kombucha noch eine gewisse antimikrobielle Wirkung aufweist.[10] Kleine Studien mit Menschen, die an Reizdarmsyndrom (RDS) leiden, kamen zu dem Schluss, dass in der Gruppe, die pasteurisiertes Sauerkraut verzehrte, dieselben positiven gesundheitlichen Effekte auftraten wie in der Gruppe, die Sauerkraut mit lebenden Mikroben aß.[11]

Auf diesem Gebiet wagt sich die Wissenschaft immer weiter in Neuland vor, etwa durch den Einsatz der Bakterienart *Akkermansia muciniphila*, die selbst in fermentierten Lebensmitteln nicht vorkommt, als neuartiges Probiotikum. Dieses faszinierende Bakterium konnten wir in unserer Zwillingsstudie von 2014 erstmals als möglichen Schutzfaktor gegen Fettleibigkeit ausmachen.[12] Es tritt konsistent häufiger bei Menschen mit einem höheren Anteil an fettfreier Muskelmasse auf, also bei Menschen mit einer besseren Stoffwechselgesundheit. *Akkermansia muciniphila* vermehrt sich nach längeren nächtlichen Fastenphasen, da es sich, wenn ihm keine Nahrung zur Verfügung steht, über die Zucker (Glykane) hermacht, aus denen die schützende Schleimschicht unserer dünnen Darmbarriere besteht, die verhindert, dass Mikroben in unseren Blutkreislauf geraten. So wie regelmäßiges Mähen zu einem gesunden, gleichmäßigen Wachstum des Rasens führt, ist dieser Prozess entscheidend für eine gute und schützende Darmbarriere, da sie so weniger durchlässig bleibt und Entzündungen verhindert werden. *Akkermansia muciniphila* wirkt zudem blutzuckersenkend und könnte zu einer leichten Gewichtsreduktion führen. Mein belgischer Kollege Patrice Cani machte 2019 die überraschende Entdeckung, dass die positiven Effekte von pasteurisierten, also hitzeinaktivierten, *Akkermansia* hinsichtlich Fettleibigkeit und Diabetes bei Mäusen und anschließend auch Menschen stärker ausfielen als bei der lebenden Form der *Akkermansia*.[13]

Es mag ja noch einleuchten, dass sich tote Mikroben im Vergleich zu lebenden schwächer oder ähnlich stark auswirken. Wie aber kann es sein, dass abgetötete *Akkermansia* sogar eine stärkere Wirkung als lebende haben? Einige Anhaltspunkte sind wohl in der Anordnung der Proteine in der Zellwand zu finden. Zudem sondert das Bakterium in seiner inaktiven Form ein kürzlich identifiziertes Protein (P9) ab, das die Bildung des appetithemmenden Darmhormons GLP-1 stimuliert, dessen Wirkweise von den Abnehmspritzen *Ozempic* und *Wegovy* nachgeahmt wird.[14] Ein weiteres Protein auf der Oberfläche des abgetöteten Bakteriums wirkt sich nachweislich günstig auf die Dichte der Darmbarriere aus.[15] Zudem ist inzwischen bekannt, dass Mikroben wie *Akkermansia* sich mittels des Systems der PPARα-Rezeptoren günstig auf unser Energielevel wie auch unseren Blutzucker auswirken, und dabei fällt es kaum ins Gewicht, ob die Mikroben tot oder lebendig sind.[16] In den USA sind mittlerweile Produkte mit lebenden *Akkermansia*-Bakterien erhältlich, in Europa mit der toten Variante der Bakterien. Die Wirkung kann sich leicht unterscheiden. Übrigens hat *Danone* kürzlich das belgische Unternehmen *Akkermansia Company* erworben, das tote (pasteurisierte) Akkermansia-Präparate herstellt.

Im Unterschied zu kommerziell erhältlichen Probiotika, in denen eine willkürliche Zusammenstellung von Mikroben enthalten ist, handelt es sich bei den Mikroben in fermentierten Lebensmitteln um ein eingespieltes Team, das zusammenarbeitet, um alle von ihnen gebildeten Stoffe maximal zu verwerten und das gemeinsame Überleben zu sichern. So produzieren die Mikroben in fermentierten Milch- und Teegetränken Exopolysaccharide, also eine feste Matrix aus Zucker (Kefirknollen und SCOBYs sind Beispiele für solche Matrizen), in der sie geschützt sind und optimal zusammenarbeiten können. Zunehmend mehr Laborstudien konnten zeigen, dass diese inaktiven Strukturen bestimmte Immunantworten, wie zum Beispiel die Reaktion auf Vakzine, stärker begünstigen als die lebenden Mikroben selbst. Bei einer Untersuchung von Frauen mittleren Alters, die ein Postbiotikum mit *Bifidobacterium* einnahmen, kam es zu einer Reduktion der Entzündungsmarker im Blut sowie einer Verbesserung der Darmbarriere.[17] Andere Studien kamen zu dem Ergebnis, dass sogenannte Fermentate, als die man getrocknete und zermahlene fermentierte Lebensmittel bezeichnet, entscheidend sind für die Interaktion zwischen Viren und dendritischen Immunzellen.[18] Wiederum andere Untersuchungen weisen darauf hin, dass diese Strukturen den Stoffwechsel günstig beeinflussen können, unter anderem führten sie bei Ratten zu einer Reduktion von Übergewicht und einer Senkung von Blutdruck sowie Cholesterin, vergleichbar mit der Wirkweise von Statinen.[19] Manche fermentierten Lebensmittel könnten also in den Fällen helfen, in denen Statine nicht ausreichend wirken. Um dies abschließend sagen zu können, müssen diese Studien allerdings noch erfolgreich an Menschen wiederholt werden.[20] Mittlerweile wird sogar untersucht, ob die Zucker-Matrizen als Anti-Krebsmittel eingesetzt werden könnten.[21]

Bis vor Kurzem gab es kaum detaillierte oder große Studien zu den Gesundheitsvorteilen von fermentierten Lebensmitteln. Zusammen mit dem Team von ZOE, das vor einigen Jahren bereits erfolgreich die COVID-19-Studie unter Mithilfe von Tausenden von Bürgerinnen und Bürgern durchführte, stellten wir ein Projekt auf die Beine, mit dem Ziel, herauszufinden, wie Menschen, die kaum fermentierte Lebensmittel aßen, auf eine Ernährung reagieren würden, die drei Portionen unterschiedlicher fermentierter Lebensmittel pro Tag umfasste. Die Bereitschaft zur Teilnahme war groß und wir konnten innerhalb kurzer Zeit fast 10 000 Freiwillige gewinnen, die sich bereit erklärten, ihre Symptome mittels einer App täglich in Echtzeit zu dokumentieren. Wir wählten Menschen im Alter zwischen 18 und 90 Jahren aus, die keine besonderen Allergien aufwiesen und bis zu dem Zeitpunkt weniger als eine Portion Fermentiertes pro Tag aßen, und baten sie, den Verzehr im Verlauf der folgenden zwei Wochen auf täglich drei Portionen unterschiedlicher fermentierter Lebensmittel zu erhöhen (darunter Joghurt, Kefir, Kimchi, Sauerkraut, Kombucha und Wasserkefir [Tibicos]). Eine Portion entsprach 175 Millilitern bei Getränken und einem Viertelbecher (etwa 30 Gramm) für Lebensmittel wie Sauerkraut. Zu Beginn der Studie verzehrten die Freiwilligen im Schnitt eine halbe Portion pro Woche; nach zwei Wochen waren es durchschnittlich drei Portionen pro Woche – also sechsmal so viel. Zudem baten wir die Freiwilligen, täglich Stimmung, Energie, Hungergefühl und Blähungen auf einer Skala von null bis zehn zu bewerten.

Insgesamt 5 472 Teilnehmende (mit einem Durchschnittsalter von 64 Jahren und einem BMI von 24) protokollierten ihr Essverhalten täglich und steigerten den Verzehr von Fermentiertem auf das Dreifache. Weitere 1 021 mit einem Durchschnittsalter von 63 Jahren protokollierten die verzehrten Lebensmittel gewissenhaft und nahmen mehr Fermentiertes zu sich, allerdings nicht so konsequent und in geringeren Mengen. Am Ende der kurzen Studie waren bei etwa der Hälfte der Freiwilligen positive Veränderungen von Stimmung, Energie, Hungergefühl und Blähungen zu verzeichnen; nur eine Minderheit fühlte sich schlechter oder gab an, stärker unter Blähungen gelitten zu haben. Die Teilnehmenden, die den Verzehr fermentierter Lebensmittel konsequent verdreifacht hatte, zeigten deutlichere Verbesserungen sämtlicher Symptome als diejenigen, die die Dosis weniger stark und konsequent gesteigert hatten, was auf einen Dosis-Wirkungs-Zusammenhang schließen lässt. Die Untersuchung umfasste keine Placebo-Gruppe, da das bei Studien mit echten Lebensmitteln nahezu unmöglich ist, einige der Ergebnisse könnten also theoretisch auf bekannte Placebo-Effekte zurückzuführen sein. Aber die Tatsache, dass die weniger konsequente Gruppe von 1021 Teilnehmenden über geringere Verbesserungen berichtete, spricht für einen echten biologischen und gegen einen rein psychologischen Effekt. Da die Daten aus dem Alltagsleben zahlreicher Menschen stammen, nicht bloß aus Studien mit kleinen Gruppen ausgewählter junger, meist männlicher Freiwilliger unter Laborbedingungen, vermitteln sie einen außergewöhnlich guten Eindruck davon, wie groß die positive Wirkung von fermentierten Lebensmitteln für die breite Bevölkerung sein könnte. Viele der Freiwilligen schrieben uns im Nachhinein, wie dieses Experiment ihre persönliche Einstellung zu fermentierten Lebensmitteln und der Darmgesundheit grundlegend verändert habe.

Die gesundheitsfördernden Auswirkungen von fermentierten Lebensmitteln sind so vielfältig und weitreichend, dass es sich zum besseren Überblick lohnt, sie in verschiedene Kategorien zu unterteilen, die wir uns im Folgenden näher ansehen werden.

Verdauung und ein gesunder Darm

Durch den Fermentationsprozess werden nicht nur zähe pflanzliche Strukturen zerlegt, sondern auch die chemischen Stoffe der Pflanze umgewandelt, wodurch Bitterkeit sowie Säure reduziert werden und eine große Fülle komplexer Aromen und weiterer flüchtiger chemischer Stoffe entsteht. Durch diesen Prozess wird das betreffende Lebensmittel für gewöhnlich besser verdaulich, da es in kleinere Bestandteile aufgespalten wird. Diese sind für unseren Körper bekömmlicher, da sie keine Immunreaktion hervorrufen, und er kann sie besser verwerten, wodurch eine größere Vielfalt gesunder chemischer Stoffe entsteht. Daher gilt: Fermentierte Lebensmittel sind, ähnlich wie gekochte, im Allgemeinen bekömmlicher. Gute Beispiele hierfür sind Sauerteigbrot im Falle von Glutenunverträglichkeit oder Joghurt bei Laktoseintoleranz. In manchen Studien kam es bei den Teilnehmenden zu Blähungen, wenn sie erstmals Fermentiertes aßen, aber diese Symptome legten sich bei den meisten im Laufe der Zeit. Unsere eigene ZOE-Ferment-Studie kam zu dem Ergebnis, dass bei 42 Prozent der Freiwilligen nach durchschnittlich zwei Wochen eine Verbesserung bei Darmbeschwerden wie Blähungen und Verstopfung auftrat, allerdings berichteten 24 Prozent von stärkeren Blähungen. Jeder fünfte Mensch in Industrieländern leidet an Symptomen des Reizdarm-Syndroms, das sich durch Verstopfung, Durchfall, Blähungen und Schmerzen nach einer Mahlzeit äußern kann.[22] Eine Teilnehmerin unserer Studie, Sharon, schrieb mir: »So lange ich denken kann, habe ich immer wieder phasenweise an Bauchbeschwerden und Blähungen gelitten.« Früher habe sie allenfalls Joghurt gegessen, bis sie feststellte, dass sie auch andere fermentierte Lebensmittel in ihre Ernährung einbeziehen musste. Das half ihr, die Blähungen vollständig loszuwerden, und auch von Verstopfung kann keine Rede mehr sein. Alison, eine weitere Teilnehmerin, berichtete Folgendes: »Fast schon mein ganzes Leben leide ich an verschiedenen Reizdarm-Symptomen. Ich hatte es schon mit allem Möglichem versucht – aber geholfen hat mir letztlich Kimchi! Wirklich erstaunlich! 90 Prozent Verbesserung, alle Symptome wie weggewischt – allerdings sind sie sofort wieder da, wenn ich kein Kimchi mehr esse.« Die 45-jährige Claire schrieb mir, bei ihr sei kürzlich eine Divertikulose festgestellt worden. Statt Abführmittel zu nehmen, esse sie jetzt dreimal täglich Fermentiertes und trinke mehr Wasser. Schon nach wenigen Wochen hätte sie keine Schmerzen, Blähungen und Verstopfung mehr gehabt. Auch Robert ist inzwischen Fan von fermentierten Lebensmitteln und stellt sogar seinen eigenen Kefir her. Er schrieb, er habe früher stark an Sodbrennen (Refluxösophagitis) gelitten, mittlerweile komme er dank dem vermehrten Verzehr von fermentierten Lebensmitteln ohne sein Medikament (Omeprazol) aus. Natürlich ist die Wirkung von Fermentiertem ganz individuell; so ist es bei manchen Menschen angeraten, den Verzehr langsam zu steigern, um Blähungen zu reduzieren.

Einer der wichtigsten Wirkungsbereiche fermentierter Lebensmittel ist eindeutig der Darm. Was einen gesunden Darm ausmacht, ist allerdings gar nicht so einfach zu definieren, und es hängt davon ab, aus welcher Perspektive man Darmgesundheit betrachtet. Aus der Stoffwechselperspektive bedeutet Darmgesundheit, dass der Verzehr und die Verwertung von Nahrung und die damit einhergehenden hormonellen Hungersignale genau auf die körperlichen Bedürfnisse abgestimmt sind, wodurch Übergewicht und Diabetes vorgebeugt werden. Aus der Perspektive des Immunsystems rückt die Darmschleimhaut in den Fokus. Lediglich diese dünne Zellschicht und eine dickere Schleimschicht trennen die Milliarden von Mikroben im Darm von den Blutgefäßen, die unseren Darm versorgen und mit dem gesamten Blutkreislauf verbunden sind. Fermentierte Lebensmittel spielen eine wichtige Rolle bei der Erhaltung dieser Barriere. Geht die Schleimschicht verloren, löst sich die dichte Struktur auf, sie wird durchlässig und funktionsuntüchtig, was Entzündungen zur Folge hat. Vermutlich kann der Verzehr von Fermentiertem bei Personen, die an Colitis oder Reizdarmsyndrom leiden, deshalb so hilfreich sein. Ich habe zahlreiche Zuschriften von Menschen bekommen, die ihre Medikamente reduzieren oder gar ganz absetzen konnten.

Aus der Perspektive des Nervensystems bedeutet ein gesunder Darm schließlich normale Muskelkontraktionen im Darm sowie regelmäßigen Stuhlgang anstelle von Blähungen, Krämpfen und Reizdarmsymptomen. Und dann gibt es da noch eine einfache Definition: Ein gesunder Darm bedeutet ein gesundes Darmmikrobiom …

Ein ausgewogenes Darmmikrobiom

Fermentierte Lebensmittel wirken sich günstig auf das Darmmikrobiom aus, indem sie die Vermehrung schädlicher Mikroben in Schach halten und für eine größere Vielfalt an Mikrobenarten sorgen. Mikrobenvielfalt oder -dichte gilt mittlerweile als der geeignetste wissenschaftliche Indikator für die großen gesundheitlichen Unterschiede bei verschiedenen Menschen. In zahlreichen Studien hat sich die mikrobielle Diversität als entscheidend für die Gesundheit erwiesen, eine geringe Diversität hingegen konnte mit allen gängigen Gesundheitsproblemen der westlichen Welt in Verbindung gebracht werden: von Depressionen über Diabetes, Allergien und Autoimmunerkrankungen bis hin zu einer mangelnden Reaktion auf Krebsmedikamente. In verschiedenen aktuellen ZOE-Studien konnten wir zeigen, dass das Verhältnis von gesundheitsfördernden zu schädlichen Mikroben unter den hundert häufigsten Mikrobenarten der wichtigste Indikator für Herz- und Stoffwechselgesundheit ist, es ist sogar aussagekräftiger als die bloße Mikrobenvielfalt.[23] In der klinischen ZOE-Biom-Studie konnten wir zudem zeigen, dass die sechswöchige Einnahme eines Probiotikums mit Laktobazillen dieses Verhältnis im Vergleich zu einem Placebo verbesserte, wenn auch weniger als die Einnahme unserer präbiotischen Mischung aus dreißig gefriergetrockneten Pflanzen. Fermentierte Lebensmittel enthalten normalerweise eine Mischung aus Pro- und Präbiotika, also dürften sie sich noch stärker auf die Darmgesundheit auswirken.[24] Eine Handvoll kleinerer Studien mit Menschen hat das bereits gezeigt.

Hungergefühl und Gewichtsmanagement

Fermentierte Lebensmittel wurden in einer Reihe von Studien mit einer Gewichtsreduktion in Verbindung gemacht, allerdings handelte es sich um eher kleine, qualitativ minderwertige Untersuchungen. Immer wieder schreiben mir Menschen, dass sie allein durch den regelmäßigen Verzehr fermentierter Lebensmittel abgenommen hätten. Die meisten von ihnen berichteten, sie hätten weniger Hunger verspürt und ganz allmählich, im Laufe eines Jahres, etwa 5 Kilogramm verloren – allerdings gab es große individuelle Unterschiede. Mittlerweile ist bekannt, dass Mikroben eine große Rolle für das Hunger- und Sättigungsgefühl spielen. Als wir uns die Wirkung von Postbiotika angesehen haben, haben wir bereits gelernt, dass manche Mikroben das Protein P9 entwickeln, das die Bildung des appetithemmenden Darmhormons GLP-1 stimuliert, dessen Wirkweise Medikamente wie *Ozempic* nachahmen. Einige Hersteller von Probiotika bewerben ihre Produkte als günstige Variante von *Ozempic* oder *Wegovy*, aber noch ist die tatsächliche Wirkung dieser Produkte nicht eindeutig belegt und bei Menschen könnte diese sehr gering ausfallen. Alle fermentierenden Mikroben bilden auch andere Stoffe, die beim Abnehmen helfen könnten, indem sie Entzündungen reduzieren, den Fettstoffwechsel unterstützen, Fettzellen verkleinern und den Glukosestoffwechsel unterstützen. Mehrere Beobachtungsstudien haben gezeigt, dass Menschen, die regelmäßig Joghurt verzehren, einen niedrigeren BMI als Nicht-Joghurtesser aufweisen. Da hier auch viele andere Faktoren eine Rolle spielen, ist das allerdings nicht als Beweis für den Einfluss von Mikroben auf Gewicht oder Hungergefühl zu werten. Klinische Studien sind da aussagekräftiger. Unsere ZOE-Ferment-Studie konnte zeigen, dass das Hungergefühl bei 52 Prozent der Freiwilligen stark abnahm, bei 25 Prozent stieg es an. Je höher ihr Ausgangsgewicht war, desto stärker reduzierte sich das Hungergefühl. Insgesamt häufen sich also die Hinweise darauf, dass fermentierte Lebensmittel bei den meisten Menschen zu einer Abnahme des Hungergefühls führen können.

Unterstützung des Immunsystems

Fast 80 Prozent unserer Immunzellen befinden sich auf der Darmoberfläche und das nicht ohne Grund. Ihre Aufgabe ist es, mit den chemischen Stoffen unserer Nahrung und mit den Darmmikroben zu kommunizieren. Ein gut funktionierendes Immunsystem ist ausschlaggebend für die Gesundheit. Es verhindert Allergien, Infektionen, Autoimmunerkrankungen, Krebs und – ebenso wichtig – reguliert Entzündungsprozesse, die die normale Reaktion unseres Körpers auf alltäglichen Stress und Belastungen wie schlechte Ernährung, emotionale Erschütterungen, Verunreinigungen, Übergewicht und eine Reihe von Erkrankungen darstellen.

Mittlerweile ist bekannt, dass sich anhaltende niedriggradige Entzündungen, die im Blut oft kaum nachweisbar sind, stark von akuten Entzündungsreaktionen nach einer Verletzung unterscheiden, die für den Heilungsprozess notwendig sind. Diese chronischen Entzündungen stehen mit nahezu allen bekannten Krankheiten wie Arthritis, Rückenschmerzen und dem chronischen Schmerzsyndrom in Zusammenhang, ebenso mit den meisten Immunerkrankungen und psychischen Störungen. Kleinste Entzündungen der Gefäße können zu Fettablagerungen (Plaques) führen, die die Gefäße verengen (»verkalken«) und damit Schlaganfälle und Herzinfarkte zur Folge haben können.[25] Ähnliche Prozesse in den Hirnarterien begünstigen eine Demenz-Erkrankung.

Entzündungen werden mittlerweile mit einem erhöhten Risiko für alle Arten von Krebs in Verbindung gebracht. Der Zusammenhang lässt sich wahrscheinlich folgendermaßen erklären: Wenn das Immunsystem ständig als Feuerwehr damit beschäftigt ist, anhaltende leichtere Entzündungen zu bekämpfen, also als Feuerwehr ständig kleine Brände zu löschen, hat es weniger Zeit und Ressourcen, um Streife zu gehen und entartete Zellen frühzeitig ausfindig zu machen und zu zerstören, die sich, wenn sie unentdeckt bleiben, zu Krebszellen entwickeln können. Mehrere Betroffene schrieben mir, sie hätten nach einer Krebsdiagnose oder der Warnung, dass bei ihnen ein höheres Krebsrisiko bestehe, damit begonnen, Fermentiertes zu essen. Noch gibt es keine stichhaltigen Belege dafür, dass fermentierte Lebensmittel Krebserkrankungen vorbeugen können, aber in Kombination mit Krebsmedikamenten ist der Verzehr von Fermentiertem wohl eine durchaus sinnvolle Maßnahme.

Auch für einen schweren Verlauf von COVID-19 stellten Entzündungen einen wichtigen Risikofaktor dar. Während der Coronapandemie führten wir eine breit angelegte Studie mittels unserer kostenlosen ZOE-App durch, an der über eine halbe Million Menschen teilnahmen. Wir kamen zu dem Ergebnis, dass die Teilnehmenden, die Probiotika oder fermentierte Lebensmittel zu sich nahmen, im folgenden Jahr in der Regel um 14 Prozent weniger schwere COVID-Symptome aufwiesen als diejenigen, die Vitamin C, Zink, Knoblauch, also als immununterstützend geltende Nahrungsergänzungsmittel, oder nichts einnahmen.[26] Das allein reicht als Beweis zwar nicht aus, da es sich um eine bloße Beobachtungsstudie handelte und die Ergebnisse auch auf unterschiedliche Lebensgewohnheiten zurückzuführen sein könnten. Aber in Kombination mit anderen Daten und der Tatsache, dass die genannten Nahrungsergänzungsmittel keine Wirkung zeigten, erscheint dieses Resultat dennoch sehr überzeugend. Da es wahrscheinlich ist, dass wir in den nächsten dreißig Jahren wohl eine weitere große Pandemie erleben werden, sollten wir diesen Effekt jedenfalls im Hinterkopf behalten.

In einer weitaus kleineren richtungsweisenden Studie ermittelten meine Kolleginnen und Kollegen an der Stanford University die genaue Immunreaktion von achtzehn Personen, die siebzehn Wochen lang täglich fünf Portionen fermentierte Lebensmittel verzehrten, im Vergleich mit achtzehn Personen, die sich ballaststoffreich ernährten.[27] Sie beobachteten, dass der Verzehr von Fermentiertem zu einem Rückgang der Entzündungsmarker und einer bedeutenden Reduktion von neunzehn proinflammatorischen Proteinen (etwa von Interleukin-6) führte. Dies war die erste Studie, die die Immunwirkung von fermentierten Lebensmitteln bei Menschen eindeutig nachweisen konnte. Gleichzeitig zeigte sie auf, dass die Immunzellen auch von Ballaststoffen profitieren, wenn auch auf andere Weise. Das ist auch deshalb so wichtig, weil viele fermentierte Lebensmittel wie etwa Sauerkraut und Kimchi Synbiotika sind, also sowohl präbiotische Ballaststoffe als auch probiotische Mikroben enthalten.

Eine weitere Studie konnte mittels eines im Labor erzeugten fermentierten Milchpulvers ganz spezifische Auswirkungen auf das Immunsystem gesunder Frauen nachweisen, was darauf schließen lässt, dass solche Produkte in Zukunft im Rahmen von antiviralen Therapien nützlich sein könnten.[28] Die Immunsysteme von Männern und Frauen unterscheiden sich grundlegend, doch in unserer ZOE-Ferment-Studie konnten wir belegen, dass Männer und Frauen gleichermaßen vom Verzehr fermentierter Lebensmittel profitieren. Wir stellten zudem keine größeren Unterschiede in der Wirkung der verschiedenen fermentierten Lebensmittel fest. Da die Lebensmittel aber auch gerne kombiniert gegessen werden, ist es ohnehin schwer, in Studien den jeweiligen Effekt trennscharf zuzuordnen.

Die Behandlung entzündlicher Erkrankungen

Fermentierte Lebensmittel spielen nicht nur bei der Regulierung und Vorbeugung von Krankheiten eine wichtige Rolle, sie können auch Menschen helfen, die bereits an einer chronisch-entzündlichen Darmerkrankung wie Morbus Crohn oder einer Autoimmunerkrankung wie rheumatoider Arthritis leiden. Leider beschränken sich die bisherigen Studien auf Versuche im Labor mit Kulturen in der Petrischale oder auf kleine Versuche mit Nagetieren. Solide klinische Studien gibt es bisher so gut wie keine, da ihre Durchführung, insbesondere mit Krankenhauspatienten, teuer ist und offenbar niemand willens ist, sie zu finanzieren. Kleine Studien zur Wirkung von handelsüblichen Probiotika bei den genannten Erkrankungen fielen im Großen und Ganzen allerdings positiv aus, was darauf schließen lässt, dass sich fermentierte Lebensmittel, die eine größere Mikrobenvielfalt aufweisen, ähnlich positiv auswirken dürften.[29] In unserer ZOE-Ferment-Studie berichteten 52 Prozent der Teilnehmer, dass sie sich energiegeladener fühlten. Da Müdigkeit eine verbreitete Begleiterscheinung von chronischer Entzündung und der damit einhergehenden Aktivierung des Immunsystems ist, deutet die Steigerung des Energielevels auf einen schnellen Effekt von Fermentiertem auf das Immunsystem hin. Nach meinen Lesungen kamen oft Menschen, die an Krankheiten wie rheumatoider Arthritis oder Colitis ulcerosa leiden, auf mich zu und erzählten mir, dass sie sich, seitdem sie Fermentiertes aßen, deutlich energiegeladener fühlten und sich die für diese Krankheiten typische Müdigkeit spürbar verringert habe.

Die Behandlung von Krebs

Es gibt ein wachsendes Interesse daran, Ernährung und mit ihr fermentierte Lebensmittel in die Krebsbehandlung miteinzubeziehen. Mittlerweile wird die Entstehung von Krebs hauptsächlich auf eine Störung des Immunsystems zurückgeführt, das entartete Zellen nicht rechtzeitig erkennt und zerstört. Krebszellen können Entzündungsreaktionen auslösen und haben verschiedene Tarnstrategien.[30] Zum Beispiel finden sich ungewöhnliche Mikroben auf der Oberfläche von Tumoren oder in ihrem Inneren, die als frühe Marker dienen können.[31] Viele Studien und Meta-Analysen von epidemiologischen Studien bringen den Verzehr von Joghurt mit einer Verminderung des Krebsrisikos um 20 Prozent in Verbindung, insbesondere im Fall von Darmkrebs. Bei einer Biopsie der Tumoren konnten Bifidobakterien auf der Oberfläche gefunden werden. Joghurt und andere fermentierte Lebensmittel können sich also in einem frühen Krebsstadium positiv auswirken, wenn der Tumor begonnen hat, das umliegende Gewebe zu verändern und die Darmschleimhaut zu schädigen.[32]

Neue Immuntherapeutika revolutionieren die Krebstherapie; ich war Co-Leiter verschiedener großer Studien zu fortgeschrittenen Melanomen, die zeigen konnten, wie entscheidend eine gute Darmgesundheit für die Reaktion des Körpers auf die Medikamente und damit auch für die Überlebenschancen ist. Generell empfehle ich allen, die ihre Krebserkrankung immuntherapeutisch behandeln lassen wollen, ihre Darmgesundheit durch die richtige Ernährung, unter anderem durch den vermehrten Verzehr fermentierter Lebensmittel, bestmöglich zu unterstützen. Aus den persönlichen Berichten von Patienten weiß ich, dass sie weniger unter Nebenwirkungen bei einer Chemo- sowie Immuntherapie litten, wenn sie während der Behandlung Fermentiertes aßen. Aber um das eindeutig wissenschaftlich belegen zu können, müssen erst weitere Studien durchgeführt werden.

Psychische Gesundheit

Fermentierte Lebensmittel wirken sich erwiesenermaßen allgemein positiv auf die Stimmung aus und haben einen ebenso positiven Effekt bei konkreten Erkrankungen wie Angstzuständen, Depressionen und womöglich sogar ADHS. Viele Menschen berichteten mir, dass sie sich energiegeladener und seelisch ausgeglichener fühlten. Beispielsweise schrieb mir Charlotte: »Ich hatte viel Stress bei der Arbeit und dachte ständig darüber nach, ob ich den Job wechseln sollte. Als ich anfing, Kefir in mein Frühstück zu integrieren, haben sich meine Darmprobleme schnell verbessert. Inzwischen fühle ich mich viel weniger gestresst, und ich bin schon einige Monate schmerzfrei.« Bildgebende Untersuchungen des Gehirns zeigen nach dem Verzehr fermentierter Milchprodukte große Veränderungen in den Emotionszentren.[33] Einige der Untersuchungen lassen auf eine Wirkung schließen, die mindestens so stark ist wie die von Antidepressiva. Jacky, eine Hausärztin aus Großbritannien, schrieb mir: »Bei mir steht inzwischen viel mehr Fermentiertes auf dem Speiseplan. Ich stelle meinen eigenen Kefir her und trinke ihn fast täglich, Kimchi oder Sauerkraut esse ich auch fast jeden Tag. Seitdem konnte ich die Dosis meiner Antidepressiva von 30 Milligramm pro Tag auf 10 Milligramm pro Woche reduzieren, und bald werde ich sie ganz absetzen.« Eine kleine klinische Studie aus Irland kam zu dem Ergebnis, dass eine Kombination von fermentierten Lebensmitteln und präbiotischen Ballaststoffen bei 24 Erwachsenen das subjektive Stressempfinden nach vier Wochen um 31 Prozent verringerte, während es sich bei der Kontrollgruppe mit 21 Personen lediglich um 17 Prozent verbesserte.[34]

Unsere deutlich größer angelegte ZOE-Ferment-Studie konnte das bestätigen: Bei 56 Prozent der Teilnehmenden trat, nachdem sie begonnen hatten, mehr Fermentiertes zu essen, schnell eine Verbesserung der Stimmung auf, bei den meisten bereits innerhalb einer Woche. Es war ein klarer Dosis-Wirkungs-Zusammenhang zu verzeichnen: Die Teilnehmenden, die den Verzehr von Fermentiertem nur leicht erhöhten, bemerkten auch nur eine geringe Verbesserung.

Bis vor Kurzem hatte man nur eine vage Vorstellung davon, wie und warum der Darm die Stimmung beeinflussen kann. Darm und Hirn sind nicht direkt miteinander verbunden, und man sah Geist und Körper lange Zeit als getrennte Einheiten an. Eine verbreitete Ansicht war, dass eine gestörte Entgiftungsfunktion des Darms dazu führte, dass Toxine in den Blutkreislauf gelangen und schließlich sogar die schwer zu überwindende Blut-Hirn-Schranke durchdringen. Mittlerweile kennen wir viele andere Mechanismen der Kommunikation zwischen Darm und Gehirn. So können Darmmikroben selbst neurochemische Stoffe (zum Beispiel Serotonin, Tryptophan, GABA und Dopamin) bilden, die direkt ans Gehirn gesendet werden. Andere Botschaften aus der Nahrung werden über den Vagusnerv oder mittels der Immunzellen in der Darmschleimhaut übertragen.

Am spannendsten finde ich die neue Erkenntnis, dass die Immunzellen im Darm Entzündungen in der Darmschleimhaut erspüren und Signale ans Gehirn übermitteln, die ihm mitteilen, dass etwas nicht stimmt. Das Gehirn reagiert darauf mit Angstgefühlen und Depressionen. Wir wissen inzwischen also, dass Darm und Gehirn keine getrennten Einheiten sind, vielmehr stehen sie direkt miteinander in Verbindung, ob nun mittels chemischer Stoffe, Immunzellen oder Nervensignalen. Folglich ist es sogar schlüssiger, das Gehirn als ein zentrales Organ zu sehen, mit dem der Darm in ständiger Interaktion steht. Dieses neue Verständnis verändert die Sicht auf psychische Erkrankungen und deren Behandlung grundlegend, denn sie könnten weniger das Ergebnis eines isolierten Problems im Gehirn sein, sondern vielmehr auf eine Störung des Gleichgewichts im Darm durch anormale äußere Einflüsse und seine Reaktion darauf zurückzuführen sein.

Die enge Verbindung zwischen Darm und Hirn lässt sich auch an einem der evolutionär ältesten Organismen nachvollziehen: Der Süßwasserpolyp gehört zu den ältesten Mehrzellern. Zunächst bestand er nur aus einer schlauchartigen Röhre, an deren einem Ende Nahrung aufgenommen und an deren anderem Ende diese wieder ausgeschieden wurde. Später entwickelte sich ein netzartiges Nervensystem rund um diesen Schlauch, das unter anderem der Fortbewegung dient. Möglicherweise war also das große Nervenzellgeflecht in unserem Darm, das auch das »zweite Gehirn« genannt wird, in Wahrheit unser erstes – und vielleicht sollten wir endlich beginnen, es auch so zu behandeln.

Die mikrobielle Apotheke

Wie genau gelingt es fermentierten Lebensmitteln also, all diese unterschiedlichen positiven Wirkungen auf unsere Gesundheit zu erzeugen? Unser bisheriges Wissen zu dem Thema stammt aus vielen verschiedenen Bereichen der Medizin, aus Untersuchungen von keimfreien Mäusen ebenso wie aus klinischen Studien mit Menschen zum Effekt von Probiotika oder auch aus einfachen Ernährungsstudien, bei denen die Freiwilligen mehr Fermentiertes zu sich nahmen. Der Schlüssel zu diesem neuen Fachgebiet liegt in der Erkenntnis, dass Mikroben – ob in der Nahrung oder im Darm – im Grunde winzige Apotheken oder chemische Fabriken sind. Die positive Wirkung der Mikroben beruht also nicht etwa auf magischen, sondern vor allem auf den chemischen Stoffen, die sie bilden, oder den Proteinen in ihren Zellwänden.

Haben wir uns im ersten Teil des Buches die wichtigsten Mikroben angesehen, die in Fermentiertem zu finden sind, werfen wir nun einen Blick auf die wichtigsten chemischen Stoffe, die von fermentierenden Mikroben gebildet werden, und darauf, wie sie im Körper wirken. Auch nicht fermentierte Lebensmittel, die in den Darm gelangen, werden von Darmmikroben in gesundheitsförderliche Stoffe umgewandelt, doch gehen wir davon aus, dass fermentierte Lebensmittel diesen Prozess verstärken. Daher lohnt es sich, sich ihre chemischen Produkte genauer anzusehen.

Darmmikroben stellen in ihrer Rolle als chemische Fabriken Tausende verschiedene chemische Stoffe her. Noch ist über die meisten davon relativ wenig bekannt. Einige der von ihnen gebildeten chemischen Verbindungen sind im Zusammenhang mit fermentierten Lebensmitteln erwähnenswert, da sie entweder ebenfalls von den fermentierenden Mikroben gebildet werden können oder indirekt die Produktion durch einheimische Darmmikroben anregen. Sie müssen sich nicht jede einzelne Bezeichnung dieser Stoffe merken, aber ich möchte Ihnen zumindest einige der zentralen Gruppen vorstellen, um zu zeigen, welch bemerkenswert komplexen Prozesse sich tagtäglich in unserem Darm abspielen.

Vitamine

Die Darmmikroben bilden eine Reihe verschiedener Vitamine, darunter Vitamin C, das das Immunsystem unterstützt und an verschiedenen Stoffwechselprozessen beteiligt ist, sowie Vitamin K, das für die Blutgerinnung und die Knochengesundheit wichtig ist, und mehrere B-Vitamine, etwa Folsäure und Biotin, die eine wichtige Rolle für die psychische Leistungsfähigkeit spielen. Die fermentierenden Mikroben bilden häufig Vitamine als Nebenprodukt, was andere nützliche Bakterien in ihrer Umgebung unterstützt. *Streptococcus thermophilus* und weitere Milchsäurebakterien in Joghurt und anderen fermentierten Lebensmitteln können Vitamin B12 und Folsäure herstellen, ebenso wie *Acetobacter* in Kombucha und Tempeh (fermentiertem Soja). Leider wird der Großteil dieses Vitamins B12 im Dickdarm gebildet und einfach mit dem Stuhl wieder ausgeschieden, es gelangt also nicht in den Blutkreislauf. Sauerkraut ist ein ausgezeichnetes Beispiel für eine richtige Vitaminbombe: Es ist eine reichhaltige Quelle für Vitamin C und K. Einige der Vitamine stecken dabei bereits in der Kohlpflanze, andere werden durch die fermentierenden Hefen hergestellt. Das Bakterium *Bacillus subtilis,* das in Nattō zu finden ist, liefert Vitamin K, und Kimchi, das aus verschiedenen Pflanzenarten besteht und reich an Mikroben ist, versorgt den Körper mit den Vitaminen A und C sowie verschiedenen B-Vitaminen. Tempeh gehört zu den wenigen Lebensmitteln, die B12 enthalten, selbst dann, wenn er gekocht wurde.

Kurzkettige Fettsäuren (SCFA)

Trotz der ungesund anmutenden Bezeichnung wirken sich diese Stoffe sehr günstig auf das Immunsystem sowie das Sättigungsgefühl aus.[1] Sie werden von Bakterien bei der Fermentierung von Ballaststoffen und anderen komplexen Kohlenhydraten, die beispielsweise in Kohl enthalten sind, gebildet. SCFAs (eine Abkürzung für die englische Bezeichnung *short-chain fatty acids*) wie Acetat, Propionat und Butyrat spielen eine zentrale Rolle im Energiestoffwechsel und versorgen die Mikroben und die Immunzellen in der Darmschleimhaut mit Energie. Zudem beeinflussen sie die Hormone in Darm und Gehirn, die für das Hungergefühl verantwortlich sind, was erklären könnte, warum fermentierte Lebensmittel häufig appetitdämpfend wirken. Darüber hinaus sind sie entscheidend für ein gesundes Immunsystem, die Bekämpfung von Entzündungen und eine intakte Darmbarriere. Obwohl sie im Körper äußerst wirkungsvoll sind, war ihr Effekt in der Form von synthetischen Nahrungsergänzungsmitteln bislang enttäuschend.

Neurotransmitter

Das Darmmikrobiom ist an der Bildung mehrerer zentraler Neurotransmitter beteiligt, zum Beispiel Serotonin, Dopamin und Gamma-Aminobuttersäure (GABA), die allesamt Signale zwischen Nervenzellen übertragen und sich maßgeblich auf Stimmung, Verhalten und kognitive Funktionen auswirken. Die vielseitigen Milchsäurebakterien bilden bei der Fermentation verschiedener Lebensmittel, die die entsprechenden Enzyme enthalten, um den Prozess in Gang zu setzen, häufig GABA, das man sich als eine Art natürliches, sanftes Valium vorstellen kann.[2] Viele traditionelle fermentierte Lebensmittel wie Käse, Joghurt, Kimchi, Kumys, Bohnen und Fischsoße liefern, wie wir mittlerweile wissen, jede Menge GABA-bildende Milchsäurebakterien. Bestimmte Stämme des Milchsäurebakteriums *Weissella,* das auf vielen Pflanzen zu finden ist, produzieren große Mengen an GABA und wecken daher zunehmend kommerzielles Interesse. Andere Milchsäurebakterien wiederum können die in Lebensmitteln enthaltene Aminosäure Tryptophan zu Stoffen wie Serotonin umwandeln. Wenn Tryptophan in Form eines Probiotikums mit Laktobazillen verabreicht wird, konnte in Studien mit Ratten und einigen wenigen Untersuchungen mit Menschen eine Stimmungsaufhellung beobachtet werden. Rund 90 Prozent des Serotonins in unserem Körper wird im Darm von Mikroben gebildet. Es beeinflusst nicht nur die Stimmung, sondern auch die mutmaßliche Wirkweise vieler Antidepressiva, die darauf abzielen, den Serotoninspiegel zu erhöhen oder seine Wiederaufnahme zu hemmen.[3]

Sekundäre Gallensäuren

Die Bezeichnung »Gallensäuren« klingt ebenfalls nicht besonders appetitanregend. Dennoch sind auch diese Stoffe sehr nützlich für uns. Primäre Gallensäuren werden aus der Gallenblase in den Dünndarm abgegeben, wo sie die Fettverdauung unterstützen. Darmbakterien helfen entscheidend dabei, die primären Gallensäuren zu sogenannten sekundären Gallensäuren umzubauen. Die sekundären Gallensäuren emulgieren Fette, damit sie in kleinere Bestandteile aufgespaltet werden, die wiederum vom Körper zur Speicherung oder Energiegewinnung genutzt werden können. Sekundäre Gallensäuren haben zudem eine Reihe weiterer nützlicher Funktionen im Körper, so bauen sie unter anderem Blutfette wie Cholesterin in den Gefäßen ab und schützen die Darmschleimhaut. Neuere Studien, auch von ZOE durchgeführte, konnten zeigen, dass primäre Gallensäuren nicht nur, wie bisher angenommen, in der Leber gebildet werden, sondern auch von Darmmikroben hergestellt werden. Wir fanden heraus, dass eine bestimmte sekundäre Gallensäure (IsoUDCA, die englische Abkürzung für Isoursodeoxycholsäure) bei erhöhten Werten einen hervorragenden Marker für Entzündungen und erhöhte Blutfette darstellt.[4] Verschiedene verbreitete fermentierende Mikroben können diese nützlichen Gallensäuren produzieren. Andere größere Studien mit Menschen haben gezeigt, dass die Gewichtsreduktion, die bei einer mediterranen Ernährungsweise auftritt, stark von diesen Gallensäuren beeinflusst wird.[5] Der Verzehr von Fermentiertem kann also helfen, den Körper besser von Fetten zu reinigen *und* zugleich für eine intakte Darmbarriere sorgen.

Trimethylamin-N-Oxid (TMAO)

Dieses wichtige Aminoxid könnte dafür verantwortlich sein, dass manche Personen bei Fleischkonsum ein erhöhtes Risiko für Herzanfälle aufweisen. TMAO entsteht, wenn Darmbakterien in tierischem Eiweiß enthaltenes Cholin und L-Carnitin zu TMA (Trimethylamin) verstoffwechseln, welches anschließend durch andere Enzyme zu TMAO umgewandelt wird, der eigentlich schädlichen Verbindung. Ein erhöhter TMAO-Spiegel wird in vielen Studien konsistent mit einem größeren Risiko für Herzerkrankungen und Schlaganfälle sowie einer allgemein erhöhten Sterblichkeit in Verbindung gebracht. Allerdings kommt es nicht bei allen Menschen nach dem Verzehr von Fleisch oder Fisch zu erhöhten TMAO-Werten. Da die Zusammensetzung unserer Darmmikroben individuell verschieden ist, reagieren wir unterschiedlich auf dieselben Nahrungsmittel. Die Mikroben, die nachweislich schädliche Mengen an zusätzlichem TMAO produzieren, stammen vorwiegend aus der Gruppe der *Pseudomonadota*, zu der auch *E. coli* gehört. Diese sind allerdings nur selten in fermentierten Lebensmitteln zu finden und bisher hat man keine der häufig vorkommenden fermentierenden Mikroben als Übeltäter ausmachen können.[6] Ganz im Gegenteil könnten fermentierte Lebensmittel in Zukunft eingesetzt werden, um den TMAO-Spiegel bei Fleischkonsumenten zu reduzieren.

Polyamine

Vielleicht haben Sie schon von dem Polyamin Spermidin als neuartigem Anti-Aging-Nahrungsergänzungsmittel gehört, wussten aber nicht, dass auch Mikroben in der Lage sind, Polyamine zu bilden. Polyamine wie Spermidin sind kleine, aber lebenswichtige Moleküle, die an verschiedenen zellulären Prozessen beteiligt sind, wie etwa DNA-Replikation und Zellteilung – Vorgänge also, die eine zentrale Rolle bei der Vorbeugung von Krebs und der Verlangsamung des Alterungsprozesses spielen. Die meisten Tiere und Bakterien benötigen Polyamine, um zu überleben; Pilze, Erbsen und Nüsse enthalten große Mengen davon. Manche fermentierenden Mikroben, wie *Limosilactobacillus reuteri* und *Levilactobacillus brevis,* bilden zusätzlich Spermidin sowie Putrescin (ein weiteres Polyamin). Diese Stoffe interagieren dann mit Zellen in der Darmschleimhaut, um bioaktive Varianten zu erzeugen, die anschließend in den Blutkreislauf aufgenommen werden.[7] Mittlerweile gibt es ein paar Studien mit Menschen, die zeigen, dass Nahrungsergänzungsmittel mit Polyaminen einen positiven Effekt haben und dass der Spiegel dieser Stoffe mit zunehmendem Alter sinkt.[8] Die Einnahme einer Kombination von *Bifidobacterium*-Probiotika und der Aminosäure Arginin fördert nachweislich die natürliche Bildung von Putrescin durch Mikroben. Die Kombination verschiedener fermentierender Mikroben scheint also vielversprechend, aber noch wissen wir wenig darüber, welche Dosis jeweils benötigt wird.[9]

Mikrobieller Saft

Dabei handelt es sich im wahrsten Sinne des Wortes um die Flüssigkeit und all die gebildeten chemischen Stoffe, die zurückbleiben, wenn sämtliche festen Bestandteile eines Bakteriums entfernt wurden (in der Wissenschaft spricht man von »zellfreiem Überstand«). Obwohl wir noch wenig über seine Wirkung wissen, ist dieser mikrobielle Saft bereits im Handel erhältlich. Zu seiner Herstellung werden Mikroben in großen Behältern gezüchtet, wo sie zahlreiche chemische Stoffe bilden, die sie an ihre Umgebung abgeben. Nach der Entfernung der lebenden Bakterien bleibt die Flüssigkeit, also der mikrobielle Saft, zurück, der auch die Zellwände toter Mikroben mitsamt den wichtigen Proteinen enthält. Letztere sind noch immer in der Lage, den Neuropod- und Immunzellen in der Darmwand sowie anderen Mikroben Signale zu senden, sodass diese sich gesundheitsfördernd auswirken. Wenn sich herausstellt, dass Zellreste und die mikrobielle Flüssigkeit tatsächlich einen positiven Effekt aufweisen, können sie als Postbiotika gelten.

Laborstudien haben gezeigt, dass ein »mikrobieller Smoothie«, der die Flüssigkeit von fünf Arten »guter« Bakterien enthielt, die häufig in fermentierten Lebensmitteln auftreten (besonders *Lactobacillus acidophilus* und *Lacticaseibacillus casei*), entzündungshemmend und antioxidativ auf die Epithelzellen in der Darmschleimhaut wirkt.[10] Eine andere Laborstudie kam zu dem Ergebnis, dass der mikrobielle Saft mancher *Lactobacillus*-Arten einen hemmenden Effekt bei Darmkrebs hatte oder eine krankheitserregende Art von *E.-Coli*-Bakterien daran hinderte, Darmzellen zu befallen.[11] Diese Ergebnisse konnten bei Studien mit Mäusen und Lämmern bestätigt werden, allerdings gibt es noch keine stichhaltigen Belege aus Humanstudien. Dennoch führen uns auch diese Untersuchungen bereits vor Augen, welches große gesundheitliche Potenzial in den zahlreichen chemischen Stoffen steckt, die fermentierende Mikroben bilden. Sie sehen also, warum ich den Begriff der »mikrobiellen Apotheke« verwende und warum fermentierte Lebensmittel ebenfalls als eine Art hochspezialisierte Medizin gesehen werden können.

Das Darmmikrobiom macht uns einzigartig

Bisher habe ich an den entsprechenden Stellen nur angedeutet, dass sich der Darm von Mensch zu Mensch unterscheidet, allerdings lohnt es sich, auf diese Tatsache noch genauer einzugehen. Die Struktur des Darms mit seinen schier unendlichen Nerven- und Immunverbindungen und der komplexen Darmschleimhaut ist ein Meisterwerk der Evolution. Während Aufbau und Funktion des Darms im Laufe unseres Lebens und von Generation zu Generation unverändert bleiben, kann die Darmlänge von Mensch zu Mensch um bis zu 30 Prozent variieren. Doch die größten individuellen Unterschiede treten bei den unzähligen Darmmikroben auf, die gemeinsam unser Darmmikrobiom bilden, eine dynamische Gemeinschaft, die sich ständig wandelt und an Veränderungen in der Umwelt anpasst.

Einer meiner seltenen wissenschaftlichen Aha-Momente war, als ich herausfand, dass eineiige Zwillingsschwestern weniger als 25 Prozent ihrer Mikrobenarten teilen. Als wir Jahre später genauere Sequenzierungen durchführten, kamen wir sogar auf eine noch geringere Übereinstimmung. Aus den dreißig Jahren Forschung, in denen ich klinische Krankheitsmarker wie Blut- und Urintests oder den Blutdruck analysierte, war ich es gewohnt, starke Ähnlichkeiten vorzufinden, und noch nie war ich auf einen so großen Unterschied gestoßen. Wir alle werden mit einem sterilen Darm geboren, der jedoch schon kurz nach der Geburt von verschiedenen Mikroben besiedelt wird, damit wir Muttermilch verdauen und ein eigenes Immunsystem entwickeln können. Im Alter von etwa vier Jahren hat sich ein stabiles Darmmikrobiom gebildet, wie es für Erwachsene typisch ist, mit einigen wesentlichen Bakterienarten, die sich dauerhaft ansiedeln, und anderen, die wie Besucher kommen und gehen, abhängig etwa von den Jahreszeiten und unseren Ernährungsgewohnheiten.

Studien zum Darmmikrobiom von Menschen aus ländlichen Regionen Afrikas, die sich dort traditionell und lokal ernährten, zeigten, dass sich ihr Mikrobiom nach nur zwei Wochen deutlich veränderte, wenn sie auf eine typisch US-amerikanische Ernährungsweise umstellten; bei asiatischen Einwanderern und Einwanderinnen in die USA veränderte sich die Zusammensetzung des Darmmikrobioms ebenfalls gravierend, nachdem sie wenige Monate lang eine typisch amerikanische Ernährung verzehrt hatten. Wer kein Zwilling ist, hat im Schnitt nur etwa 10 bis 20 Prozent der wesentlichen Mikrobenarten mit anderen Menschen gemein und jeder Einzelne von uns besitzt eine Vielzahl seltener Stämme, die individuell einzigartig sind. Bei unseren Genen ist das ganz anders – sie stimmen zu 99 Prozent mit denen unserer Mitmenschen überein. Infolge dieser großen Unterschiede reagiert jeder individuell verschieden auf Lebensmittel, denn die körpereigenen Mikroben bilden jeweils ganz unterschiedliche Stoffe als Reaktion. In unserer ZOE-PREDICT-Studie von 2020 stellte sich heraus, dass sich die Reaktionen auf den Verzehr eines Muffins aus Weizenmehl um das Zehnfache unterscheiden können – und das dürfte auch auf andere Lebensmittel zutreffen.

Bisher hat sich keine Studie genauer mit individuellen Reaktionen auf fermentierte Lebensmittel befasst. Prä- und probiotische Nahrungsergänzungsmittel wurden allerdings unter die Lupe genommen und auf Basis der Ergebnisse lassen sich fundierte Vermutungen anstellen: Humanstudien zeigen, dass sich die Darmgesundheit zwar durchschnittlich verbessert, viele Teilnehmende in den Gruppen jedoch nicht reagieren, manche hingegen stark. Das deutet darauf hin, dass individuelle Faktoren – wie vermutlich die Zusammensetzung des Darmmikrobioms – einen Einfluss darauf haben, wie groß der Einfluss fermentierter Lebensmittel sein kann.

Etwa die Hälfte des Darmmikrobioms von Säuglingen besteht aus Lebensmittelmikroben, bei Erwachsenen sind es nur noch 3 Prozent. Das lässt die Vermutung zu, dass es schwierig für diese Mikroben ist, sich dauerhaft im Darm anzusiedeln und eine Nische zu finden, in der sie geschützt sind und Zugang zu Nährstoffen haben. Verschiedene Studien mit Mäusen – sowie mit anderen Tieren und Menschen –, in denen Probiotika verabreicht und Stuhltransplantationen zwischen Mäusen vorgenommen wurden (fäkale Mikrobiota-Transplantation, kurz FMT genannt), konnten nachweisen, dass die Fähigkeit neu aufgenommener Mikrobenstämme, sich dauerhaft anzusiedeln, hauptsächlich davon abhängt, welche Arten bereits denselben Lebensraum im Darm besetzen. Je größer die genetische Ähnlichkeit der Neuankömmlinge mit den vorhandenen Mikroben ist, desto geringer ist auch ihre Chance, sich festzusetzen und dauerhaft anzusiedeln; folglich fällt auch die positive Wirkung durch sie geringer aus. Die ansässigen Darmmikroben lehnen nahe Verwandte vermutlich ab, weil diese ähnliche Ernährungsgewohnheiten haben und daher mit ihnen um dieselben begrenzt vorhandenen chemischen Stoffe als Nahrung konkurrieren. Fremde Mikroben hingegen haben andere Essgewohnheiten und sind deshalb für die Einheimischen weniger bedrohlich.

Diese sogenannte Nischentheorie liefert die Erklärung, warum einzelne Probiotikastämme bei manchen Menschen nichts bewirken, viele Stuhltransplantationen fehlschlagen und Nahrungsergänzungsmittel mit bloß einer Art präbiotischem Ballaststoff ebenso enttäuschende Ergebnisse liefern.[12] Die Lösung ist, auf Vielfalt zu setzen und sich möglichst viele verschiedene Mikroben zuzuführen, in der Hoffnung, dass sich zumindest einige von den ansässigen Darmmikroben unterscheiden. Auf diesem Prinzip beruhen neue Probiotika (sogenannte Multi-Species-Präparate). Sie enthalten viele Mikrobenstämme, was sie allerdings teurer macht und eine Konkurrenz unter den verschiedenen Stämmen auslösen könnte.

Noch sinnvoller ist es, viele verschiedene fermentierte Lebensmittel zu sich zu nehmen, in denen mit hoher Wahrscheinlichkeit probiotische Mikroben enthalten sind, die sich von den ansässigen

Stämmen im Darm unterscheiden und daher eine größere Chance haben, eine Nische zu finden. Wer täglich drei verschiedene fermentierte Lebensmittel verzehrt, nimmt bis zu vierzig bekannte Mikrobenarten zu sich, was die Chancen, gesund zu bleiben, definitiv maximiert. Schauen wir uns im nächsten Teil doch also genauer an, welche Lebensmittel das sein könnten …

Warum fermentieren wir? Eine Kurzfassung in fünf Fakten

1. Tiere und Menschen verzehren fermentierte Lebensmittel schon seit Millionen von Jahren – aus Genuss, gesundheitlichen Gründen oder wegen längerer Haltbarkeit.
2. Fermentierte Lebensmittel wirken sich günstig auf die Verdauung, ein ausgewogenes Darmmikrobiom, die Darmbarriere und das Immunsystem aus. Zudem wirken sie entzündungshemmend und stimmungsaufhellend.
3. Wir Menschen begannen, im Laufe unserer Evolution fermentierte Lebensmittel zu uns zu nehmen, um unser Darmmikrobiom um Mikroben zu ergänzen, die über besondere gesundheitliche Fähigkeiten verfügen.
4. Fermentierende Mikroben verfügen über besondere Fähigkeiten, indem sie chemische Stoffe bilden, die mit Psyche, Körper und Immunsystem interagieren. Dazu gehören Vitamine, kurzkettige Fettsäuren (SCFA), Neurotransmitter, sekundäre Gallensäuren, Polyamine und weitere, teils noch nicht identifizierte Stoffe in mikrobieller Flüssigkeit.
5. Das Darmmikrobiom besteht aus einer Gemeinschaft von Billionen von Bakterien, Viren, Pilzen und Parasiten, die bei jedem Menschen einzigartig ist. Die Mikroben, die über fermentierte Lebensmittel aufgenommen werden, wirken sich günstig auf das gesamte Mikrobiom aus.

3

Fermentierte Lebensmittel

Bevor wir einen genaueren Blick auf verschiedene fermentierte Lebensmittel und ihre Zubereitung werfen, möchte ich ein paar Missverständnisse zu diesem Thema aus dem Weg räumen.

Die meisten Leute wissen, dass es sich bei Joghurt, Bier, Wein, Käse und Brot um fermentierte Lebensmittel handelt. Weniger bekannt ist, dass auch traditionell hergestellte Salami, Schokolade und Kaffee fermentiert werden.

Manche dieser Produkte enthalten noch lebende Mikroben, wenn wir sie zu uns nehmen (Joghurt, Kefir, Sauerkraut und die meisten Käsesorten), während bei anderen die Mikroben, denen sie ihre Entstehung verdanken, normalerweise bereits tot sind (etwa bei Sauerteigbrot, Schokolade, Bier oder Kaffee). In wiederum anderen fermentierten Produkten befinden sich die Mikroben in einem Zustand zwischen Leben und Tod, abhängig davon, wie sie verwendet oder erhitzt werden, so etwa im Falle von Misopaste oder Sojasoße.

Viele Menschen verwechseln das Einlegen mit der Fermentation. Während bei der klassischen Fermentation Mikroben Zucker abbauen und dabei Säuren oder Alkohol bilden, werden viele moderne Produkte, so auch die beliebten Essig- oder Gewürzgurken, lediglich mit Essig haltbar gemacht. Ihnen fehlen die mikrobiellen Stoffwechselprodukte, die für Geschmack, Textur und mögliche gesundheitliche Effekte fermentierter Lebensmittel entscheidend sind. In den letzten Jahren ist jedoch ein wachsendes Interesse an echter Fermentation zu verzeichnen. Immer mehr Menschen wenden sich von industriell gefertigten Produkten ab und greifen gezielt zu traditionell hergestellten fermentierten Lebensmitteln.

Fermentierende Mikroben kommen natürlicherweise überall in unserer Umgebung vor – in der Luft, auf Blättern und Wurzeln von Pflanzen – und können unter geeigneten Bedingungen eine sogenannte wilde Fermentation auslösen. Alternativ werden für die Fermentation gezielt ausgewählte Starterkulturen eingesetzt, etwa bei Joghurt, Kefir, Käse oder Kombucha. Für eine erfolgreiche Fermentation sind Temperatur, Salz- und Zuckergehalt sowie die An- oder Abwesenheit von Sauerstoff die wichtigsten Faktoren. Sie bestimmen, ob sich die wichtigen Mikrobenarten durchsetzen und ob ein Lebensmittel sicher verzehrt werden kann.

Wo möglich, stütze ich mich im Folgenden auf unsere eigene, erst kürzlich durchgeführte Analyse kommerzieller fermentierter Produkte, in denen wir über 480 verschiedene Mikrobenarten nachweisen konnten. Die Analyse wurde vom wissenschaftlichen Team von ZOE, meinem Labor am King's College und meinen Kolleginnen und Kollegen in Trento durchgeführt.

In den nächsten Kapiteln unterscheide ich zwischen Lebensmitteln mit lebenden Mikroben und solchen, bei denen diese inaktiv sind, abgetötet oder herausgefiltert wurden. Zunächst widmen wir uns den klassischen fermentierten Lebensmitteln mit mit lebendigen Mikroben, bevor wir anschließend die »nicht ganz so lebendigen« fermentierten Produkte betrachten.

Lebendige fermentierte Lebensmittel

JOGHURT

Fermentierte Milchprodukte entstehen, indem man Milch mit bestimmten Bakterien- oder Hefestämmen versetzt, die die Laktose (den Milchzucker) in Milchsäure umwandeln. Dadurch erhält die Milch den charakteristischen säuerlichen Geschmack und wird dicker und cremiger. Es gibt viele Arten von fermentierten Milchprodukten, wie zum Beispiel Sauermilch, Kefir, Buttermilch und den libanesischen Frischkäse Labneh; weltweit am bekanntesten ist vermutlich Joghurt. Für seine Herstellung wird Milch mit bestimmten Bakterienarten wie *Lactobacillus delbrueckii* subsp. *bulgaricus* und *Streptococcus thermophilus* geimpft. Bei einer bestimmten Temperatur startet durch sie die Fermentation der Laktose in Milchsäure und der säuerliche Geschmack und die cremige Konsistenz entstehen.

Die praktischste Art, Joghurt herzustellen, ist, fertigen Joghurt als Starter zu verwenden (im Englischen wird das auch als *backslopping* bezeichnet, sinngemäß also als Animpfen mit einer vorherigen Charge). Doch es gibt auch andere Methoden. Mittlerweile kann man sich gezielt einzelne Mikrobenkulturen auswählen und kommerzielle Starter in einem Onlinekatalog bestellen oder man öffnet kurzerhand probiotische Kapseln, die *Lactobacillus*, *S. thermophilus* und *Bifidobacterium* enthalten, um einen gesunden Bakterienmix zur Verfügung zu haben. Auch alte, traditionelle Starterkulturen, die auf mehreren Generationen beruhen, sind online erhältlich, und wer ganz mutig ist, kann selbst einen Starter ansetzen. Dafür mischt man Milch, Ameiseneier, Chilistiele oder Ziegendung; dann heißt es, geduldig abzuwarten, bis sich Milchsäurebakterien ansiedeln. (Diese Methode sei hier ohne Gewähr genannt, selbst habe ich sie noch nicht ausprobiert!)

Ich bin mit den Joghurtprodukten des britischen Unternehmens *Ski* aufgewachsen. Die Marke verbinde ich mit Bildern von glücklichen, schönen Familien in Sportkleidung beim Trampolinspringen oder Skifahren in den Alpen. Der Joghurt schmeckte sehr süß und enthielt kleine, künstlich schmeckende Fruchtstückchen. Trotz des Werbeversprechens war mir schon damals klar, dass diese Joghurtprodukte nicht gesund sein konnten. Doch Joghurt selbst herzustellen, wäre mir damals nie in den Sinn gekommen.

Joghurtmaschinen sind bereits seit Längerem erhältlich, aber durch sie ist womöglich in Vergessenheit geraten, dass Joghurt auch ohne solche Geräte ganz einfach selbst herzustellen ist. Lässt man erhitzte Milch abkühlen, verwandelt sie sich wie von Zauberhand in Joghurt. Es siedeln sich milchzuckerliebende Bakterien in ihr an, die bei der richtigen Temperatur die Laktose in Milchsäure umwandeln und das Eiweiß gerinnen lassen. Die fermentierenden Mikroben sind normalerweise thermophil, also wärmeliebend, und benötigen zur Vermehrung Temperaturen von 43 bis 46 °C. Mithilfe von robusteren Mikroben, die sich bereits bei Zimmertemperatur wohlfühlen, sogenannten mesophilen Bakterien, lässt sich dagegen ein flüssigerer Joghurt herstellen. Die meisten Joghurtprodukte enthalten zwei oder drei Bakterienstämme, üblicherweise jeweils einen der Gattungen *Lactobacillus* und *Streptococcus*, die entweder aus Starterkulturen stammen oder durch Backslopping übertragen werden. Früher enthielten Joghurtkulturen, die über Generationen gezüchtet wurden, wohl mehr verschiedene Mikrobenarten, und manche dieser alten Kulturen sind auch heute noch erhältlich. Allerdings weiß niemand genau, wie weit sie tatsächlich in die Vergangenheit zurückreichen, da es kaum mehr Aufzeichnungen über die verwendeten Mikroben gibt.

Seit Tausenden von Jahren wird frische Milch haltbar gemacht, indem man sie in Joghurt verwandelt. Das Wort »Joghurt« stammt aus dem Türkischen, aber es ist nicht bekannt, wo seine genauen Ursprünge liegen. Vermutlich wurde der erste Joghurt vor etwa 7000 Jahren irgendwo in Zentralasien mit dem Aufkommen der Viehzucht rein zufällig hergestellt. Auch in Griechenland, Indien, Osteuropa und anderen Ländern gab es schon frühe Formen von Joghurt.

Erst zu Beginn des 20. Jahrhunderts erwachte das Interesse an den gesundheitlichen Eigenschaften von Joghurt. Dem russischen Bakteriologen Ilja Metschnikow fiel die vergleichsweise gute Gesundheit und hohe Lebenserwartung bulgarischer Bauern auf, die regelmäßig Joghurt verzehrten. Er vermutete, dass Fäulnis im Darm die Ursache für verbreitete Krankheiten sei und dass die Mikroben in Joghurt und anderen fermentierten Milchprodukten diese Prozesse umkehren könnten. Überzeugt von dieser Theorie trank er fortan täglich Sauermilch. Seine Arbeit markiert den Beginn der probiotischen Therapie.[1]

Metschnikow begegnete Louis Pasteur, der bereits 1857 entdeckt hatte, dass Bakterien für die Milchsäuregärung verantwortlich sind, und somit als Erster nachweisen konnte, dass Joghurt lebende Organismen enthält. Heute ist bekannt, dass bestimmte Mikroben gesundheitsfördernd sein können, damals begriff man sie jedoch nur als Krankheitserreger. Metschnikows Forschungen bewiesen das Gegenteil, wodurch sie die Aufmerksamkeit einiger Unternehmer erregten, die die Möglichkeit witterten, damit Profit zu machen. 1919 gründete Isaac Carasso in Barcelona das Unternehmen *Danone* und brachte einen Joghurt mit den zwei wichtigsten von Metschnikow isolierten Schlüsselbakterien auf den Markt: *L. delbrueckii* subsp. *bulgaricus* und *S. thermophilus*. Und nur ein gutes Jahrzehnt später entwickelte der japanische Mikrobiologe Minoru Shirota das Milchsäuregetränk Yakult, für das er ein Bakterium verwendete, das er aus Käse isoliert hatte und *Lacticaseibacillus paracasei Shirota* nannte. Beide Unternehmer ließen die von ihnen verwendeten Bakterienstämme patentieren. Nunmehr waren fermentierte Lebensmittel, die zuvor vor allem von der Landbevölkerung verzehrt worden waren, in Form gesundheitsfördernder Produkte allgemein verfügbar. Mittlerweile werden mit fermentierten Milchprodukten Milliarden umgesetzt. Dieser in großen Mengen industriell hergestellte Joghurt unterschied sich jedoch stark von traditionellem Joghurt, bei dem warme Milch mit ein wenig fertigem Joghurt versetzt wurde und sich dann langsam in Joghurt verwandelte. Die neuen Herstellungsmethoden mit standardisierten Starterkulturen ermöglichten zwar die industrielle Produktion großer Mengen, doch verlor der Joghurt dadurch die Vielfalt der Mikrobenstämme, die den hausgemachten Varianten zu eigen waren. Auch stellte man fest, dass die Kulturen aus dem Labor nur ein paar Chargen produzieren konnten, bevor sie ersetzt werden mussten, während sich traditionelle Starterkulturen unendlich vermehren ließen. Vermutlich liegt die Ursache hierfür darin begründet, dass sich die traditionellen Kulturen über Millionen von Generationen entwickelt haben und die verschiedenen Bakterienstämme zu ihrem Überleben symbiotisch zusammenarbeiten. Das stellt sicher, dass sie nicht von ein und demselben Feind, wie anderen Bakterien oder Phagen, ausgelöscht werden können. Wird hingegen eine kommerzielle Joghurtkultur damit infiziert, kann sie komplett zusammenbrechen.

Die einfachen Joghurts mit Fruchtgeschmack, die ich früher aß, wurden mittlerweile durch hoch verarbeitete und hochprofitable Produkte ersetzt, die häufig Kinder ansprechen sollen. Sie sind denkbar ungesund. Wie aber steht es um die Wirkung von sogenanntem Naturjoghurt?

Wie gesund ist Joghurt?

Seit Metschnikow seine Zusammenarbeit mit Pasteur aufnahm und die gesundheitsförderlichen Effekte von Mikroben erstmals erkannte, wird über diese Frage diskutiert. Heute wird der Markt von großen, milliardenschweren Konzernen dominiert, die – wie wiederholt kritisiert wurde – mit übertriebenen Gesundheitsversprechen werben. Die lebendigen Mikroben in den Joghurtkulturen vermehren sich im menschlichen Darm nicht so eifrig, wie es noch vor zehn Jahren in Werbespots behauptet wurde.[2] Eine Metaanalyse von 2017, die neun Beobachtungsstudien aus aller Welt mit insgesamt 300 000 Teilnehmenden zusammenfasste, kam zu dem Ergebnis, dass sich bei Menschen, die gelegentlich Joghurt aßen, das Herzerkrankungsrisiko tatsächlich nicht reduzierte. Eine andere Überblicksstudie konnte jedoch zeigen, dass der Verzehr von täglich mindestens 200 Gramm Joghurt (etwa ein kleiner Becher) mit einem geringeren Risiko für Herz-Kreislauf-Erkrankungen einherging.[3] Im Jahr 2022 ergab eine umfangreiche Untersuchung, die die Daten von 896 871 Personen einbezog, dass sich die Gesamtsterblichkeit von Menschen, die regelmäßig Joghurt verzehrten, um rund 7 Prozent verringerte und die Sterblichkeit infolge von Herzerkrankungen sogar um 11 Prozent zurückging; bei den Personen, die am meisten Joghurt verzehrten, fiel der Effekt am deutlichsten aus. Interessanterweise konnte bei Krebs keine eindeutige positive Wirkung festgestellt werden.[4]

Da es sich um Beobachtungsstudien handelt, könnten die Ergebnisse durch einen allgemein gesünderen Lebensstil der Teilnehmenden oder andere Faktoren verzerrt sein. In dem Fall wäre allerdings auch ein Rückgang bei Krebserkrankungen zu erwarten gewesen. Glücklicherweise wurden die Resultate inzwischen durch sieben kleine klinische Untersuchungen, bei denen Verzerrungen unwahrscheinlicher sind, bestätigt; sie lassen darauf schließen, dass Joghurt zu einer Verbesserung der Glukose- und Blutfettwerte führt.[5]

Joghurt ist also gut für die Herzgesundheit, aber kann er auch das Körpergewicht positiv beeinflussen? Zu diesem Thema gibt es nur zwei kleine randomisierte klinische Studien, die zu keinen eindeutigen Ergebnissen kommen. Allerdings zeigten neun von zehn

Beobachtungsstudien, die den Joghurtkonsum von mehr als 219 000 Menschen verfolgten, dass der Verzehr von Joghurt im Vergleich zu dem von Milch eher eine Gewichtsreduktion oder Taillenverschlankung zur Folge hatte.[6]

2018 untersuchte mein Team mittels neuester Gensequenzierungsmethoden das Darmmikrobiom von mehr als 2 000 britischen Zwillingen und wie sich der Verzehr von Joghurt darauf auswirkte.[7] Wir konnten belegen, dass das Mikrobiom derjenigen, die regelmäßig Joghurt konsumierten, weitaus vielfältiger (und damit gesünder) war als das der Nicht-Joghurtesser; zudem waren die in Joghurtkulturen vorhandenen Bakterienstämme *S. thermophilus* und *Bifidobacterium lactis* bei den Joghurtessern erfreulicherweise konsistent erhöht. Die Rate war bei den Teilnehmenden, die regelmäßig Joghurt verzehrten, am höchsten, bei den gelegentlichen Joghurtessern am niedrigsten, was bestätigt, dass die Mikroben nicht lange im Darm verbleiben. Zudem konnten wir in Blut und Stuhl der regelmäßigen Esser viele Abbauprodukte von Mikroben nachweisen, die vermutlich das Entstehen von viszeralem Bauchfett hemmen.[8] Eine neuere klinische Studie aus Japan mit 100 übergewichtigen Männern, die entweder ein Placebo oder mit *Lactiplantibacillus plantarum* versetzten Joghurt verzehrten, wies nach, dass sich das Bauchfett der Männer nach zwölf Wochen signifikant verringert hatte.[9] Wir gehen daher davon aus, dass probiotische Bakterien in Joghurt entweder direkt durch die von ihnen gebildeten Stoffe wirken oder indirekt, indem sie unsere Darmmikroben anregen, gesunde Stoffwechselprodukte zu bilden, die einen entzündungshemmenden sowie gewichts- und stoffwechselregulierenden Effekt haben. Dies könnte zeigen, dass wir uns in einer neuen Phase der postbiotischen Forschung befinden, in der wir es immer besser verstehen, die gesunden chemischen Substanzen, die unsere Darmmikroben bilden, gezielt einzusetzen.

Joghurt könnte auch das Immunsystem stärken; bei Schweinen und Mäusen erwies er sich jedenfalls als hilfreich bei der Abwehr verschiedener Viren, die Atemwegs- und Magen-Darm-Erkrankungen auslösen.[10] Mit Menschen gibt es bislang nur ein paar weniger überzeugende Studien. In einer Untersuchung aßen Freiwillige über neun Wochen entweder einen großen Becher Joghurt oder eine Kontrollmahlzeit. Bei den Joghurtessen konnten anschließend verbesserte Entzündungs- und Immunmarker nachgewiesen werden.[11] In unseren eigenen bisher unveröffentlichten Zwillingsstudien stellten wir bei Joghurtessern und Nicht-Joghurtessern ebenfalls deutliche Unterschiede hinsichtlich der Immunmarker im Blut fest, deren klinische Bedeutung wir allerdings noch nicht kennen. Unsere COVID-19-Studien zeigten zudem, dass die Einnahme von Probiotika das Risiko einer schweren Infektion um etwa 14 Prozent senkte, der Verzehr von Joghurt und anderen fermentierten Milchprodukten könnte also eine ähnliche Wirkung haben.[12] Eine aktuelle Studie liefert eindeutigere Ergebnisse: 64 japanische Studierende nahmen zwölf Wochen lang entweder ein Placebo oder Joghurt, der *L. delbrueckii* subsp. *bulgaricus* enthielt, zu sich. Es konnte gezeigt werden, dass die Joghurtesser eine stärkere Immunantwort auf den Grippeimpfstoff zeigten und bei ihnen weniger Infektionen auftraten.[13] Ein kleiner Warnhinweis ergibt sich allerdings aus chinesischen Studien mit Menschen, die sehr viel Joghurt aßen. Sie zeigten Veränderungen, die eine Antibiotika-Resistenz beschleunigen könnten, vermutlich weil der Gentransfer zu äußerst schädlichen pathogenen Mikroben unter diesen Bedingungen intensiviert wird. Um diesem Risiko entgegenzuwirken, sollte der Verzehr von Joghurt Teil einer insgesamt darmfreundlichen und pflanzenreichen Ernährungsweise sein.[14]

Was beim Kauf von Joghurt zu beachten ist

Zunächst sollte man das Etikett immer genau lesen. Joghurt ist nicht gleich Joghurt und zwischen einzelnen Produkten kann es gewaltige Unterschiede geben. Oft ist es gar nicht so einfach, einen Vollfettjoghurt aufzutreiben, und den meisten Erzeugnissen werden Zucker und Geschmacksstoffe zugesetzt, was beides nicht gesund für unser Darmmikrobiom ist. Zucker hemmt das Wachstum von Mikroben, daher sind Marmeladen und Honig so lange haltbar; Geschmacksstoffe, selbst scheinbar harmlose wie Vanille, werden häufig synthetisch hergestellt, und wir wissen nicht, wie sie sich auf das Mikrobiom auswirken.

Seit Joghurt nicht mehr nur vorwiegend von der Landbevölkerung verzehrt wird, sondern zum Mainstream-Produkt geworden ist, sind viele Lebensmittelhersteller auf den Zug aufgesprungen. Um möglichst große Gewinne zu erzielen, haben sie viele farbenfrohe Produkte für Kinder auf den Markt gebracht, die von Zucker und chemischen Stoffen nur so strotzen. Eine Untersuchung von über 900 Joghurtmarken aus dem Jahr 2018 kam zu dem Ergebnis, dass 90 Prozent der Produkte einen hohen Zuckergehalt aufwiesen. Bei Joghurts für Kinder war der Anteil sogar noch höher.[15] Lebensmittelunternehmen hoffen durch diese joghurtartigen Produkte, den Rückgang beim Absatz zuckerhaltiger Frühstückscerealien für Kinder auszugleichen. Den lächelnden Gesichtern und vitaminreichen Früchten auf der Verpackung zum Trotz sollte man diese Kinderjoghurts meiden. Fast die Hälfte der Kalorien pro Portion stammt aus Zucker.[16]

Dass ein solcher Etikettenschwindel erlaubt ist, ist beschämend. Kinder müssen besser geschützt werden. Strengere gesetzliche Vorgaben und eine deutlichere Kennzeichnung wären dringend geboten, damit Eltern sich nicht länger von irreführenden Verpackungen und falschen Gesundheitsversprechen täuschen lassen. Das Verbot von an Kinder gerichteter Werbung für solche und ähnliche Produkte in Großbritannien ist ein erster wichtiger Schritt; in Deutschland gibt es bislang nur eine freiwillige Regel, die der Zentralverband der deutschen Werbewirtschaft im Juni 2021 eingeführt hat. Demnach darf sich Werbung für Lebensmittel, die Kinder zum ungesunden

Essen veranlassen kann, nicht mehr an unter 14-Jährige richten.[17] Diese Einschränkungen sind längst nicht genug und es bedarf noch weiterer strengerer Maßnahmen.

Fettarmer Joghurt erfreut sich insbesondere bei jungen Leuten nach wie vor großer Beliebtheit, obwohl es keinerlei Belege dafür gibt, dass sich der Verzehr günstig auf die Gesundheit auswirkt. Da fettarmer Joghurt aus entrahmter Milch hergestellt wird, schmeckt er lange nicht so gut wie die Vollfettvariante und ist auch weniger cremig. Um das wettzumachen, werden in den allermeisten Fällen hoch verarbeitete Lebensmittelderivate zugesetzt, darunter modifizierte Tapioka- und Maisstärke, Emulgatoren, Stabilisatoren und Guakernmehl. Häufig ist der Joghurt auch mit Zucker, Fruchtextrakten und anderen Aromastoffen angereichert, damit nicht auffällt, wie fade er schmeckt, da das Fett als Geschmacksträger fehlt. Auch fettarmer Joghurt enthält zu Beginn lebende Bakterienkulturen, aber ohne die gesättigten Fette und aufgrund des Zuckers, der eine sterilisierende Wirkung hat, überleben die nützlichen Mikroben für gewöhnlich nicht lange. Unsere Untersuchung kam allerdings zu dem Ergebnis, dass alle überprüften Joghurterzeugnisse, selbst die gesüßten, nachweislich Mikroben enthielten, und zwar in erster Linie *S. thermophilus* sowie ein bis zwei weitere Arten in geringer Menge.

Es gibt keinerlei Belege dafür, dass fettarmer Naturjoghurt gesünder ist als die Vollfettvariante, auch wenn die darin enthaltenen lebenden Bakterien vermutlich ebenfalls gesundheitsförderliche Effekte haben. Bei der Entrahmung der Milch gehen mit den gesättigten Fetten allerdings auch viele fettlösliche Vitamine verloren. Daher enthält fettarmer Joghurt weniger Vitamine, die Hersteller häufig nachträglich wieder zusetzen. Das scheint allerdings ein überflüssiger Aufwand zu sein, da fettarme Joghurtprodukte keine erwiesenen Gesundheitsvorteile bieten. Wenn Sie also nicht ausgerechnet den faden Geschmack mögen, greifen Sie lieber zu einem Naturjoghurt mit lebenden Bakterien und mehr Eiweiß statt zu einer fettarmen oder hoch verarbeiteten Variante. Schauen wir uns die gängigsten Formen von Naturjoghurt noch etwas genauer an.

Griechischer Joghurt

Der sogenannte Griechische Joghurt stammt in den allermeisten Fällen nicht aus Griechenland, ja er enthält nicht einmal griechische Milch. Dennoch ist die Bezeichnung mittlerweile zu einem Synonym für einen gesunden, dicken, cremigen Abtropfjoghurt mit hohem Fettgehalt geworden. Da die Molke entfernt wird, enthält er kaum Laktose. In Großbritannien und auch Deutschland ist er meistens unter der Bezeichnung »Greek Style« oder »Joghurt griechischer Art« zu finden. In anderen Ländern gibt es ähnliche Produkte, die etwa als Türkischer Joghurt oder, im Nahen Osten, als der frischkäseähnliche Labneh bekannt sind. Allerdings handelt es sich bei den Produkten, die als Griechischer Joghurt oder Joghurt griechischer Art angepriesen werden, nicht in jedem Fall um einen reinen Naturjoghurt. Um ein paar Cent zu sparen, setzen Unternehmen nicht selten Pektine und Stärke als Verdickungsmittel oder sogar künstliches Milchpulver zu.

Isländischer Skyr

Dieses traditionelle isländische Milchprodukt wird immer beliebter. Im Vergleich zu Joghurt griechischer Art hat es einen niedrigeren Fett- und höheren Eiweißgehalt, behält aber dennoch das angenehm cremige Mundgefühl bei. Skyr ist genau genommen kein Joghurt, da er anders hergestellt wird: Er wird nicht gesiebt, sondern filtriert, und häufig wird er mit Lab dickgelegt, das auch bei der Käseherstellung zum Einsatz kommt. Normalerweise enthält er Kulturen der Bakterien *S. thermophilus* und *L. delbrueckii*, die auch in

Joghurt zu finden sind; häufig wird jedoch zusätzlich noch Hefe zugesetzt. Skyr ist teurer als Joghurt, und für die Herstellung eines Liters werden vier Liter Vollmilch benötigt. Daher ist Skyr weniger nachhaltig.

Fromage frais

In britischen und deutschen Supermärkten ist *fromage frais* (»Frischkäse«) ein Dauerbrenner und vor allem bei Kindern sehr beliebt. Er ist daher, wie Sie sich vielleicht schon denken können, sehr zuckerreich – 3 Teelöffel pro winzigem Becher. Manche Hersteller setzen zusätzlich noch Süßigkeiten mit einem Zuckergehalt von 19 Prozent hinzu. Bei *fromage frais* handelt es sich eigentlich nicht um Joghurt, sondern um jungen, ungereiften Käse, der einen geringeren Fettgehalt aufweist. In Frankreich ist gesetzlich vorgeschrieben, dass er lebende Bakterien enthalten muss. Allerdings können diese aufgrund des hohen Zuckergehalts nur schlecht gedeihen. *Fromage blanc*, ein ähnliches Produkt, muss keine lebenden Kulturen enthalten, da die Fermentation früher unterbrochen wird.

Pflanzliche Alternativen

Wie viele andere Menschen war ich früher der Meinung, pflanzlicher Joghurt wäre natürlicherweise gesünder, da er weniger gesättigte Fettsäuren enthält. Dabei sind pflanzliche Joghurts im Schnitt sogar ein wenig ungesünder, da sie viele chemische Stoffe (Emulgatoren und Verdickungsmittel) enthalten, die die fehlende Milch ersetzen sollen, oder es werden ihnen zuckerhaltige Stärken zugesetzt, um für eine festere Konsistenz zu sorgen. Im Allgemein enthalten sie etwas mehr Eiweiß und weniger Fett, aber viel mehr Kohlenhydrate in Form von Zucker. Eine US-amerikanische Studie aus dem Jahr 2021 untersuchte 249 pflanzliche Joghurtalternativen.[18] Ein Drittel davon enthielt eine hinreichende Menge an Eiweiß pro Protein (5 Gramm oder mehr); weniger als die Hälfte wies ausreichend Kalzium auf, und nur jedes fünfte Produkt hatte einen ausreichenden Vitamin-D- und B12-Gehalt. Rund die Hälfte der Produkte enthielt zu viel Zucker.

Ich war überrascht zu erfahren, dass die mikrobielle Zusammensetzung pflanzenbasierter Joghurts (etwa auf Haferbasis) der von Milchjoghurts ganz ähnlich ist.[19] Einigen pflanzlichen Joghurterzeugnissen werden die gleichen *Lactobacillus*-Stämme sowie *S. thermophilus* zugesetzt, die in Milchjoghurt zu finden sind; für andere werden Mikroben verwendet, die sich von Molkenprotein oder der jeweils enthaltenen Pflanze ernähren, beispielsweise Kokosnuss, Hafer, Soja oder Nüssen. Es liegen kaum Studien vor, die die Wirksamkeit der Mikroben in den Produkten vergleichend untersuchen; eine Übersichtsarbeit deutet darauf hin, dass Mikroben in pflanzlichen Joghurtalternativen eine geringere Überlebenschance haben.[20] Letztlich fehlt uns die Datengrundlage für einen fundierten Vergleich, aber für Menschen, die sich vegan ernähren oder unter einer Laktoseintoleranz leiden, scheinen pflanzliche Joghurtprodukte eine gute Alternative darzustellen. In jedem Fall empfiehlt es sich, hoch verarbeitete Produkte zu vermeiden, die zahlreiche kompliziert klingende Zusatzstoffe oder viel Zucker enthalten.

Derzeit ist Kokosjoghurt wohl die beste Alternative zu Milchjoghurt. Er wird aus dem Fruchtfleisch von Kokosnüssen hergestellt, das fettärmer als Kokosfett ist, und liefert zudem jede Menge Ballaststoffe. Außerdem hat er eine weitaus bessere Umweltbilanz als Joghurt aus Milch. Er überzeugt geschmacklich und ist ohne allzu viele Zusatzstoffe einfach selbst herzustellen. Bietet er aber auch ähnliche gesundheitliche Vorteile wie traditioneller Joghurt? Zumindest was die enthaltenen Probiotika angeht, scheint er es mit herkömmlichem Joghurt aufnehmen zu können. Im Eiweißgehalt kann er zwar mit Milchjoghurt nicht mithalten, da er nur auf 2 Gramm Eiweiß pro 100 Gramm kommt, naturbelassener Joghurt hingegen enthält 10 Gramm pro 100 Gramm. Kokosjoghurt wird dafür häufig wiederum mit Kalzium angereichert.

Fünf Fakten zu Joghurt

1. Joghurt enthält normalerweise drei Bakterienarten (allerdings vorwiegend *S. thermophilus*) und gilt – vor allem im Vergleich zu Milch – als gesundes Lebensmittel.
2. Es gibt begründete Hinweise darauf, dass der Verzehr von Joghurt das Risiko für Herzerkrankungen, Entzündungen und Übergewicht verringert.
3. Fettfreie Varianten oder solche, die mit viel Zucker, Zusatz- oder Zuckerersatzstoffen angereichert wurden, sind nicht zu empfehlen.
4. Pflanzliche Joghurtalternativen sind vermutlich ebenfalls als gesund einzustufen, vorausgesetzt, sie enthalten nur eine geringe Menge an Zusatzstoffen.
5. Sowohl Joghurt aus Milch als auch pflanzliche Joghurtalternativen lassen sich einfach und günstig zu Hause herstellen.

KEFIR

Das Wort Kefir leitet sich vom türkischen Begriff *keyif* für »Wohlbefinden« ab. Auch Kefir ist ein fermentiertes Milchprodukt, allerdings hat er eine flüssigere Konsistenz als Joghurt. Die Forschung geht davon aus, dass sein Ursprung im Kaukasus liegt, der Gebirgskette zwischen Europa und Asien. Wo auch immer er erstmals getrunken wurde, mittlerweile ist erwiesen, dass wir Menschen schon seit vielen Jahrtausenden Kefir zu uns nehmen. Man hat Kefirbrocken als eine Art Collier um den Hals einer etwa 3500 Jahre alten Mumie im heutigen China gefunden.[1] Glücklicherweise ist Kefir inzwischen auch in den Kühlregalen der meisten Supermärkte verfügbar – zumindest in den Städten Europas und der USA.

Rund um den Globus wird Kefir in den unterschiedlichsten Varianten getrunken. Es gibt eine breite Palette von Kefirsorten abhängig von der verwendeten Grundlage, zum Beispiel Milch-, Wasser- und Kokoskefir. Der Prozess der Fermentation ist stets derselbe, aber die Herstellungsmethode und die Art, wie er gegessen oder getrunken wird, variieren. In Russland wird er oft pur genossen oder als Zutat in Suppen und Eintöpfen, während er im Nahen Osten gerne mit Honig und Nüssen serviert wird. In zentralasiatischen Ländern wie Kasachstan, wo ich vor ein paar Jahren zu Besuch war, wird er oft aus Stutenmilch hergestellt, ein Geschmack, an den man sich aus Europa stammend erst gewöhnen muss. In den Pyrenäen wird Schafsmilch als Grundlage verwendet, in den USA vorwiegend Kuhmilch. Insgesamt ist Kefir ein vielseitiges und nahrhaftes Getränk mit einer langen Geschichte, das sich weltweit großer Beliebtheit erfreut.

Für die Herstellung von Milchkefir wird Milch mit einer Kultur von bestimmten Bakterien- und Hefestämmen oder mit Kefirknollen versetzt. Ähnlich wie bei der Herstellung von Joghurt bauen die Mikroorganismen die Laktose (den Milchzucker) zu Milchsäure ab.

Dadurch bekommt die Milch den säuerlichen Geschmack und eine festere, cremige Konsistenz. Durch die einzigartigen natürlichen Eigenschaften der Kefirknollen und der darin enthaltenen Mikroben unterscheidet sich Kefir von anderen fermentierten Milchprodukten. Sie sorgen für seine besonders komplexe geschmackliche Vielfalt. Ihn selbst herzustellen, ist schnell, einfach und kostengünstig.

Als Grundlage können sowohl tierische Milch als auch pflanzliche Milchalternativen dienen. Die Art der verwendeten Milch bestimmt maßgeblich seinen Geschmack und seine Konsistenz. Ziegenmilchkefir etwa ist flüssiger als die Kuhmilchvariante, Kefir auf Basis von Kokosmilch oder Sojadrinks ist schön cremig; auf Basis anderer pflanzlicher Milchalternativen fällt seine Konsistenz häufig flüssiger aus. Kefir aus pflanzlichen Milchalternativen enthält aufgrund ihres höheren Zuckergehalts grundsätzlich etwas mehr Kohlensäure.

Der fertige Kefir wird durch ein Sieb abgegossen, und die Knollen können – ähnlich wie der SCOBY für Kombucha – viele Male wiederverwendet werden, sodass Kefir sehr günstig herzustellen ist. Kefirknollen sind also eine lohnende Investition. Kefir sollte im Kühlschrank in einem großen, verschließbaren Glasgefäß aufbewahrt werden, das ausreichend Milch enthält, damit die Mikroben mehrere Wochen überleben können, bis die Milch erneuert oder die Knollen reaktiviert werden. Wasserkefir (Tibicos), den wir uns auch noch anschauen, wird ganz ähnlich hergestellt, nur dass anstelle von Milch Zucker und Wasser verwendet werden.

Woher die ursprünglichen Kefirknollen stammen, deren Abkömmlinge wir heute verwenden, ist nicht eindeutig geklärt, doch es gibt interessante Theorien. Einigen Legenden zufolge soll der Prophet Mohammed sie höchstpersönlich dem nordkaukasischen Volksstamm der Kartschaier geschenkt haben.

Aber worum handelt es sich bei diesen durch ihre weiche, körnige Struktur an kleine Blumenkohlröschen erinnernden Knollen nun eigentlich genau? Sie bestehen aus getrockneten Resten von altem Kefir, die etwa zwanzigmal so viele Mikrobenarten wie Joghurt enthalten. Als wir die Knollen von traditionell hergestelltem Kefir testeten, stellten wir fest, dass sie normalerweise eine größere Anzahl verschiedener Mikroben als kommerzielle Milchkefirprodukte enthielten. Die Knollen beherbergen eine komplexe Gemeinschaft von Mikroben, die sich in inaktivem Zustand befinden und sich an die Arbeit begeben, sobald sie die geeigneten Bedingungen vorfinden. Dazu gehören normalerweise milchliebende und säurebildende Milchsäurebakterien (*Lactobacilli*, *Lactococci*), Essigsäure produzierende Bakterien (*Acetobacter*) sowie ein paar Kohlendioxid erzeugende Hefen wie *Saccharomyces*, die für die Bläschen und einen niedrigen Alkoholgehalt sorgen. In einigen seltenen Fällen kann dieser bis zu 3 Prozent erreichen. Kein Kefir schmeckt oder riecht je gleich. Bei einer Gensequenzierung von handelsüblichen Kefirprodukten stellten wir eine große Vielfalt von zwischen 8 bis 30 verschiedenen Mikrobenarten fest; einige ältere Untersuchungen verzeichnen bei traditionellem Kefir bis zu 61 Arten; vermutlich ist das aber noch zu niedrig gegriffen. Die Zahlen variieren sehr stark, abhängig von der verwendeten Milch, der Umgebung sowie der Dauer der Fermentation.

Die biologische Struktur von Kefirknollen ist ein großartiges Beispiel für die Kraft der Evolution und die symbiotische Zusammenarbeit: Dreißig bis sechzig Arten von Mikroben ganz unterschiedlicher Größe und Funktion beschlossen, ihre Fähigkeiten zu bündeln und als Team zusammenarbeiten – und wurden so unsterblich. In der richtigen Umgebung und mit geeigneter Nahrung können sie unendlich lang weiterleben. Ihre Unsterblichkeit erfordert allerdings sorgsame Pflege. Ich selbst habe meine Knollen schon mehr als einmal vernachlässigt und dadurch versehentlich getötet. Wenn Sie überprüfen wollen, ob in Ihren Knollen noch Leben steckt, können Sie einfach versuchen, frischen Kefir damit anzusetzen. Wenn dieser nicht säuerlich schmeckt, sondern süß, und alle Hinweise einer Fermentation fehlen, wie etwa die Bildung von Bläschen, sind die

Kulturen abgestorben. Auch Schimmel und seltsame Gerüche sind ein deutliches Zeichen dafür, dass die Kultur nicht mehr aktiv ist.

Manche Forschende widmen ihr gesamtes Leben der Untersuchung dieser faszinierenden Gebilde.[2] Vielleicht sollte man statt von Kefirknollen sogar lieber von Kefir*körpern* sprechen, schließlich verhalten sie sich wie lebende Organismen, spalten kleine Knollen ab, bilden neue Formen und schließen sich manchmal mit anderen Mikroorganismen zusammen, wenn das für sie von Vorteil ist. Trotz aller Bemühungen ist es der Wissenschaft noch nicht gelungen, dieses Wunder der Natur im Labor künstlich herzustellen. Indem rund dreißig verschiedene Mikroorganismen zusammengewürfelt werden, in der Hoffnung, dass sie sich irgendwie zusammenraufen und organisieren, bildet sich nämlich noch längst keine Kefirknolle.

Die regionalen Unterschiede von Kefir sind ebenfalls bemerkenswert. Tibetischer Kefir soll die größte mikrobielle Vielfalt aufweisen, man konnte in ihm mehr als sechzig verschiedene Arten nachweisen. Zum Glück sind aber so gut wie alle Kefirknollen gut geeignet, um Kefir herzustellen, denn der Weg, um tibetischen Kefir regelmäßig zu genießen, wäre für die meisten von uns dann wohl doch etwas weit. Die in den Knollen enthaltenen Mikroorganismen bilden Hunderte komplexe chemische Stoffe, die sich auf das Aroma und die gesundheitsfördernden Eigenschaften auswirken.

Die wahre »Magie« der Kefirknollen liegt jedoch in der Zusammenarbeit der Mikroben. Die Mikrobengemeinschaft bildet die Einfachzucker Glukose und Galaktose und stellt aus ihnen das Exopolysaccharid (EPS) Kefiran her, das ihr als eine Art Schutzschild dient. So können sie geschützt und ungestört über ihr milchiges Reich regieren und alle potenziellen Eindringlinge abwehren oder verhindern, dass diese Fuß fassen können. Manche Forscher glauben, dass Kefiran sich unterstützend auf das Immunsystem auswirken könnte, dazu liegen bislang allerdings nur kleine Studien vor. Fest steht, dass Kefiran für die cremige Konsistenz von Kefir sorgt. Außerdem konnte nachgewiesen werden, dass die im Kefiran befindlichen

Mikroben erstaunlicherweise nicht ganz mit denen in der Kefirmilch, also dem Getränk, wie wir es dann verzehren, identisch sind. Das legt die Vermutung nahe, dass Kefiran nicht einfach als eine Art konzentriertes Pulver in die Milch übergeht und sich in ihr auflöst, sondern vielmehr die Mikroben in seiner Umgebung reguliert. Sie merken schon: Es gibt noch jede Menge über Kefir zu lernen.

Wie gesund ist Kefir?

Kefir kann bis zu zehnmal mehr gesundheitsfördernde probiotische Mikroben als Joghurt enthalten und wirkt sich somit noch günstiger auf Verdauung und Immunfunktion aus. Zudem sorgt die schützende Struktur des Kefirans wohl dafür, dass die Mikroben selbst in der rauen Umgebung des Magen-Darm-Trakts länger überleben können. Darüber hinaus enthält Kefir jede Menge Kalzium, Aminosäuren sowie B- und K-Vitamine und Vitamin D. Ein Glas Kefir, was in etwa 250 Millilitern entspricht, liefert etwa 10 Gramm Eiweiß und deckt somit bereits den Tagesbedarf an Vitamin B12. Frank, der Mitglied bei ZOE ist, erhielt nach sechs Monaten das Ergebnis des Wiederholungstests seines Darmmikrobioms und erzählte uns voller Stolz, dass sich der Anteil gesundheitsfördernder Mikroben erhöht hatte. Er führte dieses positive Ergebnis darauf zurück, dass er, um nach einer Erkrankung wieder auf die Beine zu kommen und seinem Mikrobiom etwas Gutes zu tun, begonnen hatte, jeden Morgen Kefir zu sich zu nehmen. Bei Frank hatte sich das tägliche Kefirfrühstück also eindeutig ausgezahlt. Es hatte ihm geholfen, die günstigen Darmmikrobenarten zu vermehren und die schädlichen zu reduzieren. Das ist allerdings nur ein persönlicher Bericht – wie steht es mit wissenschaftlichen Belegen? Können sie Franks Erfahrung stützen?

Es gibt zahlreiche Studien, die die positive gesundheitliche Wirkung von Kefir belegen.[3] Viele davon sind jedoch ziemlich klein, zudem wurden sie teils nur in vitro, also im Reagenzglas, oder mit Nagetieren durchgeführt. Dennoch zeigen sie alle übereinstimmend eine Reihe positiver Effekte, wie zum Beispiel die Senkung von Cholesterin-, Blutzucker-, Blutdruck- und Entzündungswerten sowie eine Gewichtsreduktion. Zudem gibt es auch indirekte Belege in Form einer Reduktion bestimmter Immunmarker, die auf einen potenziell krebsvorbeugenden Effekt hinweisen. Auch haben mehrere Studien konsistent eine positive Wirkung bei depressionsähnlichen Symptomen von Mäusen festgestellt, verbunden mit einem höheren Serotoninspiegel und positiven Veränderungen in der Zusammensetzung des Darmmikrobioms.[4] Einige aussagekräftige Humanstudien, die inzwischen auch vorliegen, kommen allerdings zu gemischten Ergebnissen. Eine Untersuchung von Patientinnen und Patienten, die an Typ-2-Diabetes leiden, konnte keine Reduktion der Blutfette nachweisen; andere Studien zeigten hauptsächlich konstant positive Effekte auf die Senkung der Blutzuckerwerte.[5] Angesichts der komplexen Zusammensetzung der in Kefir enthaltenen Mikroben ist es nicht verwunderlich, dass die Ergebnisse so unterschiedlich ausfallen.

Indirekte Belege stammen aus einer systematischen Übersichtsarbeit aus dem Jahr 2018, die zu dem Ergebnis kam, dass sich die gleichen Mikroben, die auch in Kefir enthalten sind, bei Symptomen des Reizdarmsyndroms (RDS) im Durchschnitt positiv auswirken. Eine weitere klinische Studie, an der 28 übergewichtige Personen teilnahmen, konnte eine schützende Wirkung von Kefir auf die Darmschleimhaut nachweisen, was ebenfalls einen positiven Effekt bei RDS haben dürfte.[6] Auch gibt es erste Hinweise darauf, dass Kefir sich günstig auf die psychische Gesundheit auswirken könnte. Der Verzehr von Kefir wird in kleineren Studien mit einem Rückgang der Symptome von Depressionen und Angststörungen in Verbindung gebracht – ein vielversprechendes Ergebnis.

Obwohl noch keine größeren Humanstudien vorliegen und die genaue Wirkweise von Kefir aufgrund seiner komplexen Zusammensetzung nach wie vor nicht ganz geklärt ist, gibt es kaum Zweifel an seiner gesundheitsfördernden Wirkung. Die Belege aus den zahlreichen kleinen Studien sind recht überzeugend, und nimmt man die Ergebnisse der beeindruckenden klinischen Studie der Stanford University zu fermentierten Lebensmitteln hinzu, ergibt sich ein noch eindeutigeres Bild. Diese im Jahr 2022 durchgeführte Untersuchung, bei der achtzehn Personen täglich fünf Portionen fermentierter Lebensmittel zu sich nahmen, wobei Kefir das häufigste war, wies nach nur vier Wochen bedeutende positive Effekte auf die Entzündungsmarker im Blut sowie auf das Immunsystem nach.[7] Wenngleich die Resultate von Studien mit Mäusen und Ratten eindeutiger ausfallen, gibt es auch bei Menschen bereits fundierte Belege für eine entzündungshemmende und blutzuckersenkende Wirkung von Kefir, zusätzlich zu seinem positiven Einfluss auf unsere Darmmikroben. Kefir könnte darüber hinaus noch weitere Vorzüge haben, so könnte er Stimmung und Schlaf positiv beeinflussen. Obwohl es sich in der 2024 von uns durchgeführten ZOE-Ferment-Studie als schwierig erwies, anhand von Ergebnissen eindeutig die Personen zu identifizieren, die besonders viel Kefir verzehrten, konnten wir feststellen, dass Personen, die wöchentlich durchschnittlich vier Portionen Kefir konsumierten, im Vergleich zum Studienbeginn eine deutliche Verbesserung ihrer Stimmung und Energie zu verzeichnen hatten.

Kefir selbst herstellen

Kefirknollen führen im wahrsten Sinne des Wortes ein Eigenleben. Sam und Damien, die das Unternehmen *Ki Kefir* gründeten, stellen Kefir nach traditionellen Methoden her. Ihr Unternehmen liegt gleich neben einer Bio-Molkerei mit Weidehaltung in East Sussex. Lange Zeit wollte es den beiden einfach nicht gelingen, ein Produkt von gleichbleibender Qualität herzustellen, da Kefirknollen, angefangen mit den Mikroben, die man als Fermentierender an sie weitergibt, unglaublich sensibel auf alles in ihrer Umgebung reagieren. Auch die Art der verwendeten Milch, wie oft gerührt wird und die Lufttemperatur wirken sich auf die Kefirknollen aus, ebenso wie die Menge der enthaltenen Hefepilze, die maßgeblich dafür ist, wie stark der fertige Kefir prickelt und schäumt. Bei der Herstellung von Kefir muss man die daraus resultierenden Schwankungen ganz einfach akzeptieren. Kefir enthält lebende Mikroorganismen, daher ist es nahezu unmöglich, sie vollends zu kontrollieren und dazu zu bringen, jedes Mal dasselbe zu tun. Bei winterlichen Temperaturen ist es etwas einfacher, ein annähernd einheitliches Ergebnis zu erzielen, doch auch die Qualität der Milch verändert sich im Laufe des Jahres, abhängig vom Futter der Kühe. Im Sommer fressen sie mehr Gras, wodurch die Milch fettreicher und aromatischer wird; der geringere Fettgehalt der Milch im Winter führt dazu, dass der fertige Kefir stärker prickelt.

Um Kefir zu Hause selbst herzustellen, müssen lediglich Kefirknollen in Milch gegeben werden, sodass diese bei Zimmertemperatur fermentieren können. Bei diesem Prozess machen sich die Bakterien und Hefepilze daran, die Laktose in der Milch zu Milchsäure umzuwandeln, was für den charakteristischen säuerlichen Geschmack sorgt; zudem entsteht dabei Kohlendioxid, dem Kefir das feine Prickeln verdankt, und ein wenig Alkohol. Die Herstellung ist wirklich herrlich leicht. Ich bestellte meine ersten Kefirknollen im Internet, gab ein Beutelchen davon in einen Liter Vollmilch und ließ das Gefäß für 36 Stunden in einem warmen Raum stehen, bis mir der Geruch und die ersten Bläschen verrieten, dass sich Säure gebildet hatte. Anschließend siebte ich die klumpigen Knollen ab und stellte sie in einem Gefäß, in das ich ein wenig Milch als Nahrung für die Mikroben gab, in den Kühlschrank. Aus dem fertigen Kefir kann außerdem eine neue Starterkultur mit Mikroben – ganz ohne Knollen – für einen nächsten Ansatz gewonnen werden, ähnlich wie es mit Sauerteigstartern auch funktioniert. Vorausgesetzt, Sie füttern die Mikroben gut, können Sie sie sechsmal für neue Ansätze wiederverwenden – kostengünstiger geht es kaum.

Falls Sie keine Kefirknollen zur Hand haben und sie sich auch nicht von Freunden leihen können, sollten Sie meinen Lieblingstrick ausprobieren und sich einfach den besten Kefir kaufen, der sich im Supermarkt auftreiben lässt – ohne künstliche Aromen oder andere Zusatzstoffe, idealerweise unpasteurisiert, sodass er noch lebende Mikroben enthält und mit merklichem Prickeln. Diesen verwenden Sie dann als Starter. Geben Sie dafür einfach einen großen Esslöffel davon in ein Gefäß mit einem Liter warmer Milch und warten Sie etwa 36 Stunden, bis sich diese in Kefir verwandelt. Bei höheren Temperaturen geht es sogar schneller. Seihen Sie den fertigen Kefir mit einem ganz normalen Sieb oder einem Geschirrhandtuch ab, um ihn von den Klumpen zu trennen, die sich gebildet haben und die Sie wiederverwenden können. Es handelt sich dabei allerdings nicht um neu gebildete Kefirknollen, sondern um Klumpen aus ausgeflocktem Milcheiweiß, die noch lebende Mikroben enthalten und somit für eine neue Charge verwendet werden können. Anschließend geben Sie den fertigen Kefir in den Kühlschrank.

So einfach es auch ist, Kefir herzustellen, so unterschiedlich fällt das Ergebnis stets aus. Mein Kefir schmeckt jedes Mal ein wenig anders, aber genau das finde ich so faszinierend. Durch Ausprobieren merkt man schnell, welche Faktoren sich am stärksten auf das Ergebnis auswirken. Indem man andere Knollen, Milchsorten und Temperaturen verwendet, lässt sich der Geschmack nach Belieben verändern.

Wie bei Joghurt sind auch hier Kokos- und Sojadrinks aufgrund ihres hohen Eiweiß- und Fettgehalts eine gute Alternative zu Kuhmilch. Geben Sie zwei bis drei Esslöffel Kefirknollen in eine Dose Vollfettkokosmilch und lassen Sie diese fermentieren. Nach drei Tagen ist daraus ein schmackhafter Kokoskefir mit lebenden Mikroben geworden.

Handelsüblicher Kefir

Heutzutage kann man Kefir rund um den Globus im Supermarkt kaufen. Es gibt viele verschiedene Varianten und Marken. Kefirerzeugnisse, die mild, dünnflüssig und von gleichbleibender Qualität sind, sowie solche, die lange haltbar und landesweit erhältlich sind, werden normalerweise nicht mit Kefirknollen hergestellt, da die damit verbundenen Unwägbarkeiten für große Lebensmittelunternehmen ein echtes Problem darstellen. Daher verwenden diese aus pragmatischen Gründen meistens sogenannte Kefirkulturen, das heißt eine Mischung aus vielen (normalerweise acht bis vierzehn) in Kefirknollen häufig enthaltenen kommerziell gezüchteten Mikrobenarten. Diese Produkte weisen eine geringere Mikrobenvielfalt auf als hausgemachter oder traditionell hergestellter Kefir, und viele Sorten enthalten auch keine kohlendioxidbildenden Hefen, die für das Prickeln und Schäumen sorgen. Positiv zu vermerken ist allerdings, dass sie etwa zwölf verschiedene Bakterienstämme enthalten, mithin viermal so viele wie die meisten Joghurtsorten; zudem ist die Gefahr geringer, dass sie überschäumen oder schnell sauer werden.

Kefir ist also nicht gleich Kefir. Studien haben gezeigt, dass traditionell mit Knollen hergestellter Kefir zumindest bei Mäusen einen um 33 bis 55 Prozent stärkeren Effekt auf die Senkung von Blutfetten und Körpergewicht hatte als handelsübliche Sorten, die mit einer geringeren Mikrobenvielfalt und ohne Hefen produziert wurden. Doch nicht in jeder Hinsicht schneidet kommerzieller Kefir schlechter ab: Eine Studie, die die Mikroben in traditionell hergestelltem und kommerziellem Kefir verglich, kam zu dem beruhigenden Ergebnis, dass beide Kefirsorten eine ähnlich hohe Anzahl von Mikrobenarten aufweisen, auch wenn beim traditionellen Kefir eine potenziell stärkere Wirkung gegen schädliche Mikroben festgestellt wurde.[8] Ich habe schon verschiedene Kefirerzeugnisse untersucht, die pasteurisiert wurden, also keine lebenden Mikroben mehr enthielten. Früher hätte ich sie als gesundheitlich wirkungslos abgetan, heute weiß ich, dass auch pasteurisierter Kefir einen nützlichen Effekt haben kann. Ein wissenschaftliches Team unter der Leitung meines Kollegen Paul Cotter vom University College Cork konnte eine eindeutig positive Wirkung bei Mäusen feststellen, die mit hitzebehandelten, also abgestorbenen Kefirknollen gefüttert wurden.[9]

In Supermarktregalen und auch im Internet sind mindestens fünf verschiedene Kategorien von Kefir zu finden. Die Bandbreite reicht von minderwertigen Produkten, die es eigentlich nicht verdienen, als Kefir bezeichnet zu werden, bis zu traditionell hergestellten Sorten.

In die unterste und schlechteste Kategorie gehört Kefir, der sich explizit an Kinder richtet, und nicht einmal die Bezeichnung »Joghurt« verdient hat. Er besteht aus Milchpulver, Sahne und standardisierter Milch sowie Fruchtzucker und Emulgatoren. Dieser Mischung werden kommerzielle lebende Kulturen zugesetzt, damit das ungesunde hoch verarbeitete Endprodukt als Kefir bezeichnet werden darf. Vorsicht also vor der Mogelpackung!

Der Kefir der zweitschlechtesten Kategorie ist ebenfalls hoch verarbeitet. Im Grunde genommen handelt es sich eher um eine Art aufgepeppten Superjoghurt, der mit Fruchtsaft oder Zusatzstoffen und künstlichem Süßstoff versetzt wird. Der gelegentliche Verzehr ist unbedenklich, aber ich würde davon abraten, Produkte dieser Art täglich zu konsumieren. Wenn ich die Wahl habe, meide ich aromatisierte Kefirprodukte oder solche, bei denen Früchte, Zucker oder künstliche Süßstoffe zugesetzt wurden, da man nie wissen kann, wie sich die Zusatzstoffe auf die Darmmikroben auswirken. Künstliche Süßstoffe wirken sich generell schlecht auf unser Mikrobiom aus, daher ist es stets ratsamer, naturbelassenen Kefir mit frischem Obst zu essen und ihn selbst süßen.

Die Kefirerzeugnisse der dritten Kategorie sind am weitesten verbreitet. Im Grunde genommen handelt es sich dabei um mit kefirtypischen probiotischen Bakterienstämmen angereicherten Joghurt – man könnte von »Joghurt mit Kefirkulturen« sprechen. Diese Produkte enthalten im Allgemeinen aber weder *Acetobacter* noch *Lactobacilli*, die sich von den Knollen ernähren (etwa *Lactobacillus kefiri* und *Lactobacillus kefiranofaciens*) ebenso wenig wie Hefe – also keinerlei Mikroben, die häufig in traditionell mit Knollen hergestelltem Milchkefir auftreten.[10] Diese kleinen Unterschiede können sich gesundheitlich durchaus auswirken. So haben etwa *L. kefirofaciens*, *L. kefiri* und die Hefeart *Kluyveromyces marxianus*, die kommerziellem Kefir häufig fehlen, jeweils positive Effekte auf die mukosale Immunität, also die Immunität unserer Schleimhäute, sowie den Stoffwechsel gezeigt; in Studien mit Tieren konnte eine schützende Wirkung bei entzündlichen Darmerkrankungen nachgewiesen werden.

Eine kanadisch-irische Pilotstudie aus dem Jahr 2023 untersuchte die Wirkung zweier Sorten von Kefir auf Basis der enthaltenen Kulturen an 21 gesunden männlichen Probanden. Die eine, in kanadischen Supermärkten am häufigsten zu findende Sorte enthielt 1 Prozent Fett und über zwölf kefirtypische Mikrobenarten, aber keine *Aceotobacter* oder Hefen. Der andere Kefir wurde speziell mit neun Mikrobenarten angereichert, die in traditionell hergestelltem Kefir häufig auftreten und bei Mäusen eine günstige Wirkung gezeigt hatten. Die vierwöchige Studie kam zu dem Ergebnis, dass der speziell hergestellte Kefir (den man sich im Übrigen patentieren ließ) für eine stärkere Senkung der Blutfettwerte und ein geringeres Risiko für Herz-Kreislauf-Erkrankungen sorgte.[11]

Getränke wie Yakult, die bloß einen einzigen Bakterienstamm enthalten – in unserer Untersuchung konnten wir tatsächlich ausschließlich *Lacticaseibacillus casei Shirota* nachweisen –, erfreuen sich seit vielen Jahren großer Beliebtheit. Es bleibt abzuwarten, wie lange sie sich angesichts des wachsenden Bewusstseins für die positive Wirkung einer großen Mikrobenvielfalt auf dem Markt noch werden halten können.

Kultivierte Kefirerzeugnisse mit verschiedenen Mikrobenstämmen werden uns dagegen wohl erhalten bleiben. Diese Superjoghurts mit durchschnittlich zwölf Mikrobenarten sind nachweislich konsequent wirksamer als gewöhnliche Joghurtprodukte, die typischerweise nur drei bis vier Mikrobenarten enthalten.

Als Basis für unseren auch in Supermärkten erhältlichen Gesundheitsdrink »ZOE Gut Health Shot« verwendeten wir einen mit vierzehn Mikrobenarten versetzten Milchkefir. Bei einem Produkt, das für den Massenmarkt gedacht war und landesweit gut zu transportieren sowie haltbar sein musste, wäre die Verwendung von Kefirknollen und noch mehr Mikrobenarten leider einfach nicht praktikabel gewesen. Denn all diese Faktoren hätten zu weniger gleichbleibenden Ergebnissen geführt, zudem wäre es zu vermehrter Gasbildung und damit womöglich zu kleineren »Explosionen« gekommen. Noch stehen wir auf diesem Gebiet am Anfang, und die Zugabe weiterer gesundheitsfördernder Mikrobenstämme könnte künftig zu einer noch höheren Wirksamkeit führen.

In Kalifornien gibt es mittlerweile einen aus echter Rohmilch hergestellten Kefir der Marke *Raw Farm* im Laden zu kaufen, dem zusätzlich zu den günstigen Bakterien, die die Rohmilch von Natur aus schon enthält, zwölf Bakterienstämme zugesetzt werden. Das Produkt wird vor dem Verkauf auf Pathogene untersucht, ist aber dennoch nicht für weite Transporte geeignet. Rohmilch wird immer beliebter, allerdings würde ich persönlich vom Verzehr abraten – außer sie wird zu traditionell hergestelltem Rohmilchkäse verarbeitet, der sich im Allgemeinen als unbedenklich erwiesen hat. Die angeblichen gesundheitlichen Vorzüge von Rohmilch sind wissenschaftlich nicht belegt, und was den Nährstoffgehalt betrifft, gibt es kaum einen Unterschied zu pasteurisierter Milch. Zudem muss man bei Rohmilch auf eine Verunreinigung mit krankheitserregenden Mikroben wie *Listeria* und *Salmonella* gefasst sein. Das Risiko einer Erkrankung durch den Verzehr unpasteurisierter Milchprodukte (vor allem bei Milch und hausgemachtem Käse) liegt in den USA

840-mal höher als das durch pasteurisierte Produkte; die Wahrscheinlichkeit, im Krankenhaus zu landen, ist 45-mal höher.[12]

Die vierte Kategorie umfasst Kefir, der in kleineren Mengen auf Basis von Kefirknollen und Vollmilch hergestellt wird, normalerweise aus Ziegen-, Kuh-, Schafs-, Kokosmilch oder Sojadrinks. Die britischen Marken *Ki Kefir* oder *Chuckling Goat* stellen solche Produkte her. Sie enthalten Hefepilze sowie zahlreiche andere Mikrobenarten, die für ein komplexes Geschmacksprofil sorgen. Durch die Fermentation verändert sich der Kohlendioxidgehalt fortlaufend und verleiht dem Kefir ein natürliches Prickeln. Diese Art von Kefir sollte relativ zeitnah verzehrt werden, um ein Übergären zu vermeiden. Die kanadische Marke *Cultured Coconut* produziert einen »medizinischen« Kokoskefir, der über vierzig Bakterienstämme und 4 Billionen koloniebildende Einheiten (KBE) pro Esslöffel enthält. Zwei britische Kokoskefirsorten, die wir getestet haben, waren zwar nicht ganz so beeindruckend, enthielten jedoch immerhin zwischen acht und sechzehn verschiedene Mikrobenarten.

Zur fünften und gesündesten Kategorie zählt Kefir, den man zu Hause aus Kefirknollen und der Milch nach Wahl selbst herstellen und dabei wunderbar mit Aroma und Kohlendioxidgehalt experimentieren kann. Diese Variante ist nicht nur am preisgünstigsten, sie weist auch die meisten probiotischen Mikrobenstämme, komplexen Nährstoffe und gesundheitlichen Vorteile auf – und ist geschmacklich individuell anpassbar.

Im Internet gibt es vorwiegend getrocknete Kefirknollen in Pulverform zu kaufen, die etwa sechs ausgewählte Bakterienarten und Hefen enthalten. Allerdings ist die Zusammensetzung sehr unterschiedlich, und die Qualität wird nicht ausreichend kontrolliert. Daher sollten Sie sich auf Empfehlungen verlassen. Ich habe selbst schon einige dieser Produkte ausprobiert und konnte aus allen von ihnen Kefirknollen herstellen. Da ich beruflich eingespannt bin und viel reise, muss ich flexibel sein, daher kommt mir die Variante, Kefir selbst herzustellen, entgegen. Ich finde den Geruch und das leichte Prickeln auf seltsame Weise beruhigend, und die Möglichkeit, meine Vorräte mittels eines kleinen Rests Kefir und frischer Milch wieder aufzufrischen, ist äußerst praktisch. Wenn ich mein tägliches Glas Kefir nicht bekomme, habe ich tatsächlich das Gefühl, dass mir etwas Wichtiges fehlt.

Ich bin inzwischen regelrecht süchtig nach meiner täglichen Portion Kefir – und danach, ihn selbst herzustellen. Zusätzlich zu dem Gläschen am Morgen, gebe ich ihn mittlerweile zu vielen würzigen Gerichten kurz vor dem Servieren zu, um die Soße zu verfeinern oder bei scharfen Gerichten meinen Gaumen zu beruhigen. Es gibt zahlreiche Belege dafür, dass die rund dreißig Mikrobenarten, die in Kefir stecken, bei regelmäßigem Verzehr eine gesundheitsfördernde Wirkung haben. Und obendrein schmeckt Kefir einfach hervorragend. Tragen wir also unseren Teil dazu bei und sorgen dafür, dass die wunderbarten Knollen unsterblich bleiben.

Fünf Fakten zu Kefir

1. Kefir wird seit Tausenden von Jahren in vielen Ländern rund um den Globus verzehrt. Er wird hergestellt, indem die Milch von Kühen, Ziegen, Schafen, Pferden oder Kamelen oder pflanzliche Milchalternativen mithilfe von Starterkulturen fermentiert werden.
2. Der tägliche Verzehr von Kefir kann helfen, ein gesundes, vielfältiges Darmmikrobiom aufrechtzuerhalten und das Immunsystem zu unterstützen.
3. Beim Kauf von Kefir im Laden sollte man lokale Varianten mit kurzer Haltbarkeit wählen, zu deren Herstellung Kefirknollen verwendet werden. Bei Kefir, der mit Mikrobenkulturen produziert wird, gilt es, Produkte zu meiden, die künstliche Geschmacks- oder Süßstoffe enthalten.

4. Sie können Kefir ganz einfach selbst herstellen (siehe mein Rezept auf S. 313). Genießen Sie ihn mit frisch geschnittenem Obst, in einem Salatdressing oder verwenden Sie ihn, um Suppen und Currys zu verfeinern.
5. Mit Knollen hergestellter Kefir liefert rund dreißig gesundheitsfördernde probiotische Mikrobenarten sowie Aminosäuren und bioaktive Substanzen – damit ist er ein simpel herzustellender und zudem preiswerter Proteindrink!

WASSERKEFIR (TIBICOS)

Seinem Namen zum Trotz hat Wasserkefir wenig Ähnlichkeit mit Kefir aus Milch, vielmehr ähnelt er Kombucha. Daher gefällt mir persönlich das in Mexiko gebräuchliche »Tibicos« besser. Wasserkefir ist unter einer Vielzahl von Bezeichnungen bekannt, darunter »Japankristalle« und eigenartigerweise »Kalifornische Bienen«. Wer es gerne leicht prickelnd mag, bekommt mit ihm ein Getränk, das Alkohol geschmacklich recht nahekommt.

Um ihn herzustellen, werden Wasserkefirkristalle, die in ihrer Funktion den Knollen bei Kefir auf Milchbasis gleichen, mit Zucker in Wasser gegeben. Nach ein bis zwei Tagen ist das Getränk fertig und man kann Obst oder Kräuter hinzufügen, um ihm das gewünschte Aroma und ein stärkeres Prickeln zu verleihen. Wasserkefir enthält weniger Säure als der bekanntere Kombucha und schmeckt daher milder, aber zugleich auch etwas herber. Daher lässt er sich geschmacklich nahezu beliebig kombinieren. Die genaue Herkunft von Wasserkefir ist unbekannt, aber er war nachweislich schon früh im Kaukasus, in Tibet und der Ukraine verbreitet. Womöglich ist er ein Abkömmling der sogenannten *Ginger Beer Plant* – einem geheimnisvoll klingenden Gewächs, bei dem es sich in Wirklichkeit um einen SCOBY handelt, auf dessen Basis *Ginger Beer*, die in Großbritannien populäre fermentierte Limonade, hergestellt wird. Vermutlich gelangte diese Art SCOBY mit Soldaten, die im Krimkrieg gekämpft hatten und nach Hause zurückkehrten, auf die britischen Inseln.[1] Auch aus dem Mexiko der 1890er-Jahre stammen Aufzeichnungen, die dokumentieren, dass die Kristalle dort auf Feigenkakteen (Opuntien), wo sie sich natürlich bilden, gesammelt wurden, um einen milden Tequila daraus zu produzieren.

Ein Vorteil von Wasserkefir ist seine schnelle Herstellung, es braucht für gewöhnlich nur zwei Tage. Da die Mikroben den Zucker rasch umwandeln, enthält der fertige Wasserkefir eine geringere Zuckerkonzentration als andere fermentierte Getränke und weist zudem nur einen leichten Säuregehalt auf. Sowohl Milch- als auch Wasserkefir basieren auf einer symbiotischen Mikrobengemeinschaft, die von einer Matrix aus Exopolysacchariden zusammengehalten wird – den Kefirknollen oder -kristallen –, und gleichen darin dem SCOBY für Kombucha. Während sich Kefirknollen nur von Milch ernähren, verstoffwechseln die Wasserkefirkristalle verschiedene Arten von in Wasser gelöstem Zucker und sind daher weitaus vielseitiger einsetzbar. Allerdings sind die Kristalle ein wenig empfindlicher als die Knollen oder der SCOBY.

Die Mikroben in den Kristallen sind so vielseitig, dass ihnen auch die meisten zuckerhaltigen Früchte, manche Gemüse- und viele Nuss- und Kokosmilchsorten als Nahrung dienen können. Die Kristalle sind durchsichtiger als Milchkefirknollen und haben eine geleeartige Konsistenz. Wie die Knollen sind sie heutzutage auch im Internet zu kaufen. Doch sie sind empfindliche Gebilde und daher mit Vorsicht zu behandeln: Sie mögen es nicht, mit Metall in Berührung zu kommen, und nehmen es einem übel, wenn man sie vernachlässigt – das weiß ich aus eigener Erfahrung. Meine ersten Kristalle bekam ich mit genauen Anweisungen, wie sie zu füttern seien, von einem belgischen Freund. Ich ging davon aus, dass sie genauso robust seien wie mein Kombucha-SCOBY, was sich als Irrtum herausstellte. Im Allgemeinen mögen die Kristalle es gerne, wenn ihnen für ihr Gedeihen nicht nur Zucker und Wasser zur Verfügung stehen, sondern auch andere Nährstoffe. Hierzu gibt es viele Möglichkeiten. Fachleute empfehlen unter anderem Ingwer, Meersalz, Natron, Gewürze wie Kurkuma oder Fruchtstückchen. Feigen werden häufig verwendet, wenn das verwendete Leitungswasser zu hart ist, da sie helfen können, das Kalzium und Phosphat zu binden.

Meinen ersten prickelnden Wasserkefir aus Granatäpfeln habe ich gemeinsam mit dem Instagram-Star Julius Fiedler hergestellt. Wir filmten gemeinsam ein paar Videos und während ich über Mikroben sprach, erklärte er mir, was ich zu tun hatte. Mit einer guten Vorbereitung und Organisation ist die Herstellung tatsächlich sehr viel einfacher, als es zunächst klingen mag. Der größte Vorteil von Wasserkefir ist, dass man die Stärke des Prickelns, den Säuregehalt, die Süße sowie das gewünschte Fruchtaroma selbst bestimmen kann. Man kann ihn wahlweise im offenen Gefäß, also mit Sauerstoff (aerob), oder im geschlossenen Gefäß (anaerob) fermentieren. Ich mag ihn gerne prickelnder, mit weniger Säure und Alkohol, daher bevorzuge ich die anaerobe Fermentation: Das sauerstoffarme Milieu begünstigt das Wachstum der Milchsäurebakterien und hemmt das der Hefepilze und Essigsäurebakterien.

Die mikrobielle Zusammensetzung von Wasserkefir ähnelt auf den ersten Blick der von Kombucha, nur mit mehr Milchsäurebakterien. Tatsächlich ist sie insgesamt aber der von Milchkefir ähnlicher, mit ausgeprägten Unterschieden hinsichtlich der Arten von Milchsäurebakterien und Hefen. Hinzu kommen außerdem ein paar Essigsäurebakterien. Hunderte verschiedene in Wasserkefir auftretende Mikroben wurden bereits identifiziert, die häufigsten hierbei sind: *Lacticaseibacillus paracasei*, *Lentilactobacillus hilgardii*, *Liquorilactobacillus nagelii* und *Saccharomyces cerevisiae* (Bierhefe). Einige Studien lassen sogar auf eine noch größere Vielfalt schließen. Ihnen zufolge ist *Limosilactobacillus ruminis* in allen Proben das häufigste Bakterium und *Pichia kudriavzevii* von insgesamt zehn Hefearten, die in allen Proben häufig vorkommen, die verbreitetste Art.[2] Das erst seit wenigen Jahrzehnten bekannte *L. ruminis* tritt auch im Darm von Wiederkäuern wie zum Beispiel Rindern auf. In Laborstudien konnte eine starke immunschützende und antivirale Wirkung nachgewiesen werden, auch beim Menschen wird eine probiotische Wirkung vermutet.

Die Hefe *Dekkera bruxellensis*, die bekannt dafür ist, belgische Biere zu »verderben«, inzwischen aber wegen ihrer geschmacklichen Wirkung bewusst zugesetzt wird, ist in Wasserkefir ebenfalls häufig vorzufinden. Sie ist ein gutes Beispiel dafür, warum Bierbrauer es vermeiden, ihr Gebräu am selben Ort wie Kombucha oder Kefir zu fermentieren, denn es könnten weitere unerwünschte Mikroben hineingeraten, die den Geschmack vielleicht nicht so positiv beeinflussen und es ruinieren. Solange die Fermentation anaerob stattfindet, enthält Wasserkefir nur kleine Mengen an Essigsäurebakterien, die für das leicht säuerliche Aroma sorgen. Interessanterweise ist *Acetobacter* in erster Linie im Kefir selbst, nicht aber in den Kristallen zu finden. Ähnlich wie seine milchigen Verwandten bilden Wasserkefirkristalle eine Exopolysaccharidstruktur aus Mehrfachzuckern, die den Mikroben als Schutz dient. Die Bakterien *L. hilgardii* und *L. nagelii* sind die Baumeister dahinter: Sie zerlegen geeignete Zuckermoleküle und setzen sie zu neuen EPS-Strukturen zusammen. So können die Kristalle auf Basis des im Wasser gelösten Zuckers schnell wachsen.

Wir haben mehrere Wasserkefirsorten auf ihren Mikrobengehalt getestet, die überraschenderweise alle gut abschnitten. Die Kristalle enthielten eine größere Anzahl an Mikrobenarten, als in Milchkefir nachgewiesen werden konnte; im Wasserkefir *Elderflower & Apple* der Marke *Agua De Madre,* der mit kurzer Haltbarkeit in Flaschen verkauft wird, wurden über achtzig Arten gefunden.[3] Alle in Flaschen erhältlichen Wasserkefirerzeugnisse, die wir untersucht haben, enthielten Hefen. In dem einzigen Dosenkefir, den wir untersucht haben, war die Anzahl der Mikroben auf ein Drittel reduziert.

Der schnelle Fermentationsprozess lässt sich verlangsamen, indem man weniger Zucker zugibt, die Temperatur verringert oder weniger Kristalle verwendet. Manche Fachleute empfehlen, die Kristalle schon nach 24 Stunden zu entnehmen, damit sie sich nicht zu sehr verausgaben, selbst wenn der Ansatz noch nicht vollständig fermentiert ist, und ihn dann noch einen Tag ohne Kristalle in geringerer Geschwindigkeit fermentieren zu lassen. Diese Methode hat für mich bei sommerlichen Temperaturen wunderbar funktioniert. Der fertige Kefir weist eine ähnliche Zusammensetzung von Mikroben und chemischen Stoffen auf wie die Kristalle. Die Flüssigkeit allein kann anstelle der empfindlichen Kristalle daher auch gut als Starter verwendet werden, vor allem, wenn man nicht in Eile ist und die Fermentation auch länger dauern darf.

Wie gesund ist Wasserkefir?

Es liegen nur wenige Studien zu den gesundheitlichen Vorteilen von Wasserkefir vor; zwei davon konnten positive Effekte auf Knochen, Blutfette und Gewicht belegen, allerdings wurden sie nur mit Ratten durchgeführt. Ich konnte keine veröffentlichten klinischen Studien mit Menschen ausfindig machen, lediglich eine Laborstudie, die sich mit der Wirkung von Wasserkefir auf einen künstlichen Dickdarm einschließlich der Darmschleimhaut beschäftigte. Diese kam zu dem Ergebnis, dass der Wasserkefir zu einer vermehrten Bildung kurzkettiger Fettsäuren führte, die einen positiven Effekt auf die Darmschleimhaut haben. Zudem kam es zum Anstieg der nützlichen Bifidobakterien und einer allgemeinen Verbesserung der Barrierefunktion des Darms.[4] Erstaunlicherweise waren die Ergebnisse bei pasteurisiertem – also eigentlich »totem« – Wasserkefir sogar noch ein wenig besser. Das ist ein weiterer Beleg dafür, dass die von Bakterien gebildeten Stoffe auch noch lange nach deren Tod postbiotisch wirken. Postbiotische Varianten von Produkten wie Kefir, der nur relativ kurz haltbar ist, könnten wegen ihrer längeren Haltbarkeit und höheren Stabilität in Zukunft sogar noch wertvoller sein.

Trotz des Mangels an Humanstudien lassen allein die Vielzahl enthaltener probiotischer Mikrobenarten und die Hunderte von ihnen gebildeten Stoffe darauf schließen, dass der regelmäßige Verzehr von Wasserkefir einen positiven Einfluss auf die Darmgesundheit hat. Der recht geringe Zuckergehalt von ein bis zwei Teelöffeln pro Flasche oder Dose dürfte für die meisten Menschen unproblematisch sein, besonders im Vergleich zu herkömmlichen Limonaden, die viermal so viel Zucker aufweisen, ganz abgesehen von den meisten alkoholischen Getränken.

Was beim Kauf von Wasserkefir zu beachten ist

Ich stelle Wasserkefir am liebsten selbst her, weil es so schnell geht und ich ihn so anpassen kann, wie er mir am besten schmeckt. Vereinzelt gibt es kommerzielle Wasserkefirprodukte zu kaufen, aber noch sind sie gar nicht so einfach aufzutreiben. Um die Haltbarkeit zu verlängern und übermäßige Gasbildung zu verhindern, entfernen die Hersteller die Mikroben nach der Fermentation und unterziehen das Produkt einer Ultrafiltration oder der Kurzzeiterhitzung, bisweilen kommen sogar beide Verfahren zum Einsatz.

Auch hier würde ich von Produkten abraten, die künstliche Süßstoffe oder zu viel Zucker enthalten (mehr als 1 Teelöffel oder mehr als 4 Gramm pro 100 Milliliter). Zu empfehlen sind solche, die auf Basis von echten Wasserkefirkristallen und nicht bloß mit kommerziellen Mikrobenkulturen hergestellt wurden. Den Wasserkefir des kleinen britischen Unternehmens *Agua De Madre* trinke ich persönlich gern.

Produkte mit lebenden Mikroben sind besser als pasteurisierte; Wasserkefir in Dosen oder Flaschen, der lange haltbar ist, enthält meist keine lebenden Mikroben mehr. Wie schon erwähnt, kann aber auch »toter« Wasserkefir noch eine günstige Wirkung haben. Bodensatz in der Flasche ist vermutlich ein Hinweis darauf, dass der Wasserkefir nur grob gefiltert wurde und Postbiotika enthalten sein konnten, allerdings sind diese Ablagerungen anders als die in Kombucha nicht als Starter verwendbar.

Fünf Fakten zu Wasserkefir

1. Wasserkefir enthält zwischen dreißig und vierzig verschiedene Mikrobenarten, die meisten davon mit probiotischer Wirkung, sowie Hefepilze (bei »lebenden« Produkten).
2. Studien mit Tieren sowie Laboruntersuchungen lassen darauf

schließen, dass sich auch pasteurisierter Wasserkefir noch günstig auf die Gesundheit auswirken könnte.

3. Wasserkefirkristalle wachsen in einem zuckerhaltigen Milieu schnell, aber sie sind empfindlich und können leicht beschädigt werden oder absterben.
4. Für Menschen, die sich vegan ernähren oder an einer Laktoseintoleranz leiden, ist Wasserkefir eine erfrischende Alternative zu Kefir aus Milch.
5. Wasserkefir ist einfach herzustellen und sehr wandelbar: Man kann ihn geschmacklich nach Belieben variieren und Früchte zugeben; zudem enthält er weniger Säure und ist milder als Kombucha.

SAUERKRAUT UND KIMCHI

Traditionell wird Sauerkraut langsam, über zwei bis vier Wochen, bei kühlen Temperaturen von 15 bis 20 °C fermentiert. So kann sich die charakteristische Säure entwickeln. Mit einem niedrigen pH-Wert von 3,5 ist Sauerkraut etwa siebenmal so sauer wie Kimchi. Rotkohl braucht länger als Weißkohl, beide fermentieren jedoch schneller, wenn man andere Gemüsesorten (zum Beispiel ein oder zwei kleine Karotten) zugibt.

Mein erstes Sauerkraut habe ich meiner Erinnerung nach auf einem Markt in München probiert. Damals war ich achtzehn und unterwegs nach Tirol, wo ich meinen ersten »prestigeträchtigen« Job als Abwäscher in einem Skihotel in den Alpen antreten wollte. Was ich mir glanzvoll ausgemalt hatte, stellte sich als Küchenhilfe und Spülkraft am untersten Ende der Jobleiter heraus. Das hätte mich eigentlich nicht überraschen dürfen, da ich von Kochen keine Ahnung hatte und mein Deutsch eine Katastrophe war. Doch zumindest wurde ich gut bezahlt, verliebte mich Hals über Kopf in ein einheimisches Zimmermädchen und konnte so viel köstliches wie sättigendes österreichisches Essen vertilgen, wie ich wollte. Ich aß es so gern, dass ich in vier Monaten sechs Kilogramm zunahm. Die Mahlzeiten für die Angestellten waren üppig, meist gab es Sauerkraut, normalerweise mit Wurst, Salami oder einer anderen Fleischbeilage sowie jeder Menge Senf und Essiggurken. Ich lernte das säuerliche, würzige Aroma des Krauts lieben, das perfekt zu Fleisch und Roggenbrot passte. Wann immer ich heute nach Deutschland oder Österreich reise oder im Elsass ein Restaurant besuche, bestelle ich Sauerkraut und denke an meine Zeit in Tirol zurück. Dort musste ich gelegentlich beim Transport großer Bottiche voll Sauerkraut helfen, aber ich erinnere mich nicht, dass wir je selbst welches hergestellt hätten. Und nicht einmal im Traum hätte ich damals daran gedacht, dass ich eines Tages ein Loblied auf die gesundheitliche Wirkung von Sauerkraut singen würde. Noch dazu ist es so einfach herzustellen und – wie könnte es anders sein – sehr gesund für unser Darmmikrobiom.

Fermentiertes Gemüse gehört zu den Lebensmitteln, die am einfachsten selbst herzustellen sind. Für Sauerkraut braucht es bloß zwei Zutaten, Kohl und Salz, den Rest erledigen Zeit und Mikroben. Viele andere Gemüsesorten lassen sich auf dieselbe Weise fermentieren oder dazumischen. Sauerkraut besteht, wie es der Name schon verrät, hauptsächlich aus (vergorenem) Kraut, und der deutsche Begriff hat sich so oder in Variationen auch in anderen Sprachen etabliert: Im Englischen wurde *Sauerkraut* einfach übernommen, das französische Wort lautet *choucrout*, was phonetisch vom elsässischen Wort *Sürkrüt*, also »Sauerkraut« abgeleitet ist. Und im Elsass wiederum isst man gerne *Choucroute garnie*, Sauerkraut mit Weißwein und Wacholder verfeinert und mit verschiedenen Fleisch- oder Wurstarten serviert.

Einer bekannten Legende zufolge kam Sauerkraut im 13. Jahrhundert mit dem mongolischen Eroberer Dschingis Khan und seinen Reitern nach Osteuropa, die in den Satteltaschen eingelegten Kohl aus China als Proviant mitbrachten.[1] In China wird fermentierter Kohl schon seit Tausenden von Jahren verzehrt oder als Medizin verwendet.[2] Bei einem kürzlichen Aufenthalt in Shanghai sah ich auf einem Lebensmittelmarkt eimerweise fermentierten Kohl mit den unterschiedlichsten Reifegraden und Konsistenzen. Höchstwahrscheinlich gab es auch schon vor Dschingis Khan fermentierten Kohl in Nordeuropa, er hatte es nur noch nicht geschafft, sich in der breiten Esskultur zu etablieren.

Auch wenn fermentiertes Kraut heute vorwiegend mit der deutschen Küche in Verbindung gebracht wird, findet man es in verschiedenen Variationen auch in vielen anderen Ländern, in denen die Tradition womöglich sogar noch weiter zurückreicht. So gibt es historische Belege dafür in Rumänien, den baltischen Ländern, Polen und Russland sowie im Elsass. Mit deutschen Einwanderern fand Sauerkraut auch seinen Weg in die USA: In New York erlangte es als Zutat für das klassische Reuben-Sandwich Ruhm, und Henry Heinz legte den Grundstein für sein Firmenimperium, indem er in Pennsylvania mit einem Karren voller Sauerkraut und Meerrettich von Tür zu Tür zog.[3] Die Vorliebe der Amerikaner für Sauerkraut endete mit dem Ersten Weltkrieg, als sich die abwertende Bezeichnung »Kraut« für deutsche Soldaten einbürgerte. Kurzzeitig wurde Sauerkraut in *Liberty Cabbage*, also »Freiheitskraut«, umbenannt, was jedoch nicht verhindern konnte, dass es über hundert Jahre hinweg nicht besonders beliebt war und sein Verzehr als »unamerikanisch« galt.

Im späten 18. Jahrhundert wurde Sauerkraut als Mittel zur Vorbeugung und Behandlung von Skorbut berühmt. Bereits 1747, einige Jahrzehnte vorher, hatte der schottische Marinearzt Dr. James Lind auf See eine kleine kontrollierte Studie durchgeführt – und damit eine der ersten epidemiologischen Untersuchungen – und gezeigt, dass Zitrusfrüchte wirksam sind. Zwölf unter Skorbut leidende Matrosen wurden in sechs Behandlungspaare eingeteilt. Ihnen gab man täglich entweder Orangen und Zitronen, Essig und Apfelwein, oder aber verdünnte Schwefelsäure und Meerwasser für die Pechvögel unter den »Freiwilligen«, um die »Fäulnis der Eingeweide« wegzubrennen, die man damals für die wahrscheinlichste Krankheitsursache hielt. Nur die zwei Probanden, denen man Zitrusfrüchte gegeben hatte, wurden wieder gesund, wenngleich die Stimmung der beiden Apfelweintrinker wohl die beste war. 1753 schrieb Lind seine Ergebnisse nieder und verließ kurz darauf die Marine, um als privater Arzt zu praktizieren. Daraufhin gerieten seine Erkenntnisse jahrzehntelang in Vergessenheit, denn die damalige medizinische Fachwelt verschloss die Augen vor Linds Erkenntnissen und behauptete weiterhin, dass Skorbut auf Fäulnis der Eingeweide zurückzuführen sei. Infolgedessen verloren noch Zehntausende Seeleute ihr Leben durch diese Krankheit. Man könnte Vergleiche zu heutigen Traditionalisten ziehen, die weiterhin darauf beharren, dass hoch verarbeitete Lebensmittel, denen das Fett künstlich entzogen wurde, gesund seien.

Zwanzig Jahre später nahm der Entdecker Kapitän James Cook unterschiedliche Lebensmittel mit an Bord seines Schiffs, um ihre Wirkung gegen Skorbut zu testen, auf dass dieser Erkrankung auf langen Seereisen nicht mehr so viele Matrosen zum Opfer fallen würden.[4] Inspiriert von Linds Erkenntnissen waren eingekochte Zitronen dabei und glücklicherweise auch Fässer mit Sauerkraut, das, wie Cook wusste, länger haltbar war. Sauerkraut hat einen sehr hohen Vitamin-C-Gehalt, von dem ein Großteil beim Erhitzen von Kohl hingegen verloren geht, genau wie es beim Einkochen von Zitronen der Fall ist. Die Matrosen waren zunächst wenig begeistert von dem merkwürdigen fermentierten Gericht, weshalb Cook das Kraut zunächst nur sich und seinen Offizieren vorsetzen ließ. Schon bald wurde es jedoch zum begehrten Gut und auch die übrige Besatzung wollte unbedingt ihre tägliche Ration haben, aus Angst, etwas zu verpassen. Da Sauerkraut auch eine Reihe anderer Nährstoffe enthält – insbesondere im Vergleich zum mit Maden durchsetzten Schiffszwieback und steinharten Pökelfleisch –, rettete es auf Cooks Reise vielen Seeleuten das Leben.

Sowohl Sauerkraut als auch Kimchi entstehen durch sogenannte wilde oder auch spontane Fermentation, man benötigt also keine Starterkultur, um den Prozess in Gang zu bringen, sondern nur ein wenig Salz. Die nötigen Mikroben sind größtenteils bereits vorhanden, sie leben auf den Kohlblättern und warten nur darauf loszulegen, sobald man ihnen den Sauerstoff entzieht und sie dadurch einen Vorteil gegenüber konkurrierenden Mikroben gewinnen. Kürzlich fanden Wissenschaftler heraus, dass die Mikroben im Kimchi mehrheitlich vom Knoblauch und nicht vom Kohl stammen, also zahlte es sich besonders im Winter aus, auf Knoblauch zu setzen und ihn dem Kohl hinzuzufügen, um die Fermentation in Gang zu bringen.[5] Wer gerne wild fermentieren möchte, sollte diesen Tipp beherzigen und ein wenig rohen Knoblauch als Starter nehmen. Deshalb fermentiert auch Bärlauch so rasch, wenn man Salz hinzufügt.

Im Fachjargon werden Sauerkraut und Kimchi als Synbiotika bezeichnet, da sie *präbiotischen* kohlenhydratreichen Kohl sowie *probiotische* Mikroben enthalten, die sich vom Kohl ernähren und dadurch länger überleben können. Es entsteht ein mikrobieller Vorteil: Die Mikroben überstehen die Reise durch das saure Milieu des Magen-Darm-Trakts und können sich von den kleinen Kohlstückchen ernähren und die darin enthaltenen Mineralien und Nährstoffe als Treibstoff verwenden. Die entscheidende Rolle bei der spontanen Fermentation von Sauerkraut wie auch Kimchi kommt anaeroben Milchsäurebakterien zu. Zunächst sind es vor allem *Leuconostoc*, *Weissella* und *Lactiplantibacillus plantarum*, die Milchsäure und Kohlendioxid bilden. Ist der PH-Wert dann gesunken und die schwerste Arbeit erledigt, kommen *Levilactobacillus brevis* und *Pediococcus* zum Zug. Im Sauerkraut oder Kimchi können sich pro Gramm zwischen zehn Millionen und einer Milliarde Bakterien tummeln. In manchen Kimchi-Varianten sind sogar über 30 Milliarden KBE pro Portion enthalten.

Kimchi ist eine komplexere Form von fermentiertem Kraut. Die Bezeichnung wird für viele verschiedene Varianten von gemischtem fermentierten Gemüse verwendet, die alle ein säuerliches Aroma und eine durch Chili erzeugte Schärfe aufweisen. Durch die zusätzlichen pflanzlichen Zutaten und Gewürze enthält es im Allgemeinen eine größere Anzahl und Vielfalt von Mikrobenarten als Sauerkraut. Während des Fermentationsprozesses sind viele Faktoren dafür verantwortlich, welche Arten von Milchsäurebakterien vorherrschen. Äußere Einflüsse wie Temperatur, Salzgehalt und Anzahl der pflanzlichen Zutaten und Gewürze wirken sich darauf aus, welche Mikroben auftreten und sich vermehren. Knoblauch, eine zentrale Zutat in jedem Kimchi, hemmt das Wachstum von bei Kimchi unerwünschten Mikroben durch das in ihm enthaltene Allicin, das er in den frühen Phasen der Fermentation abgibt. Die Milchsäurebakterien in der Kimchi-Mischung sind gegen die antimikrobielle Wirkung des Knoblauchs gefeit, zudem trägt dieser mindestens vierzig verschiedene Bakterienarten unter der Schale, die den Fermentationsprozess beschleunigen. Koreanische Chiliflocken oder Chilipulver verlangsamen ihrerseits die Fermentation und führen wohl zu einem erhöhten Anteil von *Weissella* in der Mikrobengemeinschaft des Kimchi.

Studien haben herausgefunden, dass einzelne Kimchiproben mindestens sechzig Mikrobenarten enthalten, nicht nur Bakterien, Viren und Hefen, sondern auch *Archaeen*. Diese nur selten erwähnten einzelligen Mikroorganismen ähneln auf den ersten Blick Bakterien, genetisch unterscheiden sie sich jedoch grundlegend. Noch wissen wir recht wenig über *Archaeen*, doch einigen von ihnen konnte bereits eine potenziell probiotische Wirkung beim Menschen attestiert werden. In den über 200 verschiedenen Kimchi-Sorten haben Wissenschaftler mehr als 4000 Mikrobenstämme und Hunderte verschiedene Arten isoliert.[6] Es konnte festgestellt werden, dass in Kimchi vorkommende Mikroben die genetische Veranlagung aufweisen, den stimmungsaufhellenden Neurotransmitter GABA sowie eine Anzahl von Vitaminen zu bilden – und womöglich viele andere nützliche Substanzen.[7]

Ich bin erstmals vor zwanzig Jahren auf Kimchi aufmerksam geworden. Damals war ich in Seoul auf einer internationalen Konferenz zur Zwillingsforschung und wunderte mich beim Frühstück im Hotel, dass fast alle Gäste eine eigenartig würzig und nach Knoblauch riechende Speise in sich hineinschaufelten. Zu meiner Schande muss ich gestehen, dass ich mich davon unbeeindruckt an die vertraute westliche Frühstücksauswahl hielt. Es dauerte noch weitere zehn Jahre, in denen ich gelegentlich ein paar Happen probierte, bis ich mich an den Geruch und die Aromen gewöhnt hatte. Inzwischen bin ich ein absoluter Fan und kann mir gar nicht mehr vorstellen, dass ich so lange ohne Kimchi leben konnte.

Die meisten Kimchi-Varianten enthalten mindestens sechs Zutaten: Kohl, Salz, Chili, Zwiebeln, Knoblauch und Sojasoße oder fermentierte Fischsoße. Die erste Erwähnung von Kimchi stammt aus dem Korea des 13. Jahrhunderts, aber das damalige Gericht war gewiss nicht identisch mit heutigem Kimchi, da Chili erst im späten 16. Jahrhundert aus Amerika eingeführt wurde. Die frühen Kimchi-Varianten enthielten womöglich Ingwer, Rettich und Frühlingszwiebeln, um ihnen mehr Würze zu verleihen, häufig aber zunächst noch keinen Kohl. Heute wird in Korea typischerweise *Gochugaru* verwendet, eine spezielle Sorte von grob gemahlenen Chiliflocken ohne Kerne, die nur etwa halb so scharf wie Tabasco sind, also angenehm mild.[8] Im Koreanischen ist »Kimchi« mehr ein Verb als ein Substantiv und bedeutet so viel wie »etwas fermentieren«, ähnlich also, wie wir den Ausdruck »etwas einlegen« verwenden. Je nach Region wird Kimchi anders zubereitet. In Nordkorea stellt man ein etwas helleres, milderes Kimchi her, eine wichtige Voraussetzung für die Lagerung und den Verzehr im langen Winter, wenn es wenig Gemüse gibt. Jede koreanische Familie besitzt ihr eigenes Rezept. Im Schnitt werden in Korea pro Kopf täglich etwa vierzig Gramm Kimchi verzehrt. Bei koreanischen Erwachsenen stammt der Großteil der verzehrten Ballaststoffe aus Kimchi.

Für klassisches Kimchi (*baechu*) wird Chinakohl verwendet. Diese Kohlart zeichnet sich durch ihre ovale bis zylindrische Form aus, mit der er sich von anderen Kohlarten unterscheidet. Der verwendete Kohl hat Einfluss auf die Fermentation, da sich der Wassergehalt – und damit die Menge der entstehenden Lake – je nach Sorte stark unterscheidet. Aus Daikon lässt sich, auch in Kombination mit Kohl, sehr gutes Kimchi herstellen. Als ich das erste Mal zu Hause den Versuch wagte, Kimchi herzustellen, habe ich Daikon verwendet, das Ergebnis war köstlich. Je nach Zutaten und Schärfegrad des verwendeten Chilis ändert sich auch die Dauer der Fermentation, wodurch wiederum verschiedene Mikroben unterschiedlich stark zum Geschmack und zur Textur beitragen. Wer keinen

Chinakohl oder Winterrettich zur Hand hat, kann auf andere Kohlarten zurückgreifen, die weniger Wasser enthalten. So entsteht allerdings weniger Lake, und eventuell muss etwas Salzwasser in das Fermentationsgefäß nachgefüllt werden. »Junges« Kimchi kann wie knackiger Salat verzehrt werden, und »altes« Kimchi, das sechs Monate oder länger fermentiert wird, wird oft in speziellen Kimchi-Kühlschränken aufbewahrt. In Südkorea gibt es einen nationalen Gedenktag für Kimchi, die kulturelle Tradition des Kimjang, bei der sich Familien, ja ganze Dörfer im November treffen, um gemeinschaftlich Kimchi zuzubereiten. Kimchi ist Bestandteil der Rationen für Soldaten, es gibt ein World Institute of Kimchi und einen Preisindex für Kimchi, um die Lebenshaltungskosten zu bestimmen. Es wurde sogar eine bakterienfreie Variante für Weltraumreisende entwickelt. Jedes Schulkind in Korea weiß bereits, wie Kimchi zubereitet wird – die beste Garantie, dass diese kulinarische Praxis nie aussterben wird. Kimchi ist so etwas wie das Herzstück der koreanischen Kulinarik, ja es ist fester Bestandteil der koreanischen Identität und Kultur.

Wie gesund sind Sauerkraut und Kimchi?

Es liegen viele Laborstudien vor, die gesundheitliche Vorzüge von Sauerkraut nachgewiesen haben. Hinzu kommen Studien mit Nagetieren, die Verbesserungen bei einigen Blutwerten und leberentgiftenden Enzymen feststellen konnten. Die Datenlage zur Wirkung beim Menschen ist jedoch begrenzt. Eine epidemiologische Beobachtungsstudie berichtete von einem Zusammenhang zwischen dem Verzehr von Sauerkraut und einer niedrigen Sterblichkeitsrate durch COVID-19 in Europa. Das zentrale Diagramm zeigt, dass Rumänien und Lettland, wo besonders viel Kraut verzehrt wird, die wenigsten Sterbefälle durch COVID-19 zu verzeichnen hatten, das Vereinigte Königreich und Spanien, die Länder mit dem geringsten

Konsum, hingegen die meisten.[9] Diese Ergebnisse könnten allerdings durch zahlreiche Faktoren verzerrt sein, insbesondere durch Unterschiede in der Meldepraxis der verschiedenen Länder. Bisher gibt es nur eine einzige, zudem kleine Humanstudie, die spezifisch die Wirkung von Sauerkraut untersuchte. In dieser norwegischen Pilotstudie aus dem Jahr 2018 erhielten 34 Betroffene des Reizdarmsyndroms sechs Wochen lang entweder 75 Gramm pasteurisiertes oder unpasteurisiertes Sauerkraut. Alle Teilnehmenden berichteten über eine Verbesserung ihrer Symptome, allerdings zeigten die klinischen Bewertungsscores zur Krankheitsaktivität keine Unterschiede zwischen den beiden Gruppen. Bei allen Teilnehmenden veränderte sich die Zusammensetzung des Darmmikrobioms, bei denjenigen, die pasteurisiertes Kraut gegessen hatten, war ein deutlicher Anstieg der Milchsäurebakterien *L. plantarum* und *L. brevis* im Stuhl zu beobachten, die auch im Kraut vorhanden waren.[10] Diese Studie lässt also darauf schließen, dass Sauerkraut, ob unpasteurisiert mit lebenden oder pasteurisiert mit toten Mikroben, eine günstige Wirkung hat. Allerdings könnte dieses Ergebnis zum Teil auch auf einen Placeboeffekt zurückzuführen sein, da die Teilnehmenden überzeugt waren, dass Sauerkraut bei ihnen eine positive Wirkung haben würde.

Vor fünf Jahren arbeitete ein chirurgischer Gastroenterologe aus Korea bei uns am King's College Hospital als Spezialist für das Reizdarmsyndrom. Damals begriff ich erstmals, dass das Reizdarmsyndrom in Korea ein sehr großes Problem darstellt. Genau wie für Sauerkraut gibt es auch für Kimchi viele Laboruntersuchungen und Studien mit Tieren, die auf einen positiven Effekt schließen lassen, aber es liegen kaum klinische Studien vor. 2022 erhielten im Rahmen einer randomisierten kontrollierten Doppelblindstudie in Südkorea neunzig Personen drei verschiedene Kimchi-Varianten, um die gesundheitliche Wirkung des Verzehrs größerer Mengen von Kimchi bei Reizdarmsymptomen zu untersuchen.[11] Die Teilnehmenden aßen dabei für westliche Verhältnisse außergewöhnlich viel

Kimchi (210 Gramm pro Tag über zwölf Wochen hinweg, auf drei Portionen verteilt). Leider wurde auf eine Kontrollgruppe ohne Kimchi, also auf ein Placebo, verzichtet, in der Annahme, dass sich niemand in Korea darauf einlassen würde. Da die Teilnehmenden normalerweise täglich zwischen fünfzig und sechzig Gramm Kimchi verzehrten, war diese Sorge vermutlich sogar berechtigt. Bei den drei getesteten Kimchi-Varianten handelte es sich um klassisches *Baechu*-Kimchi aus Chinakohl, um mit Nanopartikeln aus abgetötetem *L. plantarum* angereichertes Kimchi und um ein sogenanntes funktionelles Super-Kimchi, also herkömmliches Kimchi mit aktiven Zutaten und Substanzen, die in Laboruntersuchungen oder Studien mit Tieren nachweislich zu einem Entzündungsrückgang sowie Gewichtsverlust geführt hatten. Zu den verwendeten Ausgangsmaterialien gehörten Senf, Birnen, Pilze und auch Misteln; zusätzlich wurden lebende Bakterien der Art *L. plantarum* zugesetzt.

In allen drei Gruppen verbesserten sich die klassischen Reizdarmsymptome, die Kimchi-Varianten halfen sowohl bei Verstopfung als auch Durchfall. Zusätzlich konnte in allen drei Gruppen ein Rückgang der Entzündungsmarker im Blut (Tumornekrosefaktor/TNF-alpha) festgestellt werden. Da diese Verbesserung im Blut nachzuweisen war, kann ein Placebo-Effekt wahrscheinlich ausgeschlossen werden. Veränderungen der Darmmikroben wurden nur bei acht Personen überprüft (vermutlich aus Budgetgründen), bei ihnen konnte, wie zu erwarten, ein Anstieg der ballaststoffliebenden *Bacillota* (früher: *Firmicutes*) sowie von *Lactobacilli* festgestellt werden. Der Anteil von schädlichen Bakterien wie *E. coli* ging – allerdings nur leicht – zurück. Insgesamt ergaben sich in dieser Studie keine größeren Unterschiede zwischen klassischem und aufgepepptem Kimchi. Alle drei Varianten zeigten eine positive Wirkung.

Da große klinische Studien fehlen und man in Korea wohl leider kaum bereit ist, für Forschungszwecke ganz auf Kimchi zu verzichten, sind wir gezwungen, uns anderswo nach Belegen umzusehen. Probiotische Studien mit Menschen, die am Reizdarmsyndrom leiden, lassen indirekte Rückschlüsse zu. Sie kamen zu dem Ergebnis, dass Nahrungsergänzungsmittel mit ähnlichen Milchsäurebakterien, wie sie in fermentiertem Gemüse zu finden sind, eine ähnlich günstige Wirkung haben. Studien mit Nagetieren konnten Vorteile nicht nur in Zusammenhang mit dem Reizdarmsyndrom nachweisen, es wurden auch eine Reihe weiterer positiver Effekte festgestellt, wie zum Beispiel die Verringerung von Entzündungen, eine Stärkung des Immunsystems oder eine Reduktion des Körpergewichts. In einer erwähnenswerten klinischen Studie aus Südkorea untersuchte man das in Kimchi und einigen fermentierten Fleischprodukten häufig vorkommende Bakterium *Latilactobacillus sakei*. Forschende entwickelten daraus eine probiotische Kapsel und testeten diese in einem randomisierten, placebokontrollierten Versuch mit 114 leicht übergewichtigen koreanischen Männern und Frauen. Das Durchschnittsgewicht lag bei 75 Kilogramm.[12] Sie nahmen zwölf Wochen lang zweimal täglich eine sehr hohe Dosis von fünf Milliarden KBE ein und wurden gebeten, einen gesunden Lebensstil zu führen. Nach Ablauf der zwölf Wochen zeigten die Teilnehmenden der Probiotikum-Gruppe einen geringen Rückgang des Körperfetts um etwa 200 Gramm, während die Teilnehmenden der Placebo-Gruppe aus unerfindlichen Gründen 600 Gramm zugenommen hatten. Andere größere Veränderungen wurden nicht beobachtet, auch Nebenwirkungen traten keine auf. Allerdings fielen die Veränderungen damit deutlich schwächer aus als bei den einschlägigen Studien mit Mäusen, was daran erinnert, dass sich Ergebnisse von Studien mit Tieren nicht einfach auf den Menschen übertragen lassen.

Da in Korea weitaus mehr Fermentiertes verzehrt wird als in westlichen Ländern, lohnt sich ein Blick auf eine Pilotstudie aus den USA, die untersuchte, wie US-Amerikanerinnen auf den Verzehr großer Mengen an fermentierten Lebensmitteln reagieren. Sechs

Wochen lang aßen 31 gesunde Frauen entweder 100 Gramm fermentiertes Gemüse (Sauerkraut und Gurkenkraut), 80 Gramm eingelegtes (pasteurisiertes) Gemüse oder gar kein Gemüse. Die Teilnehmerinnen bekamen das Gemüse direkt nach Hause geliefert. 80 Prozent der Frauen hielten sich an die Vorgaben, die meisten verzehrten also mehr als 90 Gramm Gemüse täglich. Da es sich um eine so kleine Studie handelte, zeigten sich, wie zu erwarten, keine signifikanten Unterschiede bei Entzündungswerten, Körpergewicht oder Blutdruck. Allerdings veränderte sich die Zusammensetzung des Darmmikrobioms. Bei der Sauerkrautgruppe konnte eine größere mikrobielle Vielfalt als bei den beiden Kontrollgruppen festgestellt werden, zudem traten bei den Sauerkrautesserinnen größere Menge von *Faecalibacterium prausnitzii* und *Roseburia* auf.[13] Diese entzündungshemmenden Mikroben wurden in anderen Studien im Zusammenhang mit der Einnahme von Probiotika mit Milchsäurebakterien und einer mediterranen Ernährung verstärkt entdeckt.[14] Darüber hinaus lieferte die Studie wertvolle Erkenntnisse darüber, wie gut Amerikanerinnen fermentierte Lebensmittel vertragen: Aus jeder der drei Gruppen berichteten einige Teilnehmerinnen, insbesondere gegen Ende der Studie, von Problemen, die vorgegebene tägliche Portion vollständig zu verzehren. Ein häufiges Symptom war Völlegefühl. Die Tatsache, dass die Frauen jeweils wussten, zu welcher Gruppe sie gehörten, könnte die Ergebnisse allerdings beeinflusst haben. Mit 60 Prozent trat das Völlegefühl am häufigsten in der Gruppe auf, die eingelegtes Gemüse verzehrte; in der Gruppe, bei der Fermentiertes auf dem Speiseplan stand, waren es 45 Prozent und selbst bei den Teilnehmerinnen, die kein Gemüse aßen und ihre Ernährung nicht verändert hatten, trat es bei ganzen 30 Prozent auf. Dieser Pilotstudie zufolge scheint Völlegefühl als direkte Folge des Verzehrs von Fermentiertem eher selten aufzutreten, sie scheinen eher in Zusammenhang mit der Menge an verzehrtem Gemüse zu stehen. Außerdem sollte man bedenken, dass in fast jeder placebokontrollierten Studie bei etwa 30 Prozent derjenigen, die das Scheinpräparat zu sich nehmen, gastrointestinale Symptome wie Völlegefühl oder Sodbrennen auftreten.

Auch vermehrte Gasbildung, also Blähungen sind ein häufiges Problem nach dem Verzehr von Kohl, egal ob fermentiert oder roh. Verantwortlich dafür ist meist der Dreifachzucker Raffinose, der schwer verdaulich ist und sowohl bei der Fermentierung als auch in unserem Dünndarm nur zu kleinen Teilen enzymatisch aufgespalten werden kann, was zur Bildung von Gasen, somit zu Blähungen und bisweilen sogar Schmerzen führt. Hülsenfrüchte wie Bohnen enthalten einen noch höheren Anteil an Raffinose, weshalb diese Symptome nach ihrem Verzehr noch häufiger auftreten. Manche Menschen können Raffinose besser verwerten als andere. Die Gründe dafür sind nicht immer ganz nachvollziehbar, meiner Erfahrung nach treten diese Symptome aber vor allem auf, wenn man mit einer raffinosehaltigen Ernährung beginnt. Je regelmäßiger man Hülsenfrüchte und Kohl zu sich nimmt, desto besser wird die Verträglichkeit. Interessanterweise bilden Kohlpflanzen im Winter mehr Raffinose zum Schutz gegen Kälte aus, daher hat Sommerkohl weniger unangenehme Nebenwirkungen.

Der Verzehr von fermentiertem Gemüse, egal welcher Sorte, kann in seltenen Fällen zu Problemen bei Menschen führen, die unter einer Histaminintoleranz leiden (ausführlicher dazu im Kapitel zu Käse) oder, wenn es mit schädlichen Mikroben verunreinigt ist, Lebensmittelvergiftungen auslösen. Es gibt Berichte über ein paar seltene Ausbrüche in Korea, aber diese sind im Kontext des dort sehr hohen, fast flächendeckenden Konsums hausgemachten Kimchis zu betrachten.[15] Ansonsten gilt, was ich auch zuvor schon kritisch angemerkt habe: Die Wahrscheinlichkeit, sich in einem amerikanischen Restaurant eine Lebensmittelvergiftung durch *Salmonellen* zuzuziehen, ist weitaus größer, auch wenn Gesundheitsexperten gerne anderes behaupten.

Oft wird an Kimchi und Sauerkraut auch bemängelt, dass beides zu viel Salz enthalte. In vielen westlichen Ernährungsratgebern wird deshalb empfohlen, das Salz vor dem Verzehr abzuwaschen. Eine Studie untersuchte über 19 Jahre hinweg, von 1998 bis 2016, die Essgewohnheiten von über 76 000 Koreanern und Koreanerinnen und kam zu dem Ergebnis, dass der Verzehr von fermentiertem Gemüse abnahm, während gleichzeitig mehr eingelegtes Gemüse gegessen wurde; der Kimchi-Verzehr sank um ein Drittel. Dabei kam es zu einer bedeutenden Verringerung des Salzkonsums von 5,5 auf 4,7 Gramm pro Tag.[16] Nach medizinischem Verständnis hätte damit auch die Rate von Bluthochdruck (Hypertonie) sinken müssen, da dieser in enger Korrelation mit der Salzaufnahme steht. Ganz im Gegenteil stieg jedoch im Untersuchungszeitraum die Häufigkeit von Hypertonie bei Männern von 32 auf 35 Prozent; ein ähnlicher Anstieg wie in den USA, wo kaum Fermentiertes konsumiert wird und sie sich leicht von 27 auf 30 Prozent erhöhte. Bei Koreanern und Koreanerinnen scheint der Verzehr von Fermentiertem einschließlich Kimchi trotz eines durchschnittlichen Verzehrs von 114 bis 164 Gramm pro Tag, aus denen der Großteil ihrer Salzzufuhr stammte, also nicht die Hauptursache für Bluthochdruck zu sein. Diese Erkenntnis wird durch die Daten einer großen Ernährungsumfrage, der Korea National Health and Nutrition Examination Survey (KNHANES), gestützt, in der bei 20 114 Männern und Frauen kein Zusammenhang zwischen Bluthochdruck und hohem Kimchi-Konsum festgestellt werden konnte.[17]

Das könnte unter anderem daran liegen, dass Kimchi viel Kalium enthält, das eine entscheidende Rolle für die Gesundheit unserer Blutgefäße spielt und den negativen Effekt von Salz ausgleicht. Diese Theorie wird durch neuere Studien bestätigt, die zeigen, dass eine höhere Kaliumaufnahme über Pflanzen oder einem kaliumhaltigen Salzersatz den Blutzucker etwa dreimal stärker senkt als eine einfache Salzreduktion (ganz abgesehen davon, dass diese Variante viel schmackhafter ist).[18] Kimchi und Sauerkraut enthalten jeweils etwa 160 Milligramm Kalium pro 100 Gramm, was nur 5 Prozent des täglichen Bedarfs ausmacht, bei koreanischen Portionsgrößen sind es ganze 15 Prozent. Die Kombination aus Salz, Kalium und Mikroben könnte die positive Wirkung zudem um ein Vielfaches verstärken: Untersuchungen an Mäusen sowie sieben Studien mit Menschen haben gezeigt, dass probiotische Mikroben (*L. plantarum*), die sich typischerweise auf Kohl befinden, den Blutdruck leicht, aber dennoch signifikant um 1,7 Millimeter Quecksilbersäule senken konnten (eine Maßeinheit, die in der Medizin verwendet wird, um den Blutdruck zu messen).[19] Insgesamt scheinen die Vorteile des Verzehrs von in Salzlake fermentiertem Gemüse die etwaigen Risiken oder Nebenwirkungen zu überwiegen. Sollten Sie persönlich aber empfindlich auf Salz reagieren, können Sie Fermentiertes natürlich dennoch kurz mit Wasser abspülen. Und wer weiß – vielleicht gibt es ja in Zukunft ein mit Kalium angereichertes Salz zu kaufen, das sich zum Fermentieren eignet.

Man sollte darüber hinaus nicht vergessen, dass Kraut und andere Gemüsesorten – ob nun gekocht, eingelegt oder fermentiert – gesund sind und viel Vitamin C enthalten, das gegen Skorbut hilft. Ein weiteres Plus sind verschiedene B-Vitamine, die unser Körper aufgrund der Fermentation leichter aufnehmen kann. Eine kleine Portion Sauerkraut von 100 bis 150 Gramm liefert 1,6 Gramm Eiweiß, 2,5 Gramm Ballaststoffe und 2 Gramm Zucker und ist dazu sehr kalorienarm. Obwohl größere Studien noch auf sich warten lassen, spricht allein der hohe Gehalt an Ballaststoffen, bioaktiven Stoffen und probiotischen Mikroben dafür, dass sich der Verzehr von Sauerkraut und Kimchi höchstwahrscheinlich positiv auf unsere Gesundheit und unser Darmmikrobiom auswirkt.

Ob wir allerdings so große Mengen wie die Koreanerinnen und Koreaner verspeisen sollten, bleibt bisher noch offen. Dennoch ist die Bevölkerung Koreas mit einem Anteil von nur 5,9 Prozent fettleibiger Erwachsener schlanker und gesünder als die der meisten anderen Industrienationen. In den USA liegt der Anteil von Fettleibigen bei 40 und in England bei 26 Prozent. Kimchi könnte also so etwas wie ein natürliches Gegengewicht zum wachsenden Verzehr von Junk-Food in wohlhabenden Ländern darstellen. Leider scheint den Deutschen der Konsum von Sauerkraut nicht viel genützt zu haben: Die Fettleibigkeitsrate in Deutschland liegt mit rund 20 Prozent fast so hoch wie in Großbritannien.[20] Das mag daran liegen, dass in Deutschland viel weniger Kohl als in Korea gegessen wird, nur kümmerliche 1,2 Kilogramm pro Person im Jahr im Vergleich zu 25 in Korea. Zudem werden die beliebtesten deutschen Sauerkrautmarken wie etwa *Hengstenberg* nicht fermentiert wie koreanisches Kimchi, sondern bloß in Wein und Essig eingelegt.

Was beim Kauf von Sauerkraut und Kimchi zu beachten ist

Hausgemachtes Kimchi und Sauerkraut ist normalerweise am gesündesten, aber auch im Laden gibt es gute, traditionell hergestellte Varianten – man muss nur danach suchen. Bei Sauerkraut sollte man allerdings unbedingt überprüfen, ob es nicht bloß gekocht und anschließend in Wein, Essig oder irgendeiner billigen Säure eingelegt wurde, denn solche Produkte weisen keine lebenden Mikroben mehr auf und haben daher auch keinen probiotischen Nutzen mehr. Es gibt auch Produkte, die fermentiert sind, also ursprünglich lebende Mikroben enthielten, aber anschließend pasteurisiert wurden, um die Haltbarkeit zu verlängern. Nach den teilweise absurden Vorschriften zur Lebensmittelkennzeichnung in der EU und den USA sind Hersteller nicht dazu verpflichtet, anzugeben, ob ein Produkt lebende Mikroben enthält oder nicht. Hersteller von »lebendigen« Produkten geben auf der Verpackung Hinweise wie »unpasteurisiert«, »roh«, »enthält lebende Kulturen« oder »probiotisch«, doch diese Behauptungen werden in den meisten Ländern nicht auf ihren Wahrheitsgehalt überprüft. Weist ein Produkt tatsächlich lebende Mikroben auf, muss es im Kühlregal des Geschäfts zu finden sein, damit die weitere Fermentation verlangsamt wird; außerdem beträgt die Haltbarkeit eines solchen Produkts maximal sechs Monate, bevor es sauer und matschig wird. Zischt es beim Öffnen oder schäumt, ist das ein untrügliches Zeichen dafür, dass es tatsächlich lebende Mikroben enthält. Wenn es das nicht tut, muss das aber nicht heißen, dass es völlig tot ist. In jedem Fall sollten Sie das entsprechende Produkt, auch wenn Sie es im Kühlschrank aufbewahren, innerhalb von zwei Wochen nach dem Öffnen verzehren, denn dann schmeckt es am besten.

Die meisten beliebten Sauerkrautprodukte werden zwar fermentiert, aber anschließend pasteurisiert; häufig enthalten sie Weißwein, der denselben Effekt wie Essig hat und Mikroben abtöten kann. Im Unterschied zu Kimchi wird Sauerkraut oft warm gegessen. Das in Deutschland sehr beliebte Sauerkraut von *Hengstenberg* soll laut Verpackung für 15 Minuten in einem Topf erhitzt werden – was auch der letzten Mikrobe den Garaus macht und zudem den Gehalt an Nährstoffen und Vitamin C verringert.

Erfreulich ist, dass man inzwischen auch bei uns an vielen Orten echtes fermentiertes Kimchi aus lokalem Anbau kaufen kann. Mein Lieblingskimchi ist derzeit *Kim Kong Kimchi*, das James Read – der ein hervorragendes Buch über Kimchi und andere fermentierte Lebensmittel geschrieben hat – nur wenige Kilometer von meinem Haus entfernt herstellt. Auch die Produkte der Marke *Vadasz*, ein familiengeführtes Unternehmen, das Sauerkraut und Kimchi herstellt und in einem weiteren Umkreis vertreibt, esse ich gerne. In unserer Untersuchung schnitten kommerzielle gekühlte Kimchi- und gemischte Sauerkrautprodukte hinsichtlich der Mikrobenvielfalt hervorragend ab, sie enthielten zwischen 20 und 87 Arten. Von Billigprodukten würde ich abraten – der Preis lässt fast immer auf die Qualität schließen: Traditionell hergestelltes koreanisches Kimchi kostet siebenmal so viel wie die immer beliebter werdenden chinesischen Importprodukte. Ich erinnere mich noch an einen Aufenthalt in Spanien, bei dem ich plötzlich so großen Appetit auf Kimchi bekam, dass ich ein chinesisches Produkt kaufte. Das war allerdings so höllisch scharf, dass es mir den Mund verbrannte. Aufgrund meines mangelhaften Mandarin konnte ich die Verpackungshinweise nicht entziffern, aber da es drei ganze Jahre haltbar war, weiß ich mittlerweile, dass es pasteurisiert gewesen sein muss. Und den Hinweis auf die Extraschärfe muss ich wohl übersehen haben …

Timchi und andere fermentierte Gemüse

Sowohl Sauerkraut als auch Kimchi werden durch Trockenpökeln hergestellt: Salz wird direkt auf das Kraut gegeben und einmassiert, wobei diesem das Wasser langsam entzogen wird, sodass sich eine natürliche Lake bildet. Pflanzen, die eine härtere Struktur aufweisen, enthalten nicht genügend Wasser, daher muss man, um sie »kalt zu garen«, Salzlake hinzufügen. Perlzwiebeln, Karotten, Blumenkohl, rote Paprika, grüne Tomaten und nahezu jedes andere feste Gemüse kann in Salzlake fermentiert werden, indem man einfach 2 Prozent des Gesamtgewichts an Salz zugibt. Die Pflanzen, die sich am besten dazu eignen, weisen meistens eine feste Struktur auf, denn sie zerfallen beim Fermentieren nicht so schnell. Ich musste das auf die harte Tour lernen, als ich Auberginen und Zucchini fermentieren wollte. Sobald man einmal begriffen hat, dass man lediglich die richtige Menge an Salz zugeben und dafür sorgen muss, dass das Gemüse stets gut von Salzlake bedeckt ist, sodass kein Sauerstoff eindringt, ist es kinderleicht – den Rest übernehmen die Mikroben. Immer wenn ich zu viel Gemüse eingekauft habe, das sich zudem schlecht einfrieren lässt, verwandle ich es in Kimchi, anstatt es verkommen zu lassen.

Als ich mich in den Sozialen Medien über Lebensmittelabfälle ausließ und Möglichkeiten zeigte, diese zu reduzieren, beschloss ich, meinen Worten Taten folgen zu lassen, und erfand mein eigenes Kimchi: Timchi. Kurz bevor ich für eine Woche in den Urlaub fuhr, nahm ich sämtliches Gemüse, das ich noch hatte, aus dem Kühlschrank, entfernte alle verdächtigen Stellen, schnitt es klein und gab es mit Chilischoten und Salz in eine Schüssel – alles in unter 10 Minuten. Bei mir ist es in diesem Fall zwar gelungen, trotzdem empfehle ich, sich lieber Zeit zu lassen, um Unfälle und Chaos zu vermeiden. Ich presste die Gemüsemischung in ein Einmachglas mit Deckel und einem Ventil zur Selbstentlüftung. Und als ich nach acht Tagen wieder heimkam, war das Ergebnis – abgesehen von den matschigen Auberginenstückchen – perfekt.

Am Ende dieses Buchs finden Sie noch weitere einfache Rezepte für Kimchi und anderes fermentiertes Gemüse zum Ausprobieren.

Fünf Fakten zu Sauerkraut und Kimchi

1. Sauerkraut ist unglaublich einfach selbst herzustellen, man braucht dazu nur Kohl und Salz.
2. Sowohl Sauerkraut als auch Kimchi können bei regelmäßigem Verzehr gesundheitsfördernd wirken.
3. Sie beide enthalten zahlreiche Arten probiotischer Milchsäurebakterien und Hefen.
4. Meiden Sie beim Einkaufen Sauerkraut- und Kimchiprodukte, die eine lange Haltbarkeit aufweisen oder bei Zimmertemperatur lagerbar sind, da sie keine lebenden Mikroben mehr enthalten.
5. Das Fermentieren von Gemüseresten ist eine gute Methode, um Lebensmittelabfälle zu vermeiden und gleichzeitig etwas für Ihre Gesundheit zu tun.

KÄSE

Während man im Kaukasus auf die Herstellung von Kefir setzte, suchte man anderswo nach etwas, das weniger flüssig und leichter zu transportieren wäre und nicht nur wenige Tage, sondern mehrere Wochen halten würde. Irgendwann fand man heraus, dass aus geronnener Milch, die man in Höhlen oder an anderen kühlen Orten trocknen ließ, schmackhafter Käse entstand. Je niedriger der Wassergehalt, desto länger war dieser lagerbar, ohne von herumschwebenden Schimmelsporen befallen zu werden. Käse enthält Eiweiß, Fett und Mineralstoffe sowie lebende Mikroben und viele Kalorien. Daher eignete er sich bestens als nahrhafter Proviant für wochenlange Reisen. Dieses simple, haltbare Milcherzeugnis wird heutzutage rund um den Globus verzehrt und ist für viele Menschen Teil der täglichen Mahlzeiten. Es gibt zahlreiche unterschiedliche Sorten, Geschmacksrichtungen und Preisklassen. Sollten Sie plötzlich Lust auf einen Cabrales-Rohmilchkäse aus Asturien bekommen, der mehrere Monate lang in einer feuchten Berghöhle gereift ist, müssten Sie dafür tief in die Tasche greifen: 2 Kilogramm kosten bis zu 30 000 Euro!

Einmal war ich zu Besuch auf einem kleinen Bauernhof in Costa Rica, der traditionell hergestellten Käse zu günstigen Preisen verkaufte. Aus der Milch der Ziegen, die man dort hielt, wurde eine Variante von Feta produziert – eine traditionelle griechische Käsesorte, die normalerweise aus Schafsmilch (teilweise auch Ziegenmilch) hergestellt wird und in Salzlake reift. Der Eigentümer des Bauernhofs erklärte mir, dass er als Starter *Lactobacillus delbrueckii* subsp. *bulgaricus* und *Streptococcus thermophilus* verwendete, die häufig ein Bestandteil von Joghurtkulturen sind, und damit köstlichen Käse erzeugte. Welche Mikroben sich zusätzlich ansiedelten und zum Aroma beitrugen, wusste er allerdings nicht.

Eine griechische Studie verglich den Mikrobengehalt von industriell gefertigtem Feta und hausgemachtem Feta aus Rohmilch und kam zu dem Ergebnis, dass der Industriekäse *L. delbrueckii* subsp. *bulgaricus* und *S. thermophilus* enthielt, während im hausgemachten Käse in erster Linie *Lactococcus lactis* neben einigen unerwünschten Gästen wie *Listeria* und *Enterobacter* zu finden waren. Letztere können in großen Mengen pathogen wirken, waren hier aber glücklicherweise nur in sehr geringer Menge nachzuweisen, da sie von den anderen Mikroben in Schach gehalten wurden. Eine iranische Studie nahm hausgemachten *Lighvan* unter die Lupe, einen Käse, der auf Basis von roher Schafsmilch produziert wird, und fand heraus, dass in den frühen Reifephasen eine besorgniserregende Menge an *E. coli* zu finden war, diese jedoch rasch abnahm, je reifer der Käse wurde.[1] In den USA kommt es zu vielen Fällen von Lebensmittelvergiftungen nach dem Verzehr von mexikanischem *Queso fresco*, einem Weichkäse, der häufig selbst zu Hause hergestellt wird. Das zeigt, wie wichtig es ist, bei der Käseherstellung auf ausreichende Hygiene und Reifezeiten zu achten.

Was den Geschmack betrifft, hatte ich schon immer eine Schwäche für Rohmilchkäse – vielleicht aber auch nur, weil er teurer ist und ich dadurch voreingenommen bin. Auch in der iranischen Studie bevorzugten die Freiwilligen den Rohmilchkäse, der geringen Menge an *E.-coli*-Bakterien zum Trotz. Nun ist Geschmack häufig subjektiv, zudem kann er durch viele Faktoren beeinflusst werden. Um objektivere Kriterien zu ermitteln, setzte eine Gruppe von Forschenden in einem Labor eine künstliche elektronische Zunge und Nase ein. Dabei zeigten sich deutliche Unterschiede im Geschmacksprofil von Cheddar aus Rohmilch und solchem aus pasteurisierter Milch, selbst wenn sie unter nahezu identischen Bedingungen hergestellt wurden.[2] Das bestätigt, dass sich Rohmilchkäse also auch objektiv im Geschmack unterscheidet und dass es objektive Aromaprofile gibt, die wir Menschen daher durchaus feststellen können.

Rohmilch enthält viele Mikroben, die in der Regel unbedenklich sind, vorausgesetzt, sie wird frisch getrunken. In manchen Fällen können sich die potenziell schädlichen Mikroben darunter vermehren, wenn man die Milch zu lange stehen lässt. Die Erreger der Tuberkulose und *E. coli* sind gute Beispiele dafür. In vielen Ländern oder Regionen ist der Verkauf von Rohmilch untersagt; in England und Wales etwa ist er legal, in Schottland hingegen nicht. In den meisten Ländern dürfen Landwirte die von ihren Kühen erzeugte Rohmilch selbst trinken. Da das Risiko einer Keimbelastung bei Käse mit zunehmender Reifezeit sinkt, je mehr der Käse also austrocknet, ist in den USA und Kanada vorgeschrieben, dass Rohmilchkäse mindestens sechzig Tage alt sein muss, bevor er verkauft werden darf. In Australien galt lange ein nahezu vollständiges Verbot für Käse aus Rohmilch, erst seit 2022 dürfen dank erfolgreicher Lobbyarbeit eine Reihe britischer Rohmilchkäsesorten (hauptsächlich alter Cheddar und andere Hartkäse) importiert werden. So kommt es, dass viele Menschen noch nie in den Genuss kamen, einen aromatischen Weichkäse aus Rohmilch, wie zum Beispiel einen köstlichen Brie, zu probieren, und kennen nur die industriell gefertigte Massenware.

In Großbritannien erleben wir nach Jahrzehnten des Niedergangs derzeit eine Renaissance der Käsekultur. Inzwischen gibt es rund 800 verschiedene Sorten – womöglich sogar mehr als in Frankreich, auch wenn das natürlich umstritten ist. Traditionell lässt man Käse an den unterschiedlichsten Orten reifen – in Höhlen, Kellern, Ställen und Mühlen.

Es gibt also nicht die eine »richtige« Art der Käseherstellung und darum auch eine schier endlose Vielfalt an Aromen. Zur Herstellung von Hartkäse wie Cheddar wird im Allgemeinen pasteurisierter Milch eine Starterkultur mit ein paar Arten von Milchsäurebakterien (*L. lactis* und *S. thermophilus*) zugesetzt sowie Lab, ein traditionell aus Kälbermägen gewonnenes und mittlerweile auch im Labor mithilfe von Mikroorganismen hergestelltes Enzymgemisch. Dieses sorgt dafür, dass sich die Molke vom Milcheiweiß trennt. Die flüssige Molke tropft ab, und die verbleibende halbfeste Masse, der sogenannte Käsebruch, wird nunmehr in Streifen geschnitten, gesalzen, erhitzt und anschließend in runde Formen gefüllt, die den Käselaiben ihre charakteristische runde Form geben. Die Käselaibe müssen danach mehrere Monate lang reifen, beispielsweise in einem kühlen Kellerraum oder einer Höhle. Auf der Rinde bildet sich nun natürlicherweise Schimmel, der die Reifung unterstützt und den Geschmack vertieft. Abhängig vom Säure- und Feuchtigkeitsgehalt zum Zeitpunkt der Pressung und der Geschwindigkeit des Reifungsprozesses entwickelt der jeweilige Käse seinen charakteristischen Geschmack. Britische Sorten wie Cheddar oder Stilton haben typischerweise einen hohen Säure- und niedrigen Feuchtigkeitsgehalt, weicher französischer Camembert enthält dagegen wenig Säure und viel Feuchtigkeit, Alpenkäse wie Comté ist eher trocken und mild, Époisses wiederum weist einen hohen Säure- und Feuchtigkeitsgehalt auf und ist vor allem in reifem Zustand sehr cremig und geruchsintensiv.

Für die Herstellung mancher Rohmilchkäsesorten werden Starterkulturen verwendet, andere kommen ohne aus: Für französischen Bergkäse wie etwa Salers wird die frische Milch einfach in ungewaschene Holzbottiche befördert, und die darin enthaltenen Bakterien gelangen nun in die Milch. Diese Käse sind nicht einheitlich im Geschmack, da Mikroben in der Natur auf kleinste Veränderungen in der Umgebung reagieren – dafür aber kann ihr Aroma besonders komplex und nuancenreich sein. Die Mikrobenkulturen von Käse befinden sich in ständigem Wandel. Ein gutes Beispiel ist Wensleydale-Käse aus Yorkshire: Nach dem Zweiten Weltkrieg war der Verkauf dieser Käsesorte stark rückläufig, sodass die Herstellung fast eingestellt worden wäre. Die Rettung kam dann in den 1990er-Jahren, als Wallace von *Wallace & Gromit* ihn zu seinem Lieblingskäse erklärte. Ursprünglich wurde Wensleydale von französischen Zisterziensermönchen aus Roquefort in den Norden Englands gebracht, die einen Blauschimmelkäse herstellten. Dann wurde er zu einem Weißkäse, vor etwa hundert Jahren wandelte er sich zu einem cremigen, milden Käse, und heute ist er als krümeliger Hartkäse bekannt.

Innerhalb einzelner Käsesorten und sogar einzelner Regionen gibt es geschmackliche Unterschiede, abhängig von den verschiedensten Faktoren, wie dem Futter der Tiere (Getreide oder Gras), den Genen der milchgebenden Tiere und der Mikrobenzusammensetzung sowohl in Starterkultur und Milch als auch auf dem produzierenden Hof und am Reifungsort.

Heute wird die große Mehrheit des Käses in Fabriken unter streng kontrollierten Bedingungen hergestellt. Die pasteurisierte Milch stammt von Hochleistungskühen, die mit Kraftfutter gefüttert werden, und wird mit standardisiertem Lab und kommerziellen Mikrobenkulturen versetzt, die von wenigen globalen Produzenten stammen. So sollen die Einheitlichkeit des produzierten Käses und die Tauglichkeit für den Massenabsatz in Supermärkten gewährleistet werden. Mit diesen kommerziellen Starterkulturen lässt sich ein neutraler Käse als Basis in acht Käsesorten umwandeln, wie zum Beispiel Cheddar, ob nun mit raffiniertem oder eher schlichtem Aroma. Setzt man dem Käse während der Reifung weitere Mikrobenkulturen zu, kann der Geschmack des Endprodukts ebenfalls beeinflusst werden. Zum Beispiel wird die Mikrobe *Lactobacillus helveticus* mittlerweile häufig für die Herstellung von kommerziellen Cheddarsorten verwendet, da sie für einen süßeren nussigen Geschmack sorgt. Viele handelsübliche Cheddars schmecken daher nahezu gleich. Für etwas Abwechslung kann man bei Herstellern inzwischen aus einem regelrechten Mikrobenkatalog wählen. Manche Unternehmen bieten über 16 000 verschiedene Stämme an, die von süßlich über würzig bis buttrig und nussig jeden gewünschten Geschmack erzeugen können.

Ich persönlich trinke keine Rohmilch, da es mit gesundheitlichen Risiken verbunden ist, Käse aus Rohmilch hingegen weiß ich durchaus zu schätzen. Eine Übersichtsarbeit aus dem Jahr 2022 über Krankheitsausbrüche infolge des Verzehrs von Milchprodukten in

Kanada und den USA von 2007 bis 2021 fand nur zwanzig größere Ausbrüche durch Rohmilch und vierzehn durch pasteurisierte Milch. In allen Fällen konnten die Erkrankungen vorwiegend mit der Bakteriengattung *Listeria* in Verbindung gebracht werden.[3] Für Käse allein gibt es keine vergleichbaren Daten, doch Ausbrüche sind selten und seit Einführung der Pasteurisierung deutlich zurückgegangen. Ich würde dennoch nicht versuchen, Rohmilchkäse selbst herzustellen, da dabei höchste Sorgfalt bei Hygiene, Ausrüstung und in den Abläufen geboten ist. Hersteller von Rohmilchkäse sind in der Regel sehr achtsam und überprüfen ihre Käse regelmäßig auf schädliche Keime wie *Listeria*. Sie nehmen in Kauf, dass sich jeder Käse etwas unterscheidet, denn ohne die eng kontrollierten standardisierten Starterkulturen fehlt die Einheitlichkeit, die pasteurisierte Massenprodukte auszeichnet.

Wie gesund ist Käse?

Käse hat einen hohen Fettanteil: Bei Cheddar sind es beispielsweise 33 Prozent, davon 23 Prozent gesättigte, 9 Prozent einfach ungesättigte und 1 Prozent mehrfach ungesättigte Fettsäuren. Zudem ist Cheddar mit 25 Prozent reich an Eiweiß und enthält Kalzium und andere Nährstoffe. Somit weist er eine hohe Kaloriendichte auf, was ihn, so dachte man früher zumindest, ungesund macht. Mittlerweile ist jedoch bekannt, dass nicht alle Lebensmittel mit einem hohen Anteil an gesättigten Fettsäuren schädlich sind. Zudem weiß man, dass Käse, sofern er nicht stark verarbeitet ist, lebende Mikroben enthält, die gesundheitsförderlich sein können. Wie aber sieht es mit wissenschaftlichen Belegen dafür aus?

Die meisten Studien unterscheiden nicht zwischen dem Verzehr von qualitativ hochwertigem Käse mit lebenden Kulturen und dem von minderwertigem Käse, der womöglich viele Konservierungsstoffe enthält. Eine kürzlich veröffentlichte Übersichtsarbeit fasste über ein halbes Dutzend epidemiologischer Folgestudien mit Daten zu Käse unterschiedlicher Qualität zusammen. Es zeigten sich dabei keine negativen Auswirkungen des Käseverzehrs auf die Sterblichkeit oder Herzerkrankungen; etwa die Hälfte der Studien verzeichnete sogar einen leichten Rückgang von Herzerkrankungen.[4] Es lässt sich also festhalten, dass das Essen kleinerer Mengen von Käse für die meisten Menschen gesund ist. Allerdings wissen wir aus unseren ZOE-Predict-Studien, dass manche Menschen empfindlicher auf Fette reagieren und sie deshalb vorsichtiger sein müssen.[5]

Wie steht es um andere gesundheitliche Probleme? Man hört und liest immer wieder viel über Histaminintoleranz (HIT). Anfangs war ich skeptisch, aber es handelt sich tatsächlich um ein reales Krankheitsbild, bei dem der Körper nicht allergisch, sondern unverträglich auch auf bereits geringe Mengen an Histamin in Lebensmitteln reagiert, weil er dieses nicht vollständig abbauen kann. Histamin ist ein natürlicher Stoff, dem unter anderem eine Funktion bei Entzündungen und der Wundheilung zukommt. Fisch (vor allem Makrelen und Thunfisch) und Meeresfrüchte können natürlicherweise eine große Menge an Histamin enthalten und sind die häufigsten Auslöser einer Histaminintoleranz. Hier gibt es klare Grenzwerte für den maximal zulässigen Gehalt. Käse ist die zweithäufigste Lebensmittelgruppe, die bei betroffenen Menschen Symptome auslöst: Wenige Minuten nach dem Verzehr können bei empfindlichen Personen verschiedene Symptome auftreten, wie zum Beispiel Schwitzen, Kopfschmerzen, Übelkeit und Erbrechen, Durchfall, juckende, gereizte Haut, Schwellungen und Ausschläge.[6] Weitere mögliche Beschwerden sind Herzrasen und -stolpern, Ohnmachtsanfälle sowie asthmaähnliche Anfälle. Etwa 1 Prozent leidet unter einer Histaminintoleranz, am häufigsten sind Personen mittleren Alters betroffen.

Die meisten Menschen reagieren nicht empfindlich auf Histamin, ihr Körper ist in der Lage, den Stoff enzymatisch abzubauen. Mittlerweile wurde entdeckt, dass Mutationen oder Varianten in

Genen das Vorhandensein oder die Effizient des Enzyms Diaminooxidase (DAO) beeinflussen können, das wiederum für den Abbau von Histamin zuständig ist. Aber auch ohne genetische Prädisposition können Histaminwerte erhöht sein, etwa durch die regelmäßige Einnahme bestimmter Medikamente wie Antibiotika, Blutdruckmittel oder Antidepressiva, was bei 20 Prozent der Europäer der Fall ist.

Erst kürzlich gelang es der Forschung, verschiedene histaminbildende Mikroben zu isolieren und zu zeigen, unter welchen Bedingungen sie gedeihen. Histamin kann sowohl in Rohmilch- als auch in pasteurisiertem Käse enthalten sein. Rohmilchkäsesorten sowie trockene, reifere Sorten mit einem höheren Säuregehalt wie Parmesan, Pecorino, Gruyère und Cabrales sind im Allgemeinen histaminreicher, auch in Käse aus Schafsmilch war es in größeren Mengen nachzuweisen als in solchem aus Kuhmilch.[7] Doch gibt es Ausnahmen von dieser Regel, so können auch einige Brie- und Fetasorten einen hohen Gehalt aufweisen – bis zu 400-mal mehr als andere Käsesorten. Vor allem *Lentilactobacillus parabuchneri* scheint für die Bildung von Histamin verantwortlich zu sein, das sich während der Herstellung in den Käse einschleichen kann, begünstigt durch bestimmte industrielle Verfahren und gelegentlich mangelnde Hygiene. Auch einige Hefen wurden als Übeltäter überführt, aber sie zu isolieren ist bisher nicht einfach gewesen.

Handelsübliche industriell hergestellte Käse wie Cheddar enthalten nur die zwei oder drei Milchsäurebakterienarten, die gezielt über die Starterkultur zugesetzt werden, sowie ein paar weitere, die während des Reifungsprozesses zugegeben werden, um das gewünschte Aroma zu erzeugen. Es gibt jedoch verschiedene Methoden, um Käse mit weiteren Mikroben anzureichern: Die Verwendung von Rohmilch, Backslopping, also das Beimischen von Resten vorheriger Chargen, die Verwendung von traditionellen Gefäßen, das Waschen der Rinde oder der Zusatz von Schimmelpilzen und Hefen.

Was beim Kauf von Käse zu beachten ist

1953 machte der Kanadier James Lewis Kraft eine Entdeckung, die die Welt des Käses für immer verändern sollte. Durch verschiedene Experimente fand er heraus, dass sich Käse schnell erhitzen und sterilisieren lässt, ohne dass sich das Fett absetzt, wodurch er haltbarer wurde. Das Ergebnis waren die beliebten »Dairy Cheese Slices« oder auch »Singles« der Marke *Kraft*, die 1965 auf den Markt kamen, in Deutschland bekannt als »Scheibletten«: Einzeln in Plastik verpackte Schmelzkäsescheiben, die weltweit zu den meistverkauften Fertigprodukten zählen. Die wunderbare Wandelbarkeit und Vielfalt traditionell hergestellten Käses war darin allerdings verschwunden. Als Experiment bewahre ich eine Scheibe Schmelzkäse von Kraft schon seit fünf Jahren in meinem Küchenregal auf. Sie ist zwar ein wenig angetrocknet und kräuselt sich leicht an den Rändern, aber sie glänzt immer noch makellos. Vermutlich wird sie mich überdauern.

Frischkäse der Marke *Philadelphia* hingegen, die Kraft bereits 1928 erwarb, erweckt den Anschein eines hoch verarbeiteten Produkts, enthält aber tatsächlich Mikroben. In erster Linie sind es zwei Arten von *Lactococcus* sowie kleinere Mengen weiterer Mikrobenarten. Im Übrigen ist es ein gutes Zeichen, dass Philadelphia nach ein bis zwei Wochen Schimmel ansetzt – ebenfalls ein Zeichen dafür, dass er mikrobiell aktiv ist. Ein guter Käse mit lebenden Mikroben sollte im Idealfall einen charakteristischen Geruch und eine weiche Konsistenz haben, abhängig vom Wassergehalt. Lässt man ihn bei Zimmertemperatur stehen, sollte er langsam anfangen zu laufen. Ein guter Brie etwa fängt schon nach ein bis zwei Stunden an zu laufen und bildet eine Reihe neuer Aromen und Gerüche. Echter Käse entwickelt irgendwann einen unangenehmen Geruch nach Ammoniak, und Schimmel setzt sich an, da die Widerstandsfähigkeit gegen schädliche Mikroben mit der Zeit abnimmt.

Mit der Aversion gegen Fett in Lebensmitteln, die in den 1970er-Jahren aufkam, wurden zunehmend verschiedene Käseerzeugnisse aus fettarmer Milch entwickelt. Diese minderwertigen, faden Produkte wurden meistens für nährstoffarme Fertiggerichte verwendet und enthalten, wenn sie einmal erhitzt wurden, garantiert keine lebenden Mikroben mehr. Ohnehin können sogenannte Flavoristen, also Fachleute der Aromenkomposition, mittels unzähliger chemischer Stoffe die charakteristischen Aromen von Cheddar, Camembert oder Blauschimmelkäse künstlich herstellen – und das ganz ohne Mikroben. Diese synthetischen Käsearomen können Billigkäse geschmacklich aufpeppen oder echten Käse in pikanten Snacks ganz ersetzen. Bei fettreduziertem Käse, der mit anderen Inhaltsstoffen angereichert wird, sind sie nötig, um das fehlende Fett wettzumachen, das sonst für Geschmack und Konsistenz sorgt. Trotz aller Bemühungen schmecken diese Produkte jedoch oft bitter und gummiartig.

Pizzakäse

Pizzakäse verdient eine gesonderte Erwähnung. Am beliebtesten als Pizzabelag ist Mozzarella. Traditionell wird er aus der hochwertigen Milch italienischer Wasserbüffel hergestellt. Heute wird Büffelmozzarella zwar weltweit produziert, doch das Original und nach wie vor beste Produkt ist *Mozzarella di Bufala Campana* aus Kampanien und anderen Regionen Süditaliens, die als geschützte Herkunftsregion gelten. Dieser Mozzarella darf daher das DOP-Siegel (*Denominazione d'Origine Protetta*, das italienische Siegel für Produkte mit geschützter Herkunftsbezeichnung) tragen. Das lukrative Geschäft zog auch das organisierte Verbrechen an: 2012 wurde Giuseppe Mandara – der selbst ernannte »Giorgio Armani des Mozzarellas« – verhaftet, da er den Handel mit Mozzarella zur Geldwäsche nutzte und mutmaßlich verunreinigte Ware und billigen Provolone anstelle von Büffelmilchmozzarella verkaufte.[8] Bei einer Überprüfung mittels Genproben wurde 2016 festgestellt, dass einer von vier vermeintlich »regionalen« Mozzarella in Wahrheit Kuhmilch aus Irland und Deutschland enthielt.[9]

Heute werden allein in den USA pro Sekunde 350 Pizzastücke verzehrt; der Mozzarella, mit dem Pizzen heute belegt sind, hat allerdings nur wenig mit echtem Büffelmozzarella gemein. In der Regel handelt es sich um sterilisierten Käse, der mit anderen, billigeren Sorten vermischt wird. Mit Tiefkühlpizza, die theoretisch jahrelang haltbar ist, wird ein Umsatz von 150 Milliarden US-Dollar erzielt. Oft genug ist sie mit sogenanntem Analogkäse belegt, also Käseersatz, der lediglich wie Käse aussieht oder mit echtem Käse vermischt wird und dementsprechend billiger ist. Bei Stichproben durch eine Verbraucherschutzorganisation in Großbritannien, die 2016 durchgeführt wurden, fand man heraus, dass jede vierte Lieferpizza mit Analogkäse statt, wie angegeben, mit echtem Mozzarella belegt war.[10] Die Chance, über den Verzehr von Pizza ein paar probiotische Mikroben aufzunehmen, ist also recht gering. Wenn Sie etwas für Ihre Darmgesundheit tun wollen, sollten Sie daher besser auf andere Lebensmittel setzen.

Unfermentierter Käse

Einige unfermentierte Käsesorten sollten hier auch unbedingt erwähnt werden. Hüttenkäse schmeckt zwar meist gut, ist aber kein Käse im eigentlichen Sinne. Zu seiner Herstellung versetzt man Milch mit Milchsäurebakterien, Calciumchlorid und ein wenig Lab. Nach einigen Stunden wird das geronnene Eiweiß dann in kleine Stücke geschnitten. Hüttenkäse enthält wenig Fett und sehr viel Protein, daher ist er bei Gewichthebern beliebt. Auch Ricotta, der in Italien schon in der Bronzezeit hergestellt wurde, ist streng genommen kein Käse, da er nicht fermentiert wird. Vielmehr entsteht er aus Molke, die bei der Produktion anderer Käse (traditionell Pecorino) anfällt. Die Molke wird mit Essigsäure versetzt und stark erhitzt, was alle Mikroben abtötet. Der schmackhafte fettarme Ricotta hat deshalb keinen probiotischen Nutzen. Der Name *Ricotta* bedeutet wörtlich »nochmals gekocht«, und es gibt ähnliche Käsesorten in anderen Ländern, die ebenfalls keine lebenden Mikroben enthalten, etwa Requesón in Spanien oder Südamerika, Recuit in Katalonien und Panir in Indien.

Ricotta ist sehr vielseitig und wird häufig geräuchert, gebacken, gesalzen oder gesüßt und als Nachspeise oder Füllung (etwa in Cannoli, einem sizilianischen Fettgebäck) verzehrt. Ricotta lässt sich erstaunlich leicht selbst herstellen, und sein Verzehr ist völlig unbedenklich. Sie müssen dazu nur Vollmilch erhitzen, Salz und Essig oder Zitronensaft hinzugeben und das geronnene Eiweiß abseihen. Als fermentierter Ersatz für Hüttenkäse eignet sich Frischkäse, als Alternative zu Ricotta eignet sich Griechischer Joghurt. Wer experimentierfreudig ist, kann zu Hüttenkäse oder Ricotta auch einfach Salzlake oder Probiotika hinzufügen, um ihn mit Mikroben anzureichern.

Veganer Käse

Massenproduzierter veganer Käse erfreut sich aktuell großer Beliebtheit. Er schmeckt relativ neutral, weshalb viele ihn so gern essen, und bringt keine starke Eigennote mit. Hergestellt wird er aus Kokosöl und Stärke, mit Eiweiß und Milchsäurearomen aufgepolstert, Mikroben enthält er aber leider keine. Veganer Käse ist das stärkehaltige Pendant zu hoch verarbeitetem Analogkäse – allerdings zahlen Tiere und Umwelt keinen so hohen Preis dafür. Blindverkostungen in Großbritannien haben ergeben, dass bei den Kunden häufig hoch verarbeitete vegane Käsesorten besser abschnitten als echter Käse am unteren Ende der Preisskala.[11]

Vegane Käsesorten aus nicht industrieller Herstellung werden allmählich auch besser, meine persönlichen Favoriten sind jedoch die, die auf Nüssen und Nussölen basieren. Recht beliebt ist mittlerweile fermentierter Cashewkäse, er ist vegan und probiotisch. Und man kann ihn ganz einfach selbst herstellen: Cashewkerne über Nacht einweichen, Salz zugeben und im Mixer zu einer glatten Paste verrühren, anschließend eine probiotische Startkultur zugeben und für 24 Stunden fermentieren lassen. Aus wenigen Zutaten entsteht im Handumdrehen eine leckere käseähnliche Streichmasse.

Fünf Fakten zu Käse

1. Traditionell hergestellter Käse enthält viele lebende Mikroben und hat bei den meisten Menschen trotz des hohen Gehalts an gesättigten Fettsäuren eine leicht positive gesundheitliche Wirkung.
2. Analogkäse, also künstlicher Käse, oder anderer hoch verarbeiteter Käse hingegen ist ungesund. Er enthält keine Mikroben und man sollte ihn am besten meiden.
3. Unpasteurisierter Rohmilchkäse weist eine große Mikrobenvielfalt auf, die häufig für ein komplexes, abwechslungsreiches Aroma sorgen.
4. Veganer Käse wird oft billig aus Kokos- oder Palmöl hergestellt und enthält zahlreiche Zusatzstoffe, weist aber keine lebenden Mikroben auf. Manche auf Nüssen basierenden Varianten sind viel schmackhafter.
5. Aus Joghurt, Kefir oder pürierten Nüssen lässt sich Käse ganz leicht selbst herstellen.

KOMBUCHA

Meinen ersten Kombucha trank ich vor ungefähr fünfzehn Jahren auf einem medizinischen Kongress in der Nähe von Bristol. Ein Unternehmen aus der Gegend stellte sogenanntes Kombucha-Bier mit einem Alkoholgehalt von 1 Prozent her und verteilte es umsonst an die Teilnehmenden des Kongresses. Wie die meisten meiner Kolleginnen und Kollegen habe ich nichts gegen Gratisproben, also probierte ich das Gebräu gerne. Ich würde gerne behaupten, dass ich von diesem Moment an begeisterter Kombucha-Fan war, aber ich fand den Geschmack eher unangenehm und arg sauer. Also machte ich die nächsten paar Jahre über einen großen Bogen darum, bis ich fruchtigere Varianten probierte und ich sogar begann, selbst Kombucha herzustellen. Die meisten Menschen brauchen mehrere Anläufe, bis sie sich an den Geschmack gewöhnt haben, aber es lohnt sich wirklich.

Kombucha ist ein vielseitiges fermentiertes Teegetränk, das im Allgemeinen aus schwarzem und bisweilen auch grünem Tee hergestellt wird und das sich geschmacklich gut variieren lässt. Normalerweise hat Kombucha einen Alkoholgehalt von unter 0,5 Prozent und gilt somit als alkoholfrei; zudem enthält es geringe Mengen an Koffein. Als Starterkultur wird ein SCOBY (noch einmal zur Erinnerung: ein Akronym der englischen Wörter *symbiotic culture of bacteria and yeast*) verwendet, auch Kombuchamutter oder -pilz genannt: eine gummiartige und schleimige Scheibe, die man wie oben beschrieben in ein Gefäß mit auf Zimmertemperatur abgekühltem gezuckerten schwarzen oder grünen Tee gibt. Nach ein bis zwei Wochen haben die Mikroben ihr Werk vollbracht und Säuren, prickelndes Kohlendioxid sowie eine geringe Menge Alkohol gebildet – und den Geschmack radikal verändert. Zudem entstehen bei der Fermentation viele flüchtige Aromastoffe und je länger die Fermentation andauert, desto mehr werden es: Studien haben gezeigt, dass es nach zehn Tagen zwei- bis dreimal, in manchen Fällen sogar bis zu 56-mal so viele sind.[1] Das Ergebnis ist ein Getränk mit einem völlig eigenen Geschmack, das ich inzwischen sehr schätze. Die vielfältigen Aromen sind den ebenso vielfältigen Mikroben, ihrer Genetik und den von ihnen gebildeten Enzymen zu verdanken, die sich allesamt darauf spezialisiert haben, als symbiotische Gemeinschaft zu leben und sich von Tee und Zucker zu ernähren. Häufig wird Kombucha einer zweiten Fermentation unterzogen, in der Früchte und Gewürze zugegeben werden, um dem Getränk ein stärkeres Prickeln zu verleihen und den Geschmack abzurunden.

Der SCOBY besteht aus einer Mischung zahlreicher säurebildender Bakterien, darunter vor allem Milchsäure- und Essigsäurebakterien; hinzu kommt eine schier unendliche Zahl verschiedener Hefen, die sich je nach Kombucha-Ansatz stark unterscheiden. Im Rahmen einer türkischen Studie wurden mehrere Proben hausgemachten Kombuchas genetisch sequenziert. Die Studie ergab, dass *Komagataeibacter* in sämtlichen Fällen die vorherrschende Bakteriengattung und *Zygosaccharomyces* die am häufigsten anzutreffende Hefegattung waren.[2] Andere Studien nahmen handelsüblichen Kombucha unter die Lupe und kamen zu dem Ergebnis, dass auch diese Produkte eine große Mikrobenvielfalt enthielten, allerdings konnte keine Einheitlichkeit bei den vorherrschenden Mikrobenstämmen festgestellt werden. Zu den nachgewiesenen Stämmen zählten *Bacillus coagulans*, *Liquorilactobacillus nagelii*, *Gluconobacter* und *Komagataeibacter*.[3] Bei unserer Untersuchung konnten wir aus in Dosen verkauftem Kombucha einiger größerer Marken keine mikrobielle DNA extrahieren. In dem in kleinere Flaschen abgefüllten Kombucha des britischen Unternehmens *momo* hingegen fanden wir die DNA von zwischen 18 und 24 verbreiteten Bakterienarten. Die Mikroben bauen den Tee und den Zucker ab und stellen dabei Säuren, Kohlendioxid, eine kleine Menge Alkohol sowie eine Vielzahl bioaktiver Substanzen, darunter auch Vitamine, her. Zusätzlich produzieren die Essigsäurebakterien einen stetig wachsenden schleimigen Film aus Zellulose, wodurch der SCOBY weiterwächst, während sich die Mikroben vermehren. Und das ist längst nicht alles – wir beginnen gerade erst zu verstehen, welche erstaunliche Fülle an chemischen Stoffen diese Mikrobengemeinschaft bildet. Neben Zuckern wurden in Kombucha über ein Dutzend organische Säuren sowie Phenolsäuren, die wasserlöslichen Vitamine B1, B2, B6, B12 und C festgestellt, achtzehn wichtige Mineralstoffe wie Eisen und Magnesium, über zwanzig Polyphenole, Lactone und Aminosäuren und zudem die im Tee enthaltenen Purinalkaloide wie Koffein und Theophyllin.[4]

Kombucha hat viele Namen, unter anderem ist er auch als mandschurischer Teepilz oder Kargasok-Tee bekannt. Wie Sie nun vielleicht schon erraten konnten, entstand er vermutlich vor rund 2000 Jahren in der Mandschurei im heutigen Nordosten Chinas. Wie genau es zur Entstehung des geheimnisvollen SCOBYs kam, liegt im Dunkeln, eine durchaus plausible Theorie geht aber davon aus, dass sich Fruchtfliegen irgendwo in China an herumstehendem gesüßten Tee labten und dabei ihren Darminhalt entleerten, in dem sich ein paar Essigsäure- und Milchsäurebakterien befanden, die sich mit Hefepilzen im Tee zusammentaten. Um die Entstehung und Verbreitung von Kombucha ranken sich noch viele weitere Legenden. Einer weiteren zufolge fand er etwa durch den koreanischen Arzt Dr. Kombo Verbreitung, der 414 v. Chr. nach Japan reiste, um die Darmbeschwerden von Kaiser Ingyō damit zu behandeln. Von Japan und China gelangte der fermentierte Tee dann nach Russland, wo er, ebenfalls als Heilmittel, sehr beliebt wurde, und im 20. Jahrhundert fand er schließlich seinen Weg nach Europa. In den USA erfreute Kombucha sich ebenso großer Popularität, insbesondere in Kalifornien während der HIV-Pandemie, da man ihm immunstärkende Eigenschaften zuschrieb. Inzwischen erwirtschaftet die Nahrungsmittelindustrie damit weltweit zwei Milliarden US-Dollar – und ein Ende des Booms ist nicht abzusehen. Selbst Konzerne wie *PepsiCo* kaufen kleinere Unternehmen auf. Für das mikrobenreiche fermentierte Teegetränk, das – wie normaler, unfermentierter Tee – sehr vielseitig ist, gibt es einen riesigen Markt. Neben verschiedenen Varianten mit Früchten, Kräutern und sogar solchen auf Basis von Kaffee, gibt es mittlerweile Kombucha-Cider und –Bier – die alkoholischen Varianten sind in den USA als *hard kombuchas* bekannt.

Der Herstellungsprozess von Kombucha mit einer Starterkultur ähnelt dem von Essig; auf den werden wir im nächsten Kapitel noch zu sprechen kommen. Die Fermentation verläuft allerdings sehr langsam, anders als es etwa bei Wasserkefir der Fall ist. Fälschlicherweise wird der SCOBY bisweilen auch als Teepilz bezeichnet; die biologische Bezeichnung lautet *Medusomyces gisevii*, wörtlich »Quallenpilz«. In den Augen vieler Menschen hat Kombucha etwas Rätselhaftes, ja sogar potenziell Gefährliches an sich, weshalb sie sich lieber von ihm fernhalten. Ich fand das fermentierte Teegetränk nach einer Weile jedoch faszinierend und begann mit der eigenen Herstellung – eines meiner ersten Fermentationsexperimente.

Ich kaufte mir in einem nahe gelegenen Laden, der auf Fermentiertes spezialisiert ist, eine kleine Flasche Kombucha, auf deren Boden sich eine kreisförmige Ablagerung gebildet hatte. Den Großteil der Flasche trank ich aus, stellte fest, dass ich den Geschmack mochte, und behielt daher den Rest, um einen eigenen SCOBY daraus heranzuziehen. Ich gab also ein wenig Zucker in die Flasche, sodass das Klümpchen auf dem Boden, der »Baby-SCOBY«, zu einem »Mutter-SCOBY« heranwachsen konnte. Dann kochte ich Schwarztee mit viel Zucker, ließ ihn in einem großen Glasgefäß abkühlen und gab den Klumpen hinein. Mit einem sauberen Baumwollgeschirrtuch abgedeckt, ließ ich das Gefäß zehn Tage lang stehen. Zunächst sank der SCOBY zu meinem Schrecken auf den Boden, sodass ich schon fürchtete, er wäre tot, doch dann stieg er wieder an die Oberfläche. Dort wuchs er langsam zu einer 1 Zentimeter dicken Scheibe heran, die die ganze Öffnung des Gefäßes ausfüllte und anderen Mikroben wie ein Schutzschild den Zugang und somit die Bildung von Säure verwehrte. Schon nach zehn Tagen hatte sich der anfangs zarte Klumpen, dem der zuckrige Tee offenbar prächtig geschmeckt hatte, zu einer robusten und festen Scheibe, ja einem Deckel von 15 Zentimetern Durchmesser entwickelt. Nach drei Wochen nahm ich den SCOBY heraus und gab ihn mit etwas Kombuchaflüssigkeit in ein Gefäß. Den fertigen Kombucha füllte ich in Flaschen ab und gab jeweils ein Stück Ingwer dazu. Mein Gebräu schmeckte allerdings so sauer, dass es außer mir niemand hinunterbrachte – abgesehen von ein paar abgebrühten, vielleicht zu höflichen Freunden. Mittlerweile weiß ich, dass ich die Fermentation früher abbrechen muss, bevor zu viel Essigsäure entsteht. Um den richtigen Zeitpunkt herauszufinden, verwende ich ein pH-Messgerät und verlasse mich auf meine Geschmacksknospen. Meine ersten Versuche hatten einen extrem niedrigen pH-Wert von 2,2 bis 2,8, in den neueren Chargen liegt er bei 3,5 bis 4,0 – ein deutlich angenehmerer Geschmack.

Besonders faszinierend finde ich, dass man die Fermentation von Kombucha live nachverfolgen kann: Tag für Tag verändern sich die Bläschen, Säuren und Aromen. Die Mikroben steuern den Prozess, man kann nur entscheiden, wann man ihn abbricht, indem man das Gemisch entweder abkühlt oder den SCOBY herausnimmt. Da es sich nicht immer kontrollieren lässt, welche Mikroben sich im SCOBY vermehren, breiten sich bisweilen auch unerwünschte Mikrobenstämme aus. Manchmal kratze ich meinen SCOBY behutsam ab, damit die richtigen Mikroben wieder Oberhand gewinnen können.

Im Rahmen meines Rechercheprogramms zu Kombucha habe ich ein paar neue Kombucha-Cocktails erfunden, darunter auch Variationen mit Cava und Aperol. Sie schmecken erstaunlich gut, allerdings sollte man sparsam mit dem Alkohol sein, um die Mikroben nicht abzutöten, da – zumindest theoretisch – ein Alkoholgehalt von über 15 Prozent tödlich für sie alle enden kann. Wie wir aber inzwischen wissen, können selbst tote Mikroben noch einen positiven, gesundheitsfördernden Effekt haben.[5] Die Herstellung von Kombucha eignet sich übrigens ideal als Experiment für Kinder im Biologieunterricht oder auch daheim. Denn so haben sie die Möglichkeit, den Prozess der Fermentation im Gärgefäß mit eigenen Augen und Geschmacksknospen nachzuvollziehen. Außerdem bekommen sie so eine Vorstellung von den unglaublichen Vorgängen, die sich täglich in unserem Darm abspielen.

Wie gesund ist Kombucha?

Kombucha werden viele verschiedene, umstrittene und teilweise geradezu aberwitzige Gesundheitseffekte zugeschrieben, etwa dass er bei der Krebstherapie Wunder wirkt und AIDS kuriert. Doch wie bei anderen Lebensmitteln, die sich nur schwer patentieren lassen und als komplementärmedizinisches Heilmittel gelten, mangelt es auch bei Kombucha an klinischen Studien mit Menschen. Seine gesundheitliche Wirkung beruht auf den Inhaltsstoffen des Tees und den vielen während der Fermentation gebildeten Stoffen wie Glucuronsäure, Essigsäure, Polyphenolen, Phenolsäuren, B-Vitaminen und Vitamin C sowie den Mikroben selbst. Es gibt eine lange Liste von Studien im Reagenzglas und solchen mit Tieren (Mäusen, Ratten, Hühnern, Schweinen, Rindern und Kaninchen), die positive Effekte feststellen konnten, unter anderem auf Infektionsabwehr, Leber- und Magen-Darm-Funktion, Stimulierung des Immunsystems, Entgiftung, Bekämpfung von Krebs, Herz-Kreislauf-Erkrankungen, Diabetes und neurodegenerative Erkrankungen. Auch antioxidative und tumorhemmende Eigenschaften wurden festgestellt.

2003 kam es zu einer Gegenreaktion des medizinischen Establishments in Form einer viel zitierten Übersichtsarbeit zu Kombucha. Deren Quintessenz lautete, dass es aufgrund des Mangels an klinischen Studien mit Menschen auch keine belegten gesundheitlichen Vorzüge durch Kombucha gebe, im Gegenteil sogar schwere unerwünschte Effekte aufgetreten seien und Kombucha nur denjenigen nütze, die Profit damit machten.[6] Die Arbeit nahm dabei

Bezug auf mehrere Fälle von Lebererkrankungen, einen merkwürdigen Fall von Hautmilzbrand, bei dem der betreffende Patient versucht hatte, einen entzündeten Schnitt mit einem SCOBY zu behandeln, sowie einen Todesfall. Auch das Herstellungsverfahren von Kombucha schürte weiterhin die Skepsis der Ärzteschaft. 2017 sorgte ein Bericht in der medizinischen Fachzeitschrift *British Medical Journal* für Schlagzeilen. Darin wurde der Fall einer 54-jährigen Asthmatikerin geschildert, die aufgrund von anhaltenden Atembeschwerden und Übelkeit ins Krankenhaus eingeliefert wurde. Dort stellte man fest, dass die Milchsäurewerte in ihrem Blut stark erhöht waren. Die Ärzte standen vor einem Rätsel, bis sie ihnen mitteilte, dass sie täglich selbst gemachten Kombucha trank.[7] In den USA gab es darüber hinaus Berichte über Personen, die an Leberversagen starben, wobei die Verbindung zu Kombucha hier nie eindeutig nachgewiesen werden konnte. In einem weiteren Fall kam es bei einem immungeschwächten Patienten 24 Stunden, nachdem er Kombucha getrunken hatte, zu Nierenversagen; bei einem anderen Patienten wurde eine Bleivergiftung festgestellt, die von der Innenbeschichtung des Fermentationsbehälters für den Kombucha herrührte. Gelegentlich kann die Ansatzflüssigkeit mit Schimmelpilzen verunreinigt sein. In einem solchen Fall erkrankten zwei Personen, 132 weitere Personen, die denselben Kombucha getrunken hatten, blieben aber gesund. Dieses Beispiel zeigt, wie verschwindend gering das Problem ist, verglichen mit der Wahrscheinlichkeit, sich im nächsten beliebigen Restaurant eine klassische Lebensmittelvergiftung einzufangen. 2019, als das Trinken von Kombucha mehr im Mainstream angelangt war, sprachen Zahnärzte eine Warnung aus, dass es bei übermäßigem Konsum dieses Getränks aufgrund von Säure und Restzucker zu Karies und Schädigungen des Zahnschmelzes komme.

Insgesamt hat inzwischen jedoch ein Umdenken stattgefunden. Eine aktuelle und systematische Übersichtsarbeit kam zu dem Ergebnis, dass Kombucha in normalen Mengen (bis zu 120 Milliliter pro Tag) unbedenklich ist.[8] Die einzigen Ausnahmen gelten für

Schwangere und Menschen mit einem stark geschwächten Immunsystem, zu denen allerdings (wie üblich) keine Daten vorlagen, weder positive noch negative. In der Arbeit selbst wurde ebenfalls beklagt, dass es keine ordentlichen klinischen Studien gebe, die die gesundheitlichen Vorzüge belegen, mit Ausnahme einer indischen Dissertation in Form einer Studie ohne Kontrollgruppe, an der 24 Personen mit Typ-2-Diabetes teilnahmen. Ihr Blutzuckerspiegel verbesserte sich, nachdem sie neunzig Tage lang täglich Kombucha getrunken hatten.

Erst 2023 änderte sich die Forschungslage: Ein renommiertes Team aus Sydney veröffentlichte die Ergebnisse einer kleinen, aber sorgfältig durchgeführten, randomisierten, placebokontrollierten Cross-over-Studie mit elf Erwachsenen, die die Wirkung von Mineralwasser, Diätlimonade und Kombucha auf die Blutzuckerreaktionen nach einer kohlenhydratreichen Mahlzeit untersuchten. Laut Studienergebnis führte Kombucha im Vergleich mit Mineralwasser zu einem Rückgang des Blutzucker- und Insulinspiegels um etwa 15 Prozent – und das, obwohl er im Unterschied zu den anderen Getränken einen halben Löffel Zucker enthielt.[9] Somit kann die einzige Studie mit Menschen, die bisher zu Kombucha vorliegt, viele Experimente mit Tieren, bei denen es zur Senkung des Blutzucker- und Insulinspiegels kam, zumindest stützen. Das Forschungsteam konnte den dafür verantwortlichen Mechanismus nicht gänzlich erklären. Sie vermuteten, dass es sich nicht bloß um die Wirkung der Säure handelte, die wie bei Essig die Aufnahme von Stärke verlangsamen kann, da die Limonade ebenfalls Säure enthielt. Sie schrieben es dem komplexen Zusammenspiel der Mikroben und den bioaktiven Substanzen im Kombucha zu. Je komplexer also die Zusammensetzung der Mikroben und ihrer Nahrung, desto mehr verschiedene bioaktive Stoffe werden gebildet. Eine jüngst veröffentlichte Studie fand heraus, dass die bloße Zugabe von Ananasschalen und -strünken zu Kombucha die beeindruckende Fähigkeit des Getränks, unerwünschte Mikroben fernzuhalten, noch verstärken kann.[10]

Kurz zusammengefasst lässt sich sagen, dass es bislang zwar nur für eine günstige Wirkung auf den Blutzucker eindeutige Belege gibt, aber aufgrund des Mikrobenprofils und aufgrund der Erkenntnisse aus Laborstudien und Untersuchungen mit Tieren ist davon auszugehen, dass Kombucha mit hoher Wahrscheinlichkeit gesundheitsförderlich ist.

Falls Sie Kombucha nicht zu Hause selbst herstellen, sollten Sie wissen, worauf es beim Kauf ankommt …

Was beim Kauf von Kombucha zu beachten ist

In den meisten Ländern gibt es mittlerweile eine große Auswahl an verschiedenen Kombucha-Sorten zu kaufen – angefangen mit der wachsenden Zahl von traditionell hergestellten Produkten in Großbritannien, wie etwa von *momo* (deren Fermentationswerkstatt in London ich besucht habe – dort wachsen in Riesengefäßen ebenso riesige SCOBYs) bis hin zu industriellem pasteurisierten Kombucha voll künstlicher Süß- und Geschmacksstoffe, der teilweise jahrelang haltbar ist und eher an einen synthetisch hergestellten Eistee erinnert. Traditionell produzierte Kombuchas werden meist frisch und in kleinen Chargen versandt und sind im Kühlschrank nur ein paar Wochen haltbar, bevor sie zu sauer werden.

Wie so oft bei großen Produktionen eines lebenden Produkts, ist es schwierig, die Qualität aufrecht zu erhalten. Für größere Haltbarkeit und Transportfähigkeit müssen sie in luftdicht verschlossene Flaschen oder Dosen verpackt werden, daher sind die Unternehmen gezwungen, hohe Preise zu verlangen, Abstriche bei der Anzahl lebendiger Mikroben zu machen oder andere Kompromisse einzugehen. Häufig wird bei der kommerziellen Herstellung von Kombucha die Fermentation unterbrochen, um eine Mindesthaltbarkeit von sechs Monaten zu erreichen. Das trübe Produkt wird einer Ultrafiltration unterzogen, um sämtliche Feststoffe zu entfernen – dadurch wird der Kombucha zwar schön klar, aber leider sind auch alle Mikroben verschwunden. Bisweilen wird der Kombucha sogar pasteurisiert, um sicherzustellen, dass ja keine Mikroben überleben. Andere Unternehmen, wie zum Beispiel *Remedy*, setzen auf eine verlängerte Fermentationszeit von über einem Monat (statt nur zehn Tage), sodass der enthaltene Zucker von den Mikroben komplett verstoffwechselt wird. Das sorgt dafür, dass das Produkt stabil bleibt, da sich die lebenden Mikroben nicht mehr vermehren und kein Kohlendioxid mehr bilden können; so kommt es nicht zu Gasbildung und Überschäumen. Im Prinzip werden die Mikroben auf diese Weise in einen Tiefschlaf oder ein Koma versetzt. Der Vorteil: Das fertige Produkt enthält fast keinen Zucker mehr, was gut für Zähne und Blutzucker ist. Der Nachteil: Das Getränk wird dadurch so sauer, dass es verdünnt und mit künstlichen Süßstoffen wie Stevia oder Xylitol versetzt werden muss, die sich wiederum negativ auf das Darmmikrobiom auswirken können. Manche Hersteller wie *Equinox* setzen ebenfalls auf eine verlängerte Fermentationszeit und verändern zusätzlich gezielt die Bedingungen in der Umgebung, wie etwa die Temperatur, sodass nur die Mikroben übrigbleiben, die weder Säuren noch Gase bilden, selbst wenn die Dose oder Flasche bei Zimmertemperatur gelagert wird.

Erfreulicherweise weisen die meisten kommerziellen Kombuchas – auch die, die zusätzlich Zucker oder Süßstoff enthalten – nach wie vor eine breite Palette an Bakterien und Hefen auf. Sie bilden bioaktive Substanzen, die gesundheitsförderlich sein können, wenngleich die Mikroben selbst eher tot als lebendig sein mögen.

Wie immer sollten Sie beim Kauf auf das Etikett achten und nachschauen, wie viel Zucker (Kohlenhydrate) einem Produkt zugesetzt wurde. Der Zuckergehalt kann sich stark unterscheiden; manche Produkte weisen einen Gehalt von bis zu 5 Prozent, also 4 Teelöffel pro Flasche auf. Der Kombucha mag dann zwar noch gut für das Mikrobiom unseres Darms sein, doch führt er auch zu einem starken Blutzuckeranstieg. Deshalb werden solche Produkte in Gesundheits-Apps wie beispielsweise der von ZOE schlecht bewertet. Grundsätzlich gilt, dass künstliche Süßstoffe wohl gesünder als Zuckerzusätze sind – da das allerdings nach wie vor umstritten ist, sollten Sie idealerweise beides möglichst meiden. Insbesondere von den älteren künstlichen Süßstoffen wie Sucralose, Saccharin, Acesulfam-K und Aspartam sollte man die Finger lassen, da sie sich negativ auf die Darmmikroben, den gesamten Stoffwechsel und die Darmschleimhaut auswirken. Vermutlich machen sie manche der positiven Effekte von Kombucha dadurch wieder zunichte. Neuere Süßstoffe, häufig auch gerne als »natürlich« bezeichnet, wie Stevia, Mönchsfrucht oder Xylit sind vermutlich weniger schädlich, allerdings ändert sich der Stand der Wissenschaft dahingehend ständig.

Vorsicht sollte stets geboten sein: Die Verpackungshinweise sind lückenhaft und die Gesundheitsversprechen häufig maßlos übertrieben, da es keinerlei Kontrolle gibt – es sei denn, es gehen Beschwerden ein. Die Angabe, ob ein Produkt pasteurisiert ist, gefiltert wurde oder noch lebende Mikroben enthält, ist nicht verpflichtend. In den USA bin ich bei manchen Produkten auf den kleingedruckten Hinweis gestoßen, sie seien »sanft pasteurisiert« worden, was so viel bedeutet wie: »Die Mikroben wurden sanft getötet«!

Wenn Sie sichergehen wollen, ob der gekaufte Kombucha noch Leben enthält, geben Sie am besten den Bodensatz in ein kleines Gefäß mit warmem, gezuckertem Tee. Wächst der Bodensatz oder sind Anzeichen für einen kleinen Mini-SCOBY auszumachen, können Sie sicher sein, dass Ihr Kombucha tatsächlich auf Basis einer lebenden Mikrobengemeinschaft hergestellt wurde und es sich nicht um ein industrielles Produkt handelt, dem nur ein paar Mikrobenkulturen zugesetzt wurden. Erst kürzlich habe ich diesen Test mit einem Kombucha durchgeführt, der als Konzentrat verkauft wurde und verdünnt werden musste. Zwei Wochen lang passierte rein gar nichts, und just als ich die Hoffnung aufgeben wollte, sah ich, dass sich auf der Oberfläche ein dünner, schwächlicher SCOBY zu bilden begann – ein Anzeichen dafür, dass sich in dem Gebräu zumindest ein paar Mikroben tummelten. Es waren aber so wenige, dass ich keine Lust verspürte, sie ordentlich zu füttern.

Es gibt heutzutage eine große Auswahl an Kombucha-Marken, aber lassen Sie sich nicht täuschen. Die Bezeichnungen »traditionell hergestellt«, »natürlich« oder »mit lebenden Kulturen« sind nicht gesetzlich geregelt und werden willkürlich gebraucht. Oft genug werden anstelle eines SCOBY nur Mikrobenkulturen zugesetzt. Meiden Sie also Produkte mit sehr langer Haltbarkeit, vielen Inhaltsstoffen und einer langen Liste von Zusatzstoffen. Ein guter Kombucha enthält nichts als lebende Mikroben, Zucker, Tee und gegebenenfalls Früchte.

Fünf Fakten zu Kombucha

1. Um Kombucha selbst herzustellen, müssen nur Tee und Zucker zu einem SCOBY zugegeben werden, der als Starterkultur fungiert.
2. Kombucha enthält bis zu sechzig verschiedene Arten von Milchsäure- und Essigsäurebakterien und außerdem viele Hefen. Sie alle bilden Hunderte gesunde bioaktive Substanzen und Vitamine.
3. Bei Menschen verringert Kombucha den Anstieg des Blutzuckers, vermutlich hat er noch weitere positive Effekte.
4. Meiden Sie handelsübliche Produkte, die künstliche Zusätze und Konservierungsmittel, zusätzlichen Zucker oder Süßstoffe enthalten, lange haltbar sind – und keinen Bodensatz aufweisen.
5. Greifen Sie, wann immer möglich, zu traditionell hergestellten Produkten mit Bodensatz, die nur wenige Zutaten enthalten. Oder machen Sie Kombucha selbst – das ist die preisgünstigste Variante.

ESSIG

Es gibt nicht viele Lebensmittel, die begehrte Kochzutat, Getränk, Haushaltsreiniger und Konservierungsmittel in einem sind. Die frühesten Aufzeichnungen über Essig reichen bis 3000 v. Chr. in Babylon zurück, wo zerdrückte Datteln zunächst in Alkohol und dann in Essig umgewandelt wurden. Auch Hippokrates mischte Honig mit Essig als Mittel gegen Husten. Überall dort, wo Bier und Wein hergestellt wurden, war zweifellos auch Essig verbreitet. Etymologisch liegt der Ursprung des deutschen Wortes »Essig« vermutlich im lateinischen *acetum*, was so viel wie »saurer Wein« bedeutet; verwandt ist es außerdem mit dem lateinischen Adjektiv *acer*, was »scharf« heißt. Die englische Entsprechung *vinegar* leitet sich vom französischen *vin aigre* (»saurer Wein«) ab. Römische Soldaten tranken eine verdünnte Version davon, die als *Posca* bezeichnet wurde und je nach Qualität durchaus kostspielig sein konnte. Essig lässt sich grundsätzlich aus jedem zuckerhaltigen Grundstoff herstellen, der zu Alkohol vergoren werden kann: weiße oder rote Trauben, Reis, Kartoffeln, gemälztes Getreide und Gerste für Malzessig, verschiedene Palmenarten (wie die Nipapalme auf den Philippinen) und Obstsorten wie Äpfel für Apfelessig oder Ananas für Tepache. Wie im vorherigen Kapitel beschrieben, lässt sich auch aus Kombucha Essig erzeugen – diese Entdeckung machte ich eher zufällig, als ich bei meinen anfänglichen Versuchen der Kombucha-Herstellung den Ansatz einmal zu lange stehen ließ und er zu Essig wurde.

Essig kann auch direkt aus einem alkoholischen Getränk hergestellt und die Umwandlung in Alkohol als erster Schritt übersprungen werden. Die Hefen können jedoch nur ihre Arbeit verrichten, wenn der Alkoholgehalt unter 15 Prozent liegt, sonst sterben sie ab. Gute Nachrichten also für Portwein, Gin und Whisky: Sie sind durch ihren hohen Alkoholgehalt vor Mikroben geschützt und können daher nicht versehentlich zu Essig werden.

Ist Sauerstoff vorhanden, wandeln die Essigsäurebakterien den Alkohol in Essigsäure um; der Säuregrad steigt auf 4 bis 8 Prozent, sodass andere, säureempfindliche Bakterien nicht mehr überleben können. Im Laufe dieses Prozesses erzeugen die Mikroben auch noch eine ganze Reihe weiterer komplexer chemischer Verbindungen und Aromen, abhängig von der Pflanzenart, aus der der Alkohol ursprünglich hergestellt wurde.

Normalerweise enthält Essig mindestens 4 Prozent Essigsäure, es können aber auch bis zu 8 Prozent werden. Meist wird die Stärke über den Säuregrad angegeben und nicht über den pH-Wert wie bei anderen fermentierten Lebensmitteln. Darüber hinaus enthält Essig bioaktive Substanzen, die gesundheitsfördernde Wirkungen haben können, und ist geschmacklich äußerst komplex. Die Vielfalt der Aromen kann von sauer über würzig bis süß reichen. Die wichtigsten in Essig enthaltenen bioaktiven Verbindungen mit einer potenziell positiven Wirkung auf die Gesundheit sind die sogenannten Melanoidine (ein Nebenprodukt der Maillard-Reaktion, das auch in Kaffee zu finden ist), zahlreiche Polyphenole, über zwanzig Mineralstoffe wie Kalzium und Eisen, B- und C-Vitamine und Alpha-Glucane. In der Traditionellen Chinesischen Medizin kommen viele Essige zum Einsatz, Reisessig gilt dabei als derjenige mit den besten Eigenschaften und der stärksten Wirkung; am beliebtesten hierunter ist der aromatische Zhenjiang-Essig. Für die Herstellung neuer Chargen von Essig wird meist eine sogenannte Essigmutter verwendet, eine gallertartige Masse, die aus verschiedenen Hefen und Bakterien besteht und dem SCOBY ähnelt, mit dem Kombucha angesetzt wird, nur dass sie etwas weicher ist. Die Essigmutter besteht aus Mikroben, die zwei komplexe Exopolysaccharid-Strukturen bilden, die ihnen Unterschlupf bieten: Levane und Zellulose. Die Levane sind aus einem präbiotischen Ballaststoff namens FOS (Fructooligosaccharide) aufgebaut, der ebenfalls gesundheitsfördernde Eigenschaften besitzt und als natürlicher Emulgator und Füllstoff in der Lebensmittelindustrie verwendet wird.

Abgesehen von der Hefeart *Saccharomyces cerevisiae* sind im Essig noch verschiedene Bakterien vorhanden, die allesamt Essigsäure produzieren, hauptsächlich Vertreter der Gattung *Acetobacter*, aber auch *Gluconobacter*. In der Essigmutter ist die Konzentration der Mikroben weitaus höher als in der Flüssigkeit, da sie in ihrer von verschiedenen Bakterienstämmen verdichteten Struktur vor der sauren Umgebung geschützt leben können. In Studien konnte nachgewiesen werden, dass Essig wegen der chemischen Verbindungen, die von den Mikroben hervorgebracht werden, eine antioxidative und antimikrobielle Wirkung aufweist.[1] In der Vergangenheit wurde er deshalb auch zur Infektionsbekämpfung und Wundheilung eingesetzt.

Wie gesund ist Essig?

Essig ist nicht nur ein uraltes Würzmittel, seit Tausenden von Jahren wird er überall auf der Welt auch als Gesundheitstonikum geschätzt. Ihm wurden senkende Wirkungen auf Blutdruck und Blutzuckerspiegel zugeschrieben sowie positive Effekte bei Leber- und Herzerkrankungen, Krebs und Fettleibigkeit. Allerdings gibt es dafür kaum stichhaltige wissenschaftliche Belege, lediglich – wie üblich – einige Laboruntersuchungen und Studien mit Nagetieren. Laut diesen Studien profitierten übergewichtige Mäuse davon, täglich Essig zu trinken, Blutdruck, Blutfett- und Blutzuckerwerte verbesserten sich.[2] Auch manche Bauern mischen ihren Hühnern Essig ins Trinkwasser, als Alternative zu Antibiotika, um ihr Immunsystem zu stärken.[3]

Und wie sieht es mit der Wirkung beim Menschen aus? Die erste Studie, die ich dazu finden konnte, stammt aus dem Jahr 1995. Damals sollten fünf Versuchspersonen einen Salat essen, der entweder mit oder ohne Essig zubereitet worden war. Bei denjenigen, die den Salat mit Essig verzehrten, fiel der Anstieg des Blutzuckerspiegels durch das zum Salat gereichte Brot um 20 Prozent niedriger aus.

Danach folgten einige etwas größere Studien, die zeigten, dass 1 bis 5 Esslöffel Essig in Tests mit kohlenhydratreichen Mahlzeiten die gleiche Wirkung hatten.[4] Der Effekt war sowohl bei Menschen, die unter leichtem Diabetes litten, als auch bei gesunden Menschen nachweisbar. In der Regel wurden in den Studien 20 Gramm Essig pro Mahlzeit eingenommen, was in etwa 3 bis 4 Esslöffel oder 1 Gramm Essigsäure entspricht.

Essig, vor allem Reisessig, wird in der japanischen Küche häufig verwendet, er ist Bestandteil vieler Soßen und von Sushi. Da in Japan Bluthochdruck und Schlaganfälle weitverbreitet sind, bestand dort stets großes Interesse an blutdrucksenkenden Lebensmitteln. In den frühen 2000er-Jahren wurden viele japanische Labor- und kleinere klinische Studien zu Reisessig veröffentlicht, die allerdings im englischsprachigen Raum kaum Resonanz fanden. Man befasste sich insbesondere mit braunem Reisessig, da brauner Reis höhere Werte des beruhigend wirkenden Neurotransmitters GABA aufweist. Die Fermentation mit Milchsäurebakterien wie *Weissella* kann die GABA-Werte sogar noch erhöhen.[5]

Weitere Studien haben außerdem gezeigt, dass Reis mit einem höheren GABA-Gehalt den Blutdruck im Vergleich zu normalem Reis leicht senken konnte.[6] In einer Studie aus dem Jahr 2008 wurde 75 Patientinnen und Patienten mit Bluthochdruck zwölf Wochen lang brauner Reisessig mit einem hohen Gehalt an bioaktivem GABA verabreicht, woraufhin eine leichte Senkung des Blutdrucks zu verzeichnen war.[7] In einer anderen Studie wurde der Reisessig hingegen zu getrocknetem Bonito verzehrt und die Forschenden kamen zu dem Schluss, dass die positive Wirkung eher auf diese Kombination zurückzuführen war und weniger auf zusätzliches GABA.[8] Zwar waren diese Studien klein, aber sie wurden immerhin an Menschen durchgeführt und verfügten über Placebo-Kontrollen. Unabhängig von der genauen Wirkweise oder dem Mechanismus im Körper, sprechen diese Ergebnisse also dafür, dass sich Reisessig positiv auf den Blutdruck auswirkt.

In Japan ist Übergewicht ein weniger stark ausgeprägtes Problem als in anderen, vor allem westlichen Ländern. Im Jahr 2009 wurde dennoch eine Studie dazu durchgeführt, an der 175 adipöse männliche Japaner teilnahmen. Über einen Zeitraum von zwölf Wochen nahmen die Probanden täglich 15 oder 30 Milliliter Reisessig zu sich; eine Kontrollgruppe erhielt keinen Essig. Die Studie kam zu beeindruckenden Ergebnissen: Im Vergleich zur Kontrollgruppe konnte bei den essigtrinkenden Teilnehmern eine Verringerung des Körpergewichts und des viszeralen Fettanteils sowie eine Senkung der Blutfettwerte (Triglyceride) festgestellt werden. Seltsamerweise wurde keine Senkung des Blutzuckerspiegels verzeichnet.[9] 2021 erschien eine Analyse, die die Ergebnisse von neun Humanstudien mit insgesamt 686 Teilnehmenden zusammenfasste, denen je unterschiedlich hohe Dosen von Apfelessig im Vergleich mit einem Placebo verabreicht wurden. Sie kam zu dem Schluss, dass Apfelessig die Triglycerid- und Gesamtcholesterinwerte senken konnte, jedoch konnte kein Einfluss auf LDL-Cholesterin (Low-Density Lipoprotein, auch als »schlechtes« Cholesterin bekannt) nachgewiesen werden, das mit Herzerkrankungen in Verbindung gebracht wird. In den meisten Studien wurde dabei eine Einnahme von 2 bis 6 Esslöffeln pro Tag betrachtet. In der zusammenfassenden Analyse ließ sich außerdem eine konsistente Senkung des Nüchternblutzuckers nachvollziehen, wenn die Einnahme des Apfelessigs über einen Zeitraum von mehr als acht Wochen erfolgte.[10] Einschränkend galt allerdings, dass einige der Studien von schlechter Qualität waren und vorwiegend Patienten mit Typ-2-Diabetes betrachteten; bei Teilnehmenden ohne Diabetes war die positive Wirkung weniger stark ausgeprägt.[11]

Insgesamt konnte in mehreren Studien gezeigt werden, dass Essig vor oder nach den Mahlzeiten eingenommen den Blutzuckerspiegel um bis zu 30 Prozent senken und hohe Anstiege verringern konnte. Auch wenn die Wirkung bei Menschen ohne Diabetes weniger stark sein könnte, ist bekannt, dass hohe Blutzuckeranstiege, die dauerhaft und regelmäßig auftreten, zu Entzündungen und einem erhöhten Risiko für Herzerkrankungen, Fettleibigkeit und Typ-2-Diabetes führen können, somit könnte die Einnahme von Essig also auch bei ihnen förderlich sein. Bislang wurden in den Studien nur Kurzzeitwirkungen betrachtet, über die längerfristigen Auswirkungen von Essig wissen wir wenig. Noch vor Kurzem hätte ich nicht geglaubt, dass Essig überhaupt solche Effekte haben könnte. Mich interessieren die möglichen Zusammenhänge deshalb umso mehr, aber noch ist unklar, ob es die Säure oder die Fermentation ist, die für die positive Wirkung des Essigs ausschlaggebend ist.

Ein möglicher Mechanismus ist, dass die Essigsäure die Geschwindigkeit der Magenentleerung verlangsamt, also die Geschwindigkeit, mit der der Magen seinen Inhalt in den Dünndarm weiterleitet. Als Folge werden auch die Stärken langsamer abgebaut, sodass dem Körper mehr Zeit bleibt, den Glukose-Spiegel im Blut zu senken. Ein weiterer Mechanismus könnte darin bestehen, dass Essig die Aufnahme von Glukose aus den Blutgefäßen in die Muskeln erhöht, wo normalerweise nur kleine Mengen davon gespeichert werden. Muskelbiopsien von elf Patienten und Patientinnen mit Typ-2-Diabetes, die entweder Essig oder ein Placebo erhielten, sowie von Rennpferden, denen Essig zur Leistungssteigerung verabreicht wurde, scheinen das zu bestätigen.[12] Ein dritter Mechanismus könnte sein, dass Essig die Insulinproduktion in den Zellen der Bauchspeicheldrüse ankurbelt, was in Humanstudien belegt wurde. Nicht zuletzt verlangsamt Essig auch die Verdauung stärkehaltiger Kohlenhydrate, indem er die Aktivität der Enzyme beeinträchtigt, die für ihren Abbau verantwortlich sind. Diese Enzyme befinden sich größtenteils im Dünndarm, der zwar erst auf den Magen und den Zwölffingerdarm folgt, beginnen jedoch schon im Mund mit der Arbeit, sobald Nahrung aufgenommen wird. Die Essigsäure hemmt das wichtigste Enzym Amylase in seiner Effizienz. In einigen genetischen Studien mit Menschen – unter anderem solche, an denen ich beteiligt war – konnte ein Zusammenhang zwischen hohen Amylasewerten und Fettleibigkeit hergestellt werden.[13] Dieser dritte Mechanismus erscheint also ziemlich plausibel, besonders angesichts der schnellen Wirkung von Essig auf den Blutzucker.

Da in den klinischen Studien verschiedene Arten von Essig in unterschiedlichen Dosierungen untersucht wurden, lässt sich schwer sagen, welches die entscheidende Komponente ist. Sind es die essigsäurebildenden Bakterien, die Essigmutter oder die von den Mikroben hergestellten chemischen Verbindungen, die antioxidativen Eigenschaften des Essigs oder schlicht die Säure selbst? Die antioxidative Wirkung von Essig fällt im Vergleich jedoch zehnmal geringer aus als die der meisten Früchte, sie kommt als Schlüsselfaktor also eher nicht infrage. In einer Studie wurde der pH-Wert von Essig mithilfe von Natron neutralisiert, woraufhin keine Auswirkung auf den Blutzuckerspiegel mehr festgestellt werden konnte. Es deutet also einiges darauf hin, dass es vor allem die Säure des Essigs ist, die eine entscheidende Rolle spielt, und weniger seine Inhaltsstoffe oder die Mikroben.[14]

Die meisten preisgünstigen Essige, Zitronensaft und sogar Coca-Cola haben einen höheren Säuregrad und einen niedrigeren pH-Wert (ungefähr 2,2 bis 2,4) als teure Essige wie echter Balsamico (3,2 bis 3,4) oder Sherryessig (3,5 bis 3,7). Zum Vergleich: Unsere Magensäure ist mit einem pH-Wert von etwa 1 bis 2 um einiges saurer, unser Blut mit einem Wert von 7,4 dagegen leicht alkalisch und Zahnpasta, die wir benutzen, um die Säure in unserem Mund zu neutralisieren, besitzt einen pH-Wert von 9,9. Ist der pH-Wert eines Essigs zu niedrig, können nur noch *Acetobacter*-Bakterien überleben. Ab einem pH-Wert von 3 gedeihen auch noch andere nützliche Mikroben, und ab einem Wert von 5 können sich auch unerwünschte Gäste einschleichen und überleben. Möglicherweise ist Kombucha also deshalb so gesund – und auch gesünder als Essig –, weil er mit einem pH-Wert von 4 bis 5 nur leicht sauer ist und er deshalb den Blutzuckerspiegel senken und gleichzeitig nützliche probiotische Mikroben liefern kann.

Momentan gibt es wenige Daten zu den Auswirkungen auf das Darmmikrobiom, aber es könnte sein, dass milderer Tee-Essig wie Kombucha, solange er etwas »überfermentiert« wurde, einen größeren gesundheitlichen Nutzen hat als Fruchtessige, auch wenn diese natürlich ebenfalls ihre Berechtigung haben. Bislang habe ich außerdem noch keine überzeugenden Hinweise darauf gefunden, dass der populäre Apfelessig wirklich besser wirkt als andere Essige; und die einzige Studie, in der Vorteile bei der Gewichtsabnahme nachgewiesen werden konnten, beruhte nicht auf Apfelessig, sondern auf Reisessig. Sollten Sie es sich finanziell leisten können, dann greifen Sie also am besten zu braunem Reisessig, Balsamico oder Sherryessig mit Bodensatz, da in der milderen Säure noch ein paar nützliche Mikroben überleben könnten. Wer dennoch unbedingt Apfelessig verzehren möchte und persönlich gute Erfahrungen gemacht hat, sollte sich aber stets an die empfohlene Menge von etwa 2 Esslöffeln pro Tag halten. Für Menschen mit entsprechenden gesundheitlichen Vorbelastungen existieren allerdings auch dann noch einige Risiken, die beachtet werden sollten: 1) Schäden am Zahnschmelz. Auf Dauer könnte die Säure im Essig den Zahnschmelz angreifen und zu Löchern führen. Der Essig sollte deshalb stets verdünnt oder mit einem Strohhalm getrunken werden. Hinterher sollte der Mund mit Wasser ausgespült werden. Außerdem sollte man sich mindestens eine Stunde lang nicht die Zähne putzen, da der Zahnschmelz in dieser Zeit besonders empfindlich ist. 2) Verätzungen. Unverdünnter Apfelessig kann auf der Haut chemische Verbrennungen hervorrufen und das regelmäßige Trinken von ungenügend verdünntem Essig begünstigt Geschwüre der Speiseröhre.[15] 3) Starker Abfall des Blutzuckers. Essig kann die Blutzucker- und Insulinwerte senken und bei Typ-1-Diabetes zu gefährlicher Unterzuckerung führen, wenn der Blutzuckerspiegel nicht genau überwacht wird. 4) Kaliumverlust. Das regelmäßige Trinken von Essig kann den Kaliumspiegel senken, was bei Menschen mit ketogener Ernährung oder bei der Einnahme von bestimmten Blutdruckmedikamenten zum Problem werden kann.[16]

Was beim Kauf von Essig zu beachten ist

Verschiedene Essige enthalten unterschiedliche bioaktive Substanzen, die gesundheitsfördernd sein können. So enthält etwa Granatapfelessig mehr Polyphenole und antioxidative Verbindungen als Apfelessig.[17] Wie wichtig die säurebildenden Mikroben und die von ihnen produzierten Stoffwechselprodukte im Verhältnis zu pH-Wert und Säurewirkung sind, ist wie bereits angemerkt, aber leider noch unklar.

Geschmacklich ist die Sache schon eindeutiger: Wer für Balsamico- oder Sherryessig mehr ausgibt, wird feststellen, dass die Aromen dieser Essige viel komplexer sind und eine geschmackliche Tiefe entfalten, die anderen, verdünnten Versionen fehlt. Wenn Sie garantiert echten Balsamico kaufen möchten, sollten Sie auf die Bezeichnung »Aceto Balsamico Tradizionale di Modena« und das DOP-Siegel auf dem Etikett achten. Außerdem sollten Sie mit Preisen um die 30 bis 60 Euro oder mehr für eine kleine Flasche von 100 Millilitern rechnen, wissentlich, dass ihr Inhalt zwischen zwölf und hundert Jahre in Holzfässern gereift ist. »Eingekochter Traubenmost« sollte als erste Zutat auf dem Etikett stehen. Dass inzwischen plötzlich überall millionenfach Flaschen mit Balsamico-Essig aus Modena zu überraschend günstigen Preisen auftauchen, liegt an industriellen Herstellungsmethoden. Diese massenproduzierte Variante unterscheidet sich grundlegend von dem traditionell hergestellten Balsamico: Der Reifeprozess wird durch die Verwendung von Rotweinessig, der mit Traubenmost und Zucker versetzt wird, stark beschleunigt. Die Bezeichnung für diesen Essig lautet meist »Aceto Balsamico di Modena«, er trägt ein IGP-Siegel und kostet in den meisten Supermärkten zwischen 2 und 15 Euro pro Flasche, je nachdem, wie viel Zeit – wenn überhaupt – er in einem Holzfass verbracht hat. Davon abgesehen schmecken viele dieser modernen Kopien dennoch recht gut und besitzen auch gewisse gesundheitliche Vorzüge. Vorsicht ist jedoch bei Balsamico-Creme geboten, die man zum Beispiel über Salat mit Ziegenkäse träufeln kann – selbst Produkte aus Modena können hier zu 45 Prozent aus Zucker bestehen und sind damit alles andere als gesund.

Für weitere Verwirrung sorgen die vielen Zertifizierungen und Kennzeichnungen je nach Reifezeit, Fasssorte und Herkunftsregion. Das IGP-Siegel beispielsweise bedeutet lediglich, dass der Essig aus der Region Modena stammt und die richtigen Trauben verwendet wurden, es sagt jedoch nichts über die Qualität aus. Außerhalb Europas sind die Bestimmungen sogar noch lockerer und so gut wie alles könnte hier als Balsamico-Essig aus Modena bezeichnet werden. Noch weiter unten in der Qualitätskette befindet sich Balsamico-Essig, der nicht aus Modena stammt und dies auch gar nicht erst behauptet. Dabei handelt es sich um minderwertige Produkte aus Industrieessig (reiner Essigsäure) mit zugesetztem Traubenmost und karamellisiertem Zucker, die meist unangenehm süßlich schmecken. Wie so oft bekommt man auch hier das, wofür man bezahlt. Eine gute Alternative zu Balsamico ist Sherryessig, der eine interessante geschmackliche Tiefe hat und einen Versuch wert ist. Darüber hinaus gibt es viele weitere preiswerte kommerzielle Essige, von Rot- über Weißwein- bis hin zu Apfelessig unterschiedlichster Qualität, aber auch Bier-, Reis- und Tafelessig sowie Essigessenz (die meist zum Putzen und nicht zum Verzehr verwendet wird). Einige von ihnen, wie zum Beispiel preiswerter Balsamico, sind nicht fermentiert, sondern bestehen lediglich aus industriell erzeugter Essigsäure, die mit Wasser verdünnt wird.

Selbst Essig herzustellen, ist sehr einfach und eine gute Möglichkeit, um Lebensmittelreste zu verwerten. Sollten nach einer Party Weinreste übrigbleiben, muss man diese nur auf einen Alkoholgehalt von unter 10 Prozent verdünnen, damit die Essigsäurebakterien ihre Arbeit verrichten können, und dafür sorgen, dass Luft an die Mischung gelangt. Auch Schalen und Kerngehäuse von Äpfeln eignen sich gut für die Essigherstellung: Man vermischt sie zunächst mit Wasser und Zucker, sodass sich Alkohol bildet, der danach zu

Essigsäure und somit zu Apfelessig wird – all das nur dank der Mikroben. Schale und Strunk einer frischen Ananas können außerdem zur Herstellung von Tepache genutzt werden, einem traditionellen mexikanischen Getränk, das schon vor der Kolonialzeit existierte. Es ist leicht alkoholisch und besitzt einen süß-sauren Geschmack. In Mexiko und Kalifornien kann man es bei Straßenhändlern und auch in Supermärkten in Flaschen und Dosen kaufen. Die kommerzielle Variante ist eine alkoholfreie Limonade, die allerdings sehr viel Zucker enthält.

In einer Studie aus dem Jahr 2022 wurde der Fermentationsprozess von Tepache sorgfältig untersucht und es konnte nachgewiesen werden, dass etwa die Hälfte des ursprünglichen Zuckergehalts nach 72 Stunden von den Mikroben verbraucht war und sich neben vielen Milchsäure- und Essigsäurebakterien mindestens zehn verschiedene Hefearten in der Mischung befanden.[18] Außerdem konnte die Studie bestätigen, dass der Prozess mit der Bildung von Milchsäure und Alkohol beginnt und nach etwa drei Tagen die Produktion von Essigsäure einsetzt.

Fünf Fakten zu Essig

1. Der Verzehr von Essig (2 bis 3 Esslöffel pro Tag) kann den Blutzuckerspiegel leicht senken und sich möglicherweise auch günstig auf den Blutdruck auswirken. Allerdings sollte der Essig vor dem Trinken verdünnt werden.
2. Es empfiehlt sich, regelmäßig vor dem Hauptgericht einen Salat mit essighaltigem Dressing zu verzehren.
3. Welche Art von fermentiertem Essig man verwendet, spielt für die gesundheitliche Wirkung vermutlich kaum eine Rolle, hier ist lediglich der Geschmack entscheidend.
4. Tepache ist ein süßes fermentiertes Getränk aus Mexiko, das aus Ananasschalen hergestellt wird und sich nach einiger

Zeit durch Fermentation in einen schmackhaften Essig verwandelt.

5. Die Essigherstellung ist eine gute Möglichkeit, Lebensmittelreste wie übriggebliebenen Wein und Obstabfälle, etwa Apfelreste (für Apfelessig) oder Ananasschalen (für Tepache), zu verwerten.

FERMENTIERTES SOJA

Sojabohnen werden schon seit mehr als 3 000 Jahren in China und wahrscheinlich auch in Korea und Japan angebaut, obwohl sie im Rohzustand bitter und für Menschen ungenießbar sind (für Rinder hingegen nicht). Abgesehen von der Zubereitung als gekochte oder gedämpfte Edamame ist ein höchst komplexes, mehrstufiges System aus Trocknen, Fermentieren, Einlegen, Rösten und Lagern in Gläsern und Fässern notwendig, um eine große Bandbreite an Produkten zu erzeugen, zum Beispiel Sojadrink, Tofu (ein Äquivalent zu Ricotta), Tempeh (vergleichbar mit fermentiertem Käse) oder das weiche, etwas streng riechende Nattō (in etwa wie Brie). Aus den fermentierten Bohnen lassen sich Sojasoßen und – als Nebenprodukt – Misopaste herstellen. Es ist bemerkenswert, mit wie viel Einfallsreichtum und Geduld unsere Vorfahren in China, Korea und Japan das Potenzial dieser roh ungenießbaren Bohne ausloteten.

Sosehr ich gesalzene oder gewürzte Edamame als Vorspeise zu vielen Gerichten auch schätze, handelt es sich bei ihnen nur um gedämpfte oder gekochte Sojabohnen, also nicht um ein fermentiertes Produkt. Sie sollen hier daher ebenso wenig Thema sein wie Sojadrink und ihr proteinreiches Nebenprodukt Tofu. Stattdessen konzentrieren wir uns auf fermentierte Sojaprodukte, deren Herstellung um einiges aufwendiger ist.

In den USA wird heutzutage reichlich Soja angebaut, vor allem, um als Viehfutter und als Zutat in hoch verarbeiteten Lebensmitteln von geringerer Qualität verwendet zu werden: Sojaprotein wird Produkten beigemengt, die mit einem hohen Eiweißgehalt werben, Sojaöl dient als Quelle mehrfach ungesättigter Fettsäuren und Sojalecithin als Emulgator, um nur ein paar Beispiele zu nennen. Die meisten Sojabohnen in den USA sind gentechnisch so verändert, dass sie resistent gegen das Herbizid Glyphosat sind (auch unter dem

Markennamen *Roundup* bekannt), ihr Anbau dort wird stark subventioniert.

Es gibt Bedenken, dass der Verzehr von Sojabohnen das Risiko für bestimmte Krebsarten erhöhen könnte. Vor allem Frauen sollen davon betroffen sein, da die Bohnen chemische Verbindungen namens Isoflavone enthalten, die dem körpereigenen Östrogen ähnlich sind. Ich halte diese Sorge jedoch für unbegründet: In Ostasien konnte nachgewiesen werden, dass ein höherer Verzehr von Sojabohnen sogar schützend vor bestimmten Krebsarten wirkt. Der Zusammenhang von Sojaverzehr und einem erhöhten Krebsrisiko könnte also eher auf den Konsum hoch verarbeiteter Lebensmittel in den USA zurückzuführen sein. Die Sojabohne ist noch längst nicht vollständig erforscht, bisherige Untersuchungen deuten jedoch darauf hin, dass die Isoflavone im Soja, die an die Östrogenrezeptoren binden können, sich bei Stoffwechselstörungen und Übergewicht allgemein positiv auswirken.

Die Fermentation verändert die Struktur und chemische Zusammensetzung von Soja grundlegend – und fermentierte Produkte stehen anders als hoch verarbeitete und industriell hergestellte in keinem Zusammenhang mit Krebs. Es lohnt sich also ein Blick auf die gesundheitsfördernden Eigenschaften von fermentiertem Soja. In mehr als 32 klinischen Studien, die den Verzehr von Pflanzenproteinen (vorwiegend Soja) mit dem von tierischen Proteinen bei Patienten mit hohen Cholesterinwerten verglichen, wurde übereinstimmend festgestellt, dass Pflanzenproteine die Blutfettwerte verbessern und sich somit positiv auf die Herzgesundheit auswirken.[1] Eine weitere Metaanalyse aus dem Jahr 2023 fasste die Ergebnisse von elf klinischen Untersuchungen mit gesunden Testpersonen zusammen, die randomisiert entweder tierische oder pflanzliche Proteine (wieder vorwiegend Soja) verzehrt hatten. Sie kam zu ähnlichen Ergebnissen: Der Verzehr pflanzlicher Proteine führte zu einer Senkung des schädlichen LDL-Cholesterins und zu geringerer Sterblichkeit. Der Konsum von Soja und daraus gewonnener

Proteine – mit Ausnahme von hoch verarbeiteten Lebensmitteln, die Soja enthalten – scheint also gesundheitlich unbedenklich zu sein und könnte sogar gesundheitliche Vorzüge besitzen, auch wenn es nicht fermentiert wurde. Die Fermentation sorgt jedoch zusätzlich für geschmackliche Tiefe und liefert außerdem einen ganzen Cocktail an gesundheitsfördernden bioaktiven Substanzen.

Fermentierte Sojabohnen

Die Fermentation von Sojabohnen fand erstmals in China statt. Dort wurden sie für gewöhnlich gekocht, abgekühlt, getrocknet, mit dem Kōji-Pilz vermengt – ursprünglich wohl durch einen Zufall – und in der Sommerhitze dann sich selbst überlassen, um den eher faden Bohnen durch die Fermentation mehr Geschmack zu verleihen. Die fermentierten Bohnen wurden zu einer Paste verarbeitet, sodass sie zu einer haltbaren Proteinquelle wurden, mit der sich viele Gerichte verfeinern ließen. In den folgenden Jahrhunderten wurden der Bohnenpaste wahrscheinlich noch Stockfisch oder Dörrfleisch hinzugefügt, um den typischen Umami-Geschmack der ostasiatischen Küche zu erzeugen. Köche experimentierten damit, die Bohnenpaste zu verflüssigen und die salzige Flüssigkeit vom festen Anteil zu trennen, um sie als Würzmittel verwenden zu können und siehe da die Sojasoße war erfunden, der wohl bekannteste Abkömmling der Bohnenpaste. Obwohl China und andere Länder zweifelsohne ältere Formen der Sojasoße kannten, wurde sie in Japan zum nationalen Symbol, als unter den buddhistischen Kaisern der Heian-Zeit Fleisch und Fleischsoßen strikt verboten waren. Mit der Wiederaufnahme der Handelsbeziehungen zu Japan gelangte die Sojasoße nach und nach auch nach Europa. Die fermentierten Bohnen sind heute nicht mehr sehr populär, aber Misopaste, die wir uns gleich genauer ansehen werden, und Sojasoße erfreuen sich anhaltender Beliebtheit.

Traditionell werden die Bohnen für die Herstellung von Sojasoße etwa 6 Stunden lang gekocht, bis sie weich sind. Dann werden sie mit Weizen und Kōji vermischt und bei warmen Temperaturen an der Luft stehen gelassen, bis der Pilz Sporen gebildet hat – die erste Fermentation. Anschließend werden die Bohnen in Salzlake eingelegt, die den Kōji abtötet, und eine zweite Fermentation beginnt, üblicherweise in Fässern, was sechs Monate bis zu mehreren Jahren dauern kann. Am Ende wird die Flüssigkeit von der festen Masse getrennt und als hochpreisige Sojasoße verkauft.

Industriell hergestellte Sojasoße wird heutzutage leider meist ohne Fermentation produziert, sondern durch chemische Hydrolyse mithilfe von Salzsäure, die die Bohnen aufspaltet. Zugesetzte Enzyme, Aroma- und Farbstoffe sollen das Original imitieren, zu einem günstigeren Preis. Nur etwa 1 Prozent der Sojasoßen in Japan werden noch traditionell hergestellt, doch es gibt Marken wie *Kikkoman*, deren Produkte zwar industriell produziert, aber dennoch fermentiert sind und lebendige Mikroben enthalten. Auch koreanische und chinesische Sojasoßen werden inzwischen häufig industriell hergestellt, ebenso gibt es aber auch hier noch einige, die mittels Fermentation erzeugt werden.

Je heller die Sojasoße ist, desto salziger ist sie, dunklere Sorten enthalten dagegen eine größere Vielfalt an Mikroben.[2] Weizen- und damit glutenfreie Varianten unter der Bezeichnung »Tamari« erfreuen sich wachsender Beliebtheit; hier werden die fermentierten Sojabohnen mit Reis vermischt.

Misopaste

Dieses Würzmittel aus Sojabohnen ist so vielseitig, dass ich es inzwischen häufig anstelle von Brühwürfeln zum Kochen verwende. Zur Herstellung werden die pürierten Bohnen für eine erste Fermentation mit dem Kōji-Pilz vermengt, zunächst unter aeroben Bedingungen. Dann wird die gesalzene Mischung in Fermentiergefäße abgefüllt, die luftdicht versiegelt werden, um eine zweite, wesentlich längere anaerobe Fermentation in Gang zu setzen. Milchsäurebakterien wandeln die Zucker in der Sojabohnenpaste in Milchsäure, Kohlensäure und Ethanol um. Unterstützt werden sie dabei von dem Hefepilz *Zygosaccharomyces rouxii.* Mit verschiedenen Salzarten, Fermentationszeiten und Zutaten unter Verwendung von Kōji als Starterkultur lassen sich ganz unterschiedliche Produkte herstellen (beispielsweise Reis-, Gersten- oder reines Soja-Miso). Oft wird zusätzlich noch bereits gereiftes Miso als Starter zugesetzt. Durch die Fermentation ändern sich Farbe und Geschmack der Paste, so ist weißes Miso meist süßlicher, aber geschmacklich weniger komplex als rotes, das länger fermentiert wird. Misopaste wird auch heute noch traditionell produziert und für gewöhnlich nicht pasteurisiert; wenn sie gekühlt aufbewahrt wird, hält sie aber sehr lange. Es gibt viele Varianten von Misopaste, sowohl in Japan als auch in anderen Ländern, und sie alle sind salzig, besitzen einen starken Umami-Geschmack und werden gekühlt gelagert, da sie lebende Mikroben enthalten.

Am häufigsten wird Miso zur Zubereitung von Misosuppe verwendet; in Japan wird diese, anders als im Westen, meist am Ende der Mahlzeit gegessen. In der Regel fügt man die Misopaste erst hinzu, wenn schon alle anderen Zutaten (Dashi-Brühe, Bonitoflocken, Frühlingszwiebeln etc.) ins Wasser gegeben wurden. Wie viele der Mikroben in der Paste am Ende überleben, hängt von der Temperatur der Suppe ab. Man sollte deshalb Misopaste möglichst nicht in kochendes Wasser geben, sondern idealerweise warten, bis die Temperatur auf unter 50 °C gesunken ist. Die fünf wichtigsten Bakterienarten, die in Miso vorkommen, sind: *Bacillus amyloliquefaciens*, *Bacillus subtilis*, *Staphylococcus kloosii*, *Staphylococcus gallinarum* und *Lactococcus* subsp. GM005. Der Kōji-Pilz ist im fertigen Produkt bereits abgetötet.

Nattō

Diese streng riechende, leicht schleimige Variante fermentierter Sojabohnen wird mit einem speziellen Bakterium namens *Bacillus subtilis natto* hergestellt, das natürlicherweise in Reisstroh vorkommt und heutzutage als Starterkultur zu den Bohnen hinzugefügt wird. Es dient dazu, die Bohnenproteine aufzubrechen, wobei eine dickflüssige Substanz entsteht, die die Bohnen einhüllt und auch an den Essstäbchen kleben bleibt. In Japan ist Nattō eine echte Delikatesse, rund 700 000 Tonnen davon werden dort pro Jahr verzehrt. Nicht-Japaner und -Japanerinnen finden Geruch und Geschmack jedoch meist eher gewöhnungsbedürftig. Falls Ihnen Nattō bislang noch nicht begegnet ist: Es ist mit einem überreifen, flüssigen und stinkenden Käse vergleichbar. Als ich es zum ersten Mal auf dem Frühstücksbüffet eines Hotels entdeckte, fand ich es regelrecht abstoßend, aber inzwischen habe ich mich an den Geschmack gewöhnt und esse es gern. Besonders gut schmeckt es zu weich gekochten Eiern, mit Reisessig und pikant eingelegtem Gemüse (so wird es häufig in Onsen-Hotels in Japan serviert). Nattō ist zweifelslos reich an Mikroben, es enthält beispielsweise *Lactiplantibacillus plantarum* und *Lacticaseibacillus paracasei*. Im Gegensatz zu anderen säurebildenden Fermenten erzeugen die *Bacilli* im Nattō allerdings eine alkalische Umgebung, um die Glutamate in der Bohne abzubauen und sich selbst zu schützen.

Nattō werden zahlreiche gesundheitliche Vorzüge zugeschrieben und es ist erstaunlich gut erforscht, etwa vergleichbar mit den britischen Baked Beans.[3] Es enthält eine Vielzahl essenzieller Nährstoffe und bioaktiver Substanzen. Der Gehalt an Vitamin K2 ist hundertmal höher als bei den meisten Käsesorten. Die wichtigste bioaktive Substanz, produziert von *B. subtilis natto*, ist das Enzym Nattokinase. In Labortests und Studien mit Ratten konnte gezeigt werden, dass es Blutgerinnsel auflösen und Demenz-Symptome lindern kann.[4] Inzwischen sind eine ganze Reihe von Natto- und

Nattokinase-Präparaten erhältlich, die Herz-Kreislauf-Erkrankungen vorbeugen und den Blutdruck senken sollen. Sollte dieser Trend auch im Westen Anklang finden oder es bald überzeugende Humanstudien geben, könnte Nattō vielleicht das neue Health Food werden.

Tempeh

Auch Tempeh soll an dieser Stelle eine kurze Erwähnung finden. Es ist ein fermentiertes Produkt, das aus ganzen Sojabohnen erzeugt wird und ursprünglich von der indonesischen Insel Java stammt. Für gewöhnlich wird es aber mariniert, gebraten oder frittiert, sodass die meisten der mehr als 25 darin enthaltenen Mikrobenarten bei der Zubereitung leider absterben. Die gekochten Bohnen werden mit den Sporen eines *Rhizopus*-Pilzes geimpft, der ein watteartiges weißes Myzel bildet, und in Formen gepresst für etwa 24 Stunden bei warmen Temperaturen fermentiert. Der Pilz überzieht die Bohnen gleichmäßig und hält sie durch sein Myzel zusammen – der entstandene Tempeh-Kuchen kann dann gelagert oder direkt zubereitet werden.

Mit einem Proteingehalt von etwa 20 Prozent ist Tempeh sehr gesund; es enthält B-Vitamine, insbesondere B12, Eisen, Kalzium und Mangan, was vor allem für Veganer und Veganerinnen hilfreich ist. Um in den Genuss möglichst vieler seiner gesundheitlichen Vorzüge zu kommen, kann es auch roh verzehrt werden. Die Gründer der Firma *Tempeh Meades* aus Bristol, die ihr Handwerk auf Java gelernt haben, sandten mir neulich eine Kostprobe ihrer Produkte zu, die von Hand hergestellt und in ganz Großbritannien verschickt werden, und gaben mir außerdem Tipps für den Verzehr der rohen Variante. Allerdings muss ich gestehen, dass ich davon nur ein paar Bissen herunterbekommen habe. Wie den meisten Leuten schmeckt Tempeh mir besser in Misopaste und milden Chilis eingelegt, um es anschließend wie Halloumi anzubraten. So bekommt es einen großartigen nussigen, pilzähnlichen Geschmack. Nach dem Öffnen ist Tempeh im Kühlschrank nur etwa drei bis fünf Tage haltbar, deshalb friere ich Reste für gewöhnlich ein. Im Tiefkühler können diese dann nahezu unbegrenzt aufbewahrt werden und lassen sich gut wiederauftauen.

Was beim Kauf von fermentierten Sojaprodukten zu beachten ist (und wie gesund sie sind)

Sojasoße ist ein fantastisches Würzmittel mit herrlichem Umami-Geschmack und zahlreichen Antioxidantien. Sie wird entweder fermentiert oder durch Hydrolyse hergestellt, es lohnt sich jedoch, etwas mehr Geld für die fermentierte Version auszugeben, die ein breiteres Spektrum an Aromen bieten. Werfen Sie also stets einen Blick aufs Etikett, dort sollte die Bezeichnung »natürlich gebraut« stehen. Soßen der beliebten Marke *Kikkoman* sind in der Regel fermentiert.

Misopaste aus dem Kühlregal, die nicht als pasteurisiert gekennzeichnet ist, ist mit großer Wahrscheinlichkeit noch probiotisch aktiv und enthält viele gesundheitsfördernde Stoffe, die pathogene Mikroben fernhalten.[5] Für die Zubereitung von Misosuppe eignet sich die Paste besser als getrocknetes Pulver, aber denken Sie daran, sie möglichst erst bei einer Temperatur unter 50 °C ins Wasser zu geben, um die lebenden Mikroben zu erhalten. Dasselbe gilt, wenn Misopaste als Ersatz für Brühwürfel verwendet wird. Allerdings ist es nicht immer praktikabel, auf das Abkühlen der Suppe zu warten, und so geht es manchmal eben nur darum, den Geschmack zu genießen und zu hoffen, dass auch die abgetöteten Mikroben noch eine gewisse Wirkung entfalten.

Sowohl Sojasoße als auch Miso enthalten große Mengen Salz, die sich – wie bereits beim Kimchi angesprochen (S. 146) – ungünstig auf den Blutdruck auswirken könnten. In einer koreanischen Studie wurde der Verzehr von *jang* (die landestypische Version von Miso) bei 58 701 männlichen Teilnehmern untersucht.[6] Teilnehmer, die große Mengen Salz aus anderen Quellen zu sich nahmen, hatten einen vergleichsweise hohen Blutdruck und wiesen ein höheres Risiko für Herz-Kreislauf-Erkrankungen auf als solche, die viel *jang* verzehrten. Bei Letzteren wurde eine Reduktion von Gewicht und Blutdruck sowie niedrigere Risikofaktoren für Herz-Kreislauf-Erkrankungen festgestellt. Es scheint also, dass die gesundheitlichen Vorzüge von Miso oder *jang* – sei es durch probiotische Mikroben oder deren Stoffwechselprodukte – die möglichen negativen Auswirkungen des hohen Salzgehalts ausgleichen. Wie immer handelt es sich bei diesen Ergebnissen aber nur um Durchschnittswerte, individuelle Reaktionen können davon abweichen.

Bei Tempeh werden die beeindruckenden 25 Mikrobenarten, die es enthält, während der Zubereitung leider abgetötet, zum Glück gehen aber nicht auch alle gesundheitlichen Vorzüge, die die Mikroben fleißig erarbeitet haben, verloren. Die postbiotischen Substanzen bleiben auch nach der Zubereitung erhalten. In mehreren Studien konnte zudem gezeigt werden, dass vorfermentiertes Tempeh noch größere Mengen an Antioxidantien, Polyphenolen und Isoflavonen enthält als die Variante aus einfachen, nur gekochten Bohnen.[7]

Im Gegensatz zu Tempeh wird Nattō frisch verzehrt. Man kann es mit weich gekochten Eiern und Reis kombinieren, sollte es aber nicht in die Mikrowelle geben oder im Topf erwärmen.

Misopaste ist heutzutage in vielen Geschäften und Supermärkten erhältlich. Sie selbst herzustellen, ist nicht allzu schwierig, erfordert aber Zeit und Geduld. Am einfachsten geht es, indem man Kōji-Starterkulturen und getrocknete Sojabohnen im Internet kauft und gleich größere Mengen auf einmal ansetzt. Mein Freund Kenji Morimoto, der selbst Fermentations-Profi ist und dessen Rezept für Misopaste Sie im letzten Teil dieses Buchs finden (S. 342), hat mir gezeigt, dass das gar nicht so kompliziert ist. Es dauert zwar ein paar Monate, bis man weiß, ob man erfolgreich war und die Paste gelungen ist, aber die Wartezeit lohnt sich, denn der Geschmack von selbst gemachtem Miso ist es allemal wert.

Fünf Fakten zu fermentiertem Soja

1. Miso, Tempeh, Nattō und Sojasoße sind trotz ihres hohen Salzgehalts leckere und gesunde Produkte.
2. Miso und Nattō enthalten meist lebende Probiotika und sollten mit Sorgfalt behandelt und nicht über 50 °C erhitzt werden.
3. Miso ist ein hervorragender Ersatz für Brühwürfel und kann auch zum Fermentieren von Gemüse verwendet werden.
4. Sojasoße wird häufig pasteurisiert oder gar nicht fermentiert, prüfen Sie also beim Kauf gründlich das Etikett.
5. Fermentierte Sojaprodukte haben selbst dann noch gewisse gesundheitliche Vorteile, wenn die Mikroben darin abgetötet sind.

Nicht mehr ganz so lebendige fermentierte Lebensmittel

SAUERTEIG

Viele schmackhafte Lebensmittel verdanken ihr charakteristisches Aroma der Fermentation, selbst wenn sämtliche Mikroben durch das anschließende Erhitzen abgetötet werden. Und wie wir inzwischen schon häufig gesehen haben, können auch abgetötete Mikroben noch gesundheitliche Vorzüge bieten. Das vielleicht beste Beispiel dafür ist Sauerteigbrot.

In vielen Kulturen weltweit hat das Fermentieren von Mehl mit frischer Hefe zur Brotherstellung eine lange Tradition. Vor der Erfindung haltbarer Trockenhefe in den USA während des Zweiten Weltkriegs wurden alle gesäuerten Brote auf diese Weise hergestellt. Der Teig wird mithilfe von Bakterien und Hefe fermentiert, die Zucker und Stärke im Mehl abbauen und dabei Gase erzeugen, die sich im Eiweißgerüst des Teiges verfangen und ihn aufgehen lassen. Sauerteigbrot ist vor allem bekannt für seinen säuerlichen Geschmack, der auf die Bildung von Milchsäuren zurückgeht, für seine bissfeste Textur und für die möglichen gesundheitlichen Vorteile, die es mit sich bringt.

Beispiele gibt es auf der ganzen Welt und zur Herstellung wird stets ein Sauerteigstarter angesetzt, eine Mischung aus Mehl und Wasser, die mittels wilder Hefe und Bakterien fermentiert wird. Pumpernickel beispielsweise ist ein dichtes, dunkles Brot, das aus Roggenmehl mit einem Sauerteigstarter hergestellt wird. Traditionellerweise wird es bei niedrigen Temperaturen langsam, bis zu 24 Stunden lang, gebacken, wodurch es seinen typischen Geschmack und seine Textur erhält. *Naan*, ein Fladenbrot, das in der indischen und pakistanischen Küche weitverbreitet ist und als Grundnahrungsmittel gelten kann, wird aus Mehl, Wasser und Joghurt oder Milch hergestellt. Der Teig wird mehrere Stunden fermentiert, bevor er im Tandoor-Ofen gebacken wird. Die Fermentation sorgt für die weiche, luftige Textur und das leicht säuerliche Aroma des Brots. In der Küche Äthiopiens und Eritreas findet sich ebenfalls ein fermentiertes Fladenbrot, das *Injera*. Es wird aus *Teffmehl*-Teig hergestellt, der über mehrere Tage fermentiert wird, was dem Brot einen säuerlichen Geschmack und eine lockere, schwammige Textur verleiht, wenn es anschließend wie ein großer Pfannkuchen gebacken wird.

Seit ich von Vanessa Kimbell, die den Blog *The Sourdough School* führt, die Grundlagen der Teigzubereitung gelernt habe, backe ich regelmäßig Sauerteigbrot und schaffe es mittlerweile sogar in weniger als 10 Minuten am Tag, wenn ich gut organisiert bin. Seit 2020 erlebt Sauerteig einen regelrechten Boom, zum einen dank der vielen kleinen Bäckereien, die neu entstanden sind, zum anderen aber auch, weil viele Menschen vor allem während der COVID-Lockdowns damit experimentierten, Brot zu Hause selbst zu backen. In manchen Geschäften führte das sogar dazu, dass das Mehl knapp wurde. Die großen Hersteller sind inzwischen ebenfalls auf den Zug aufgesprungen und Sauerteigbrot ist in allen Supermärkten erhältlich. Viele industriell hergestellten Brote sind jedoch Mogelpackungen und werden statt mit echtem Sauerteig mit Zusatzstoffen und künstlichen Aromen produziert. Ein paar Gramm Sauerteigpulver als Geschmacksgeber und zugesetzte Hefe reichen aus, um es trotzdem als Sauerteigbrot deklarieren zu können. Abgesehen von Frankreich und Deutschland, wo die Regeln zur Kennzeichnung von Lebensmitteln strenger sind, ist es für Verbraucher unmöglich, ein echtes von einem gefälschten Sauerteigbrot zu unterscheiden. In den meisten Ländern gibt es keine gesetzliche Definition von Sauerteig und viele Hersteller behaupten sogar, dass zugesetzte Hefe auf dem Etikett nicht als Zutat aufgeführt werden müsse, da sie ohnehin Teil des Herstellungsprozesses sei.

Ein echtes Sauerteigbrot sollte nur sehr wenige Zutaten und keine zusätzliche Hefe oder Backpulver enthalten. Es ist das genaue Gegenstück zum modernen *Chorleywood*-Weißbrot, das innerhalb weniger Stunden industriell hergestellt wird, und da seine Herstellung länger dauert, ist es meist auch teurer. Die Sauerteig-Bäckerei *Bertinet* in London, die ich neulich besucht habe, vertreibt ihre hochwertigen Brote inzwischen in ganz Großbritannien. Es war faszinierend, die riesigen Bottiche voller Sauerteigstarter zu sehen, die im Grunde genauso gepflegt wurden wie in der heimischen Zubereitung. *Bertinet* beliefert mittlerweile auch große Supermärkte und bietet eine fertig geschnittene Variante an, die ebenfalls hervorragend schmeckt.

Die Zubereitung von Sauerteigbrot ist nicht schwierig, sie braucht jedoch Zeit, sorgfältige Planung, gute Zutaten und eine Menge natürlicher Mikroben. In jedem natürlichen Sauerteigstarter sind unzählige Mikroorganismen enthalten, darunter Milchsäurebakterien und Hefen, die Ballaststoffe und Zucker abbauen und dabei gesunde Stoffwechselprodukte erzeugen und den eigenen Vitamingehalt des Getreides erhöhen.

Der Fermentationsprozess beginnt damit, die »Mutter«, also das Anstellgut oder den Starter, mit Mehl und Wasser zu füttern. Nach 12 bis 24 Stunden beginnt die Masse Blasen zu werfen und man gibt sie dem Hauptteig aus Mehl, Wasser und etwas Salz hinzu. Nun dauert es je nach Bedingungen weitere 12 bis 36 Stunden, bis der Teig aufgeht, lebhaft blubbert und elastisch wird. In diesem Zustand hält er sich mehrere Tage lang. Sowohl die Menge und Art des Mehls als auch die Dauer der Fermentation lassen sich beliebig anpassen.

Was genau ist nun aber die Sauerteigmutter beziehungsweise der Sauerteigstarter? Anfangs handelt es sich nur um eine einfache

Mischung aus Mehl und Wasser, die bei Zimmertemperatur stehen gelassen wird, um nützliche Mikroben aus der Umgebung anzulocken, die sich darin ansiedeln und vermehren. Aus Erfahrungsberichten und einigen Experimenten ist bekannt, dass die Art der Mikroben im Sauerteigansatz stark variieren kann. Nicht selten enthält er mehr als fünfzig verschiedene Arten von Milchsäurebakterien und zwanzig Hefearten, darunter überwiegend *Saccharomyces* und *Candida*. In einer 2020 durchgeführten Studie mit sechzehn Sauerteigbäckern und -bäckerinnen, die standardisierte Methoden verwendeten, konnte nachgewiesen werden, dass die Mikroben an ihren Händen bis zu einem gewissen Grad denen in ihren Sauerteigstartern ähnelten, was einen jeden Starter einzigartig machte. Wie sich herausstellte, war die Übertragung der Mikroben jedoch nicht einseitig, sondern es fand ein wechselseitiger Austausch von den Händen auf den Teig statt.[1] Diese einzigartigen Starterkulturen erzeugen schließlich auch ganz unterschiedliche Brote, was Geschmack, Konsistenz und Gehzeit betrifft.

Vor Kurzem erst gründete sich ein weltweiter Forschungsverbund mit dem Ziel, die größten Rätsel rund um Sauerteig zu untersuchen. Sie baten Freiwillige aus aller Welt, Sauerteigstarter mit wilder Hefe anzusetzen, und verglichen dann deren Zusammensetzung. Mittels mikrobieller Genanalysen konnten 500 Starterkulturen von vier Kontinenten, die per Post nach Boston geschickt worden waren, vollständig analysiert werden.[2] Die Ergebnisse waren überraschend: Die geografische Lage hatte keinerlei Einfluss auf die mikrobielle Zusammensetzung des Ansatzes und auch das Klima hatte kaum Bedeutung. Außerdem fand man heraus, dass einige Mikroben, darunter Essigsäurebakterien, aber auch solche, die zuvor wenig Beachtung gefunden hatten, eine wesentliche Rolle bei der Gehzeit des Teiges und der Entstehung des typisch säuerlichen Geschmacks spielten.

Die einzelnen Sauerteigansätze wiesen übereinstimmende Muster auf, wobei einige wenige Arten dominierten, wie zum Beispiel

Lactiplantibacillus plantarum und *Levilactobacillus brevis*, die zusammenarbeiten, oder *Fructilactobacillus sanfranciscensis*, der auch in Startern von Bäckereien dominierte, die sich nicht ansatzweise in der Nähe von San Francisco befanden. Die vorherrschende Hefe-Art war *Saccharomyces cerevisiae* (auch Bierhefe genannt), meist konnten aber darüber hinaus noch viele weitere, auch weniger häufig vorkommende Arten nachgewiesen werden. Im Gegensatz zu unseren Humanstudien bei ZOE wurde bei der Untersuchung lediglich eine 16S-Genotypisierung angewandt und keine vollständige Gensequenzierung durchgeführt. Daher könnten leichte Variationen auf Stammebene einzelner Mikrobenarten, die Einfluss auf den Geschmack haben, unentdeckt geblieben sein. Letztlich stellte sich heraus, dass die mikrobielle Variation in den Kulturen und somit auch die mikrobiellen Schlüsselfunktionen, die das endgültige Ergebnis des Teigs beeinflussen, maßgeblich von den Mikroben bestimmt wurden, die sich bereits im Mehl selbst befanden – ein Grund also, das Mehl sorgfältig auszuwählen.

Wie gesund ist Sauerteig?

Sauerteigbrot wird von manchen Leuten als Allheilmittel angepriesen. Es stimmt zwar, dass man durch den Kauf von echtem Sauerteigbrot oder durch die eigene Zubereitung die chemischen Zusatzstoffe vermeiden kann, die in vielen Supermarktbroten enthalten sind, aber ist Sauerteigbrot – vom besseren Geschmack einmal abgesehen – einem einfachen Hefebrot aus vergleichbarem Mehl wirklich überlegen?

Brot – ob nun Vollkorn-, Malz-, Körner-, Weizen- oder Weißbrot – war von allen Grundnahrungsmitteln, die ich gegessen habe, das Einzige, das meinen Blutzuckerspiegel stets ansteigen ließ. Ich dachte, der Umstieg auf Sauerteigbrot würde das Problem lösen, aber das tat er nicht. Die Anstiege fielen zwar etwas geringer aus, aber nicht genug, um wirklich einen Unterschied zu machen … bis ich Sauerteigbrot aus Roggen entdeckte. Wenn ich es mit dem Verzehr nicht übertreibe und etwas Olivenöl, Käse oder Avocado dazu esse, dann komme ich damit gut zurecht. Die Herstellung von Roggensauerteig (oder auch Sauerteig aus einer Mischung von Roggen und Dinkel) gehört daher inzwischen zu meiner Routine; andere Brote schmecken mir mittlerweile viel zu süß.

Doch wie viel von meiner Erfahrung kann wissenschaftlich gestützt werden? 2023 fasste eine Übersichtsarbeit die Ergebnisse von 25 kleineren klinischen Studien zum Verzehr von Sauerteigbrot im Vergleich zu reinem Hefebrot zusammen.[3] Die Gesamtzahl der Teilnehmenden aus allen Studien betrug 542. 15 der Studien befassten sich mit dem Einfluss auf den Blutzuckerspiegel bei gesunden und nicht gesunden Personen. Die Ergebnisse hierzu waren gemischt: Nur etwa die Hälfte der Studien konnte einen positiven Effekt von Sauerteigbrot auf die Blutzuckerwerte nachweisen, die andere Hälfte zeigte keine nennenswerten Unterschiede. Was den Appetit betrifft, so fielen die Ergebnisse etwas besser aus: Die meisten Studien ergaben, dass die Teilnehmenden, die Sauerteigbrot verzehrten, länger gesättigt blieben. Bei Menschen mit Reizdarmsyndrom konnte eine signifikante Verbesserung der Symptome nach dem Verzehr von Sauerteigbrot festgestellt werden. Sieben Studien, die sich mit Markern für Herzerkrankungen befassten, konnten keine deutlichen Besserungen ermitteln. All diese Studien waren allerdings klein und nur auf einen kurzen Zeitraum angelegt. Zudem wurden verschiedene Mehlarten und Fermentationsmethoden untersucht. Bei der Herstellung von Sauerteigbrot gibt es so viele Variablen – die zahlreichen Möglichkeiten bei der Wahl des Mehls sind nur eine davon –, dass es schwierig ist, klare Mechanismen und eindeutige Effekte auf die Gesundheit sicher zu bestimmen. Mehrere Studien wiesen interessanterweise darauf hin, dass bei der Fermentation von Roggenbrot eine klebrige Amylose-Schicht gebildet wird, die den Abbau der Stärke zu Zucker in unserem Darm verzögert, es entsteht durch die Fermentation also sogenannte resistente Stärke. Das könnte ein Grund sein, warum das selbst gebackene Roggen-Sauerteigbrot meinen Blutzuckerspiegel weniger stark ansteigen lässt.[4] Sollten Sie im Gegensatz zu mir nicht empfindlich auf Kohlenhydrate reagieren, dann ist die Wahl eines Sauerteigbrotes in erster Linie eine Frage des Geschmacks, der Kosten und des guten Gewissens, ein mit Sorgfalt hergestelltes Produkt zu kaufen.

Menschen mit Zöliakie sollten glutenhaltiges Brot grundsätzlich meiden. In einer kleineren italienischen Studie zum Reizdarmsyndrom konnte jedoch festgestellt werden, dass vier von sechs Teilnehmenden lang fermentiertes Sauerteigbrot (unter ärztlicher Aufsicht) gut vertrugen. Die Mikroben im Sauerteig bilden proteolytische Enzyme, die das Gluten aufspalten, möglicherweise wird es dadurch auch für glutenempfindliche Menschen besser verträglich, aber um das eindeutig bestimmen zu können, ist noch mehr Forschung nötig.[5]

Man würde nun vielleicht erwarten, dass Sauerteigbrot im Vergleich zu kommerziell hergestelltem Brot gesünder für unser Darmmikrobiom ist. In einer israelischen Studie konnten über einen Zeitraum von mehreren Wochen aber keine Unterschiede festgestellt werden.[6] Möglicherweise war die Studie zu klein und von zu kurzer Dauer, sie hielt jedoch fest, dass sich die Reaktionen der Testpersonen insgesamt stark unterschieden – ein weiterer Beleg dafür, dass sich aufgrund der unterschiedlichen Zusammensetzung unseres Darmmikrobioms fermentierte Lebensmittel auf jeden von uns anders auswirken.

Die Verwendung von qualitativ hochwertigem Mehl – falls man die Möglichkeit hat, es zu kaufen – ist wichtig. Ich selbst verwende gerne steingemahlenes Vollkornmehl, vorzugsweise in Bioqualität, weil es kaum Pestizide, dafür aber viele Ballaststoffe und Nährstoffe enthält. Am liebsten mische ich etwas Vollkornmehl mit gemahlenem Weizenmehl, das durch sein Gluten die Gasbläschen im Teig hält und ihn schön luftig macht, oder auch eine größere Menge

Roggen- mit Dinkelvollkornmehl, was mehr Ballaststoffe und Nährstoffe enthält und eine dichtere, feuchte Textur und einen nussigen Geschmack liefert. Schließlich gebe ich auch gerne noch Nüsse, Saaten oder fein geraspeltes Gemüse hinzu, um für Abwechslung, eine komplexere Textur und noch mehr Ballaststoffe zu sorgen.

Fünf Fakten zu Sauerteig

1. Echtes Sauerteigbrot ist im Allgemeinen gesünder als kommerzielles Brot mit vielen Zusatzstoffen.
2. Der Sauerteig ist jedoch nur so gut wie die Qualität des verwendeten Mehls. Außerdem spielen Ballaststoff- und Zuckergehalt eine Rolle sowie die Vielfalt der ergänzten Zutaten wie etwa Saaten oder Nüsse.
3. Es gibt einige, allerdings noch schwache Hinweise darauf, dass Sauerteigbrot im Vergleich zu kommerziellem Brot den Anstieg des Blutzuckerspiegels reduzieren kann, und eindeutigere Belege dafür, dass es Symptome des Reizdarmsyndroms lindern kann.
4. Ballaststoffreiches Sauerteigbrot mit Roggenmehl ist vermutlich die gesündeste Option (zumindest für mich persönlich).
5. Eigenes Sauerteigbrot zu backen ist ziemlich einfach und macht außerdem viel Spaß.

TEE UND KAFFEE

Tee

Die Chinesen begannen bereits vor über 4500 Jahren, die Blätter der *Camellia-sinensis*-Pflanze mit heißem Wasser zu übergießen. Tee ist jedoch kein fermentiertes Getränk im eigentlichen Sinn, das ist ein weitverbreitetes Missverständnis. Die einzige Sorte, die tatsächlich fermentiert wird, ist dunkler Tee. Da Tee dennoch einige ähnliche Eigenschaften wie fermentierte Produkte aufweist und ähnliche gesundheitliche Vorteile mitbringen kann, lohnt sich ein kurzer Blick.

Die meisten Teesorten entstehen durch Oxidation. Je nach Oxidationsgrad unterscheidet man grünen, weißen, gelben, schwarzen und Oolong-Tee. Sie alle werden aus den Blättern der *C.-sinensis*-Pflanze hergestellt. Lange nahm man an, dass Mikroben bei der Teeherstellung kaum eine Rolle spielen. Inzwischen ist jedoch bekannt, dass auf den Teeblättern verschiedene Bakterien- und Pilzarten vorkommen, die den Geschmack beeinflussen und zusätzliche Polyphenole erzeugen.[1]

Dunkler Tee (Pu-Erh)

Bei Pu-Erh-Tee handelt es sich um einen dunklen Tee, der im Gegensatz zu den anderen Sorten tatsächlich fermentiert wird. Ihm werden viele gesundheitliche Vorzüge zugeschrieben. Er wird aus großen Grünteeblättern hergestellt, die in Formen gepresst und getrocknet werden, wobei es zur Fermentation kommt. Dabei reagieren die Polyphenole mit den Enzymen und Mikroorganismen in den Blättern. Die sogenannten Teeziegel können drei Jahre oder länger aufbewahrt werden und fermentieren weiter, wodurch die Aromen des Tees immer komplexer werden. Für die Fermentation ist hauptsächlich der Pilz *Aspergillus niger* verantwortlich, es wurden jedoch noch Hunderte weitere Arten in Pu-Erh gefunden, darunter allerdings auch einige Pilzgifte, weshalb es in China üblich ist, den ersten Aufguss dieses Tees wegzuschütten und stattdessen den zweiten, sicher zu verzehrenden Aufguss zu trinken.[2]

Wie gesund ist Tee?

Tee wurde in China ursprünglich für medizinische Zwecke eingesetzt und hat sich seinen Ruf als »Gesundheitsgetränk« bis heute erhalten.[3] Nicht ganz unberechtigt, wie sich zeigt: In einer Übersichtsarbeit, die 35 Untersuchungen zusammenfasste, konnte eine leicht positive Wirkung festgestellt werden. Beim Genuss von ein bis drei Tassen Schwarz- oder Grüntee pro Tag war das Risiko für Herzerkrankungen und Schlaganfälle um etwa 10 bis 15 Prozent gesenkt. Bei vier oder mehr Tassen Schwarztee pro Tag stieg es allerdings wieder an, während sich beim Verzehr von Grüntee die präventive Wirkung mit der Menge erhöhte. Dieser Unterschied in der Wirkung von schwarzem und grünem Tee könnte auf den geringeren Polyphenolgehalt in schwarzem Tee zurückzuführen sein oder darauf, dass Schwarztee oft mit Milch und Zucker getrunken wird, was die Polyphenolaufnahme hemmen kann, während Grüntee meist pur genossen wird.

Die im Grüntee enthaltenen Catechine wurden ebenfalls mit potenziellen gesundheitlichen Vorzügen wie einer Reduzierung des Krebsrisikos, einer unterstützenden Wirkung bei Chemotherapien und Gewichtsverlust sowie der Symptomlinderung bei Demenz und Parkinson in Verbindung gebracht, die Belege hierfür sind jedoch schwach.[4]

Die meisten Teesorten enthalten etwas Koffein, in der Regel aber weniger als Kaffee. Der Koffeingehalt von Matcha ist mit 70 bis 90 Milligramm pro Tasse am höchsten, allerdings enthält er außerdem eine Aminosäure namens L-Theanin, die die wachmachende Wirkung des Koffeins mildert. In klinischen Studien konnte nachgewiesen werden, dass Matcha eine leicht stresslindernde Wirkung hat und die Schlafqualität verbessert.[5]

Wenn wir schon über Tee sprechen, sollten wir auch Eistee nicht vergessen. Im Süden der USA macht er heutzutage drei Viertel des gesamten Teekonsums aus. Industriell hergestellte Eistees enthalten allerdings meist nur minimale Mengen an Schwarzteeextrakt, dafür große Mengen Zucker (pro Dose mehr als 24 Gramm), und besitzen keine der gesundheitlichen Eigenschaften, die mit traditionell aufgebrühtem Tee verbunden sind.

Eine langjährige Debatte dreht sich außerdem um den Qualitätsunterschied zwischen lose aufgebrühtem Blatttee und Teebeuteln. Teebeutel erzeugen prinzipiell einen geschmacklich schwächeren Tee, weil die darin enthaltenen Blätter wegen des Platzmangels das Wasser nicht so gut aufsaugen können, doch die Technologie hat sich weiterentwickelt und innovative Designs bieten dem Tee im Beutel inzwischen mehr Platz, um besser ziehen zu können.

Welche Teesorte Sie auch bevorzugen mögen, im Allgemeinen scheinen sie, abgesehen von hoch verarbeitetem kommerziellen Eistee, alle gut für die Gesundheit zu sein.

Fermentierten Tee, also Pu-Erh, selbst herzustellen, ist jedoch nicht ganz einfach, denn man benötigt die entsprechende Ausrüstung, kontrollierbare Bedingungen wie Temperatur und Feuchtigkeit, viel Geduld und am besten auch schon Erfahrung. Wenn man ein fermentiertes Teegetränk selbst herstellen und genießen möchte, ist es leichter, fertig aufgesetzten Tee mit einem Kombucha-Ansatz zu vermischen. Das Rezept hierzu finden Sie auf Seite 318.

Kaffee

Kaffee ist ein Getränk, bei dem die mikrobielle Fermentation während der Herstellung häufig ausgeblendet wird. Früher hielt ich ihn im Vergleich zu Tee für ungesünder und bemühte mich, weniger zu trinken. Inzwischen weiß ich es besser – und in jedem Fall ist er gesünder als Orangensaft. Kaffee scheint ein einzigartiges Verhältnis zu unserem Darmmikrobiom zu haben. Als wir die Darmmikrobiome von 28 000 Probanden aus der ZOE-Datenbank untersuchten, stellten wir fest, dass Kaffee von allen konsumierten Lebensmitteln und Getränken den prägnantesten Einfluss auf das Mikrobiom hatte. Allein am Vorhandensein einer einzelnen Mikrobe konnten wir erkennen, ob jemand Kaffee trank oder nicht. Diese kaum bekannte Mikrobe namens *Lawsonibacter asaccharolyticus* könnte der Grund für die lebensverlängernde Wirkung von Kaffee sein.[1]

Die Fermentation von Kaffeebohnen begann vermutlich im 6. Jahrhundert in Äthiopien, und als das exotische Getränk schließlich im 17. Jahrhundert in Europa ankam, schlug es dort gewaltige Wellen: Es war das erste Mal, dass die Europäer ein stimulierendes Genussmittel zu sich nahmen, das im Gegensatz zu Alkohol den Geist schärfte und wachhalten konnte. Heute trinkt ein Großteil der Weltbevölkerung täglich Kaffee. Die Finnen haben mit etwa 900 Milliliter pro Kopf den höchsten Konsum, doppelt so viel wie in Deutschland und dreimal so viel wie in Großbritannien.[2]

Der Weltmarkt wird von zwei Bohnensorten dominiert: Die *Arabica*-Pflanze ist die ursprüngliche, etwas empfindlichere und deshalb im Anbau teurere Pflanze als *Robusta*, die widerstandfähiger und günstiger ist. Nach dem Pflücken müssen aus der reifen roten Kaffeekirsche die Samen, also die Bohnen herausgelöst werden. Dazu findet entweder eine trockene Aufbereitung oder eine nasse Verarbeitung zu gewaschenem Kaffee statt. Die Bohnen werden also entweder zu Haufen geschichtet und in der Sonne getrocknet oder gewaschen, in einem Wassertank eingeweicht und danach auf speziellen Trockenbetten ausgebreitet. Während die Bohnen trocknen, findet die entweder als trocken oder als nass bezeichnete Fermentation statt. Fermentierter Kaffee kann mehr als 1 000 verschiedene Arten von Bakterien und Pilzen enthalten, in Studien hat sich jedoch gezeigt, dass die vorherrschenden Mikroben das Milchsäurebakterium *Leuconostoc*, die Hefe *Kazachstania* und das Essigsäurebakterium *Acetobacter* waren. Je hochwertiger der Kaffee, desto höher war die Anzahl unterschiedlicher Arten, insbesondere Pilze und spezielle *Lactobacilli*, *Pseudomonas* und *Wickerhamomyces anomalus*.[3] Auf manchen Kaffeefarmen werden inzwischen besondere Hefen und Milchsäurebakterien als Starterkultur bei der Fermentation eingesetzt, um den Geschmack zu verbessern.[4] Für gewöhnlich wird Kaffee aber an der frischen Luft wild fermentiert, sodass alle möglichen Hefen und Bakterien hinzukommen können.

Das Problem bei der langen sonnenintensiven Trockenfermentation ist, dass dabei der Polyphenolgehalt des Kaffees sinkt. Leider gibt es noch keinen Mechanismus, um dem Abhilfe zu schaffen, aber um für die Mikroben optimale Bedingungen zu schaffen und den Polyphenolgehalt somit zusätzlich zu maximieren, verwenden Farmer bei der nassen Fermentation heutzutage das Backslopping, das wir auch schon von anderen Fermentationsprozessen kennen. Dabei wird etwas Wasser von der Fermentation des Vortags zum Ansetzen der nächsten Charge verwendet.

Die getrockneten und noch geschmacksneutralen Bohnen werden dann für einige Minuten bei 200 °C leicht geröstet, etwas länger können sie bei höheren Temperaturen für eine dunklere Röstung erhitzt werden. Dadurch blähen sie sich auf und es entstehen flüchtige chemische Verbindungen, die das charakteristische Kaffeearoma erzeugen. Zugleich werden auch sämtliche Mikroben abgetötet. Je stärker ein Kaffee geröstet ist, desto weniger Polyphenole enthält er. Ein leicht gerösteter Arabica ist also wegen des höheren Polyphenolgehalts zu empfehlen, auch wenn beim Geschmack Abstriche gemacht werden müssen. Ein paar Kompromisse müssen wir beim Kaffee also wohl oder übel eingehen.

Nach dem Rösten werden die Bohnen abgekühlt und schnell mit Kohlendioxid in luftdichte Verpackungen abgefüllt, um zu verhindern, dass sie ihr Aroma verlieren. Die Intensität der Röstung entscheidet über Geschmackprofile und Eigenschaften der Bohnen: Bei einer leichten Röstung entsteht eine fruchtige Säure, dunklere Röstungen erzeugen mehr aromatische Verbindungen. Wird der Kaffee zu stark geröstet, können subtile Aromen zerstört werden, was bei Bohnen von minderer Qualität mitunter in Kauf genommen wird. Beim Rösten erhöht sich anfangs der Polyphenolgehalt, schon nach etwa 9 Minuten sinkt er aber wieder. Allerdings gibt es hierbei große Unterschiede zwischen einzelnen Bohnensorten.[5]

Beim weitverbreiteten Espresso kommen die Bohnen nur etwa 30 Sekunden lang mit Wasser in Kontakt und das Verhältnis von Kaffee zu Wasser beträgt 1:3. Dabei entsteht das intensive Aroma und die typische *Crema*, die durch die austretenden Polyphenole, Fette, Eiweiße und Kohlenhydrate der Bohne in Verbindung mit Kohlendioxid gebildet wird. Ein Espresso enthält tatsächlich weniger Koffein als die meisten Filterkaffees, wegen der komplexen Zubereitung variiert der Koffeingehalt allerdings stark. Eine Untersuchung in dreißig Cafés in Glasgow ergab, dass der Koffeingehalt eines Standard-Espressos um das Drei- bis Vierfache abweichen kann.

Koffein wirkt, indem es die Adenosin-Rezeptoren im Gehirn blockiert. Normalerweise signalisiert der Neurotransmitter Adenosin Müdigkeit und wirkt entspannend. Durch die Blockade werden die Nervenzellen im Gehirn angeregt und Konzentration wie geistige Leistungsfähigkeit steigen. Das könnte ein Grund dafür sein, warum ein regelmäßiger Koffein-Konsum das Einsetzen von Demenz und Parkinson verzögern könnte.

Und wie sieht es mit entkoffeiniertem Kaffee aus? Als ich einmal in der *Bar Italia* in Soho spätabends nach einem entkoffeinierten Espresso verlangte, lachte mich der puristische Barista aus. Doch inzwischen haben sich die Zeiten geändert und jeder fünfte Millennial trinkt lieber entkoffeinierten Kaffee. In Großbritannien macht das mehr als 10 Prozent des Markts aus, in Deutschland sind es mit nur etwa 3 Prozent weniger.[6] Man sollte ihn allerdings nicht unterschätzen, denn es handelt sich schließlich immer noch um ein fermentiertes Produkt, das die gesundheitlichen Vorzüge von gewöhnlichem Kaffee aller Vermutung nach weitgehend behält.

Instant-Kaffee hat einen ebenso schlechten Ruf. Zwar trinke ich ihn schon seit meiner Studentenzeit nicht mehr, aber im Grunde handelt es sich um industriell getrockneten, fermentierten und gerösteten Kaffee, der zudem um einiges preiswerter ist als gemahlener. Instant-Kaffee wird zunächst auf dieselbe Weise hergestellt wie gewöhnlicher: Aus den gerösteten und gemahlenen Bohnen werden mit heißem Wasser die Inhaltsstoffe gelöst. Dann wird der konzentrierte Kaffeeextrakt sprüh- oder gefriergetrocknet. Manchmal werden noch einige grüne Kaffeebohnen zugesetzt, um den Gehalt an Polyphenolen, wie zum Beispiel Chlorogensäure, zu erhöhen.

Wie gesund ist Kaffee?

Dass Kaffee ein Diuretikum, also ein »Flüssigkeitsräuber« ist, wie man früher glaubte, gilt inzwischen als überholt. Er hat keinen dehydrierenden Effekt und könnte sogar Inkontinenz lindern. Der Konsum von mehr als drei Tassen pro Tag kann jedoch die Blase reizen und den Harndrang verstärken.[7]

Häufig wird auch vergessen, dass die Kaffeebohne botanisch gesehen eine Beere und damit reich an Ballaststoffen ist. Als ich diese Erkenntnis einmal in den sozialen Medien teilte, reagierten viele Ernährungsexperten kritisch, da Kaffee auch heute noch bei vielen als ungesund gilt. Für die meisten US-Amerikaner und -Amerikanerinnen ist er jedoch die wichtigste Ballaststoffquelle – eine Tasse Arabica enthält 0,5 Gramm Ballaststoffe, also in etwa so viel wie eine kleine Banane.

Kaffee wird in der Regel mindestens einmal fermentiert, in unserem Dickdarm, und wie bei dunklem Tee auch durch Mikroben beim Trocknen. Manchmal findet sogar noch eine weitere Fermentation statt: Beim *Kopi Luwak*, auch »Katzenkaffee« genannt, werden asiatische Schleichkatzen mit Kaffeekirschen gefüttert. Die halb verdauten Kaffeebohnen in ihrem Kot werden eingesammelt und zu horrenden Preisen verkauft. Dieser teure Kaffee hat jedoch keine nachweislichen Vorzüge und Studien haben gezeigt, dass etwa 40 Prozent der Ware auf dem Markt gefälscht ist. Zudem werden die Tiere in Käfigen gehalten, man sollte ihn also auch aus Tierschutzgründen besser meiden.

Viele Menschen (darunter auch meine Frau) können ihren Stuhlgang nahezu minutengenau nach ihrer morgendlichen Tasse Kaffee timen, bei mir ist es weniger eindeutig. Unter Darmchirurgen ist die Wirkung einer Tasse Kaffee ebenfalls wohlbekannt. In 32 Untersuchungen konnte gezeigt werden, dass der Konsum von Kaffee nach einem chirurgischen Eingriff am Darm den ersten Stuhlgang um bis zu 14 Stunden beschleunigt, sodass Kaffeetrinkende im Schnitt anderthalb Tage früher aus dem Krankenhaus entlassen werden können als Teetrinkende.[8] Auch bei Kindern, die unter Verstopfung leiden, kann Kaffee eine starke Wirkung entfalten, selbst entkoffeinierter Kaffee hat einen leicht anregenden Effekt.[9] Seltsamerweise hilft Kaffee außerdem bei Fettleber sowie alkoholischer Leberzirrhose und ist Teil des Behandlungsplans, auch wenn wir den genauen Mechanismus, der dahinter steht, noch nicht kennen.[10] Die Studien zeigen allerdings individuelle Abweichungen, die Wirkung ist also bei jedem Menschen unterschiedlich.

Inzwischen wissen wir, dass auch Instant-Kaffee gesundheitsfördernde Effekte haben kann. Ob er allerdings genauso gesund ist wie gemahlener, ist weniger eindeutig. In großen epidemiologischen Studien konnten hinsichtlich der Sterblichkeit zwischen beiden Varianten keine nennenswerten Unterschiede festgestellt werden. In einer Studie, die mit genetischen Markern arbeitete, wurde jedoch nachgewiesen, dass der Konsum von Instant-Kaffee nicht vor Typ-2-Diabetes schützt, zudem waren die Marker für das biologische Alter erhöht.[11] Bedeutet das also, dass der billigere, industriell aufbereitete Instant-Kaffee ungesund ist? Nicht unbedingt. Er wird ausschließlich aus Robusta-Bohnen hergestellt und enthält immer noch etwa 80 Prozent des Polyphenolgehalts von gewöhnlichem Kaffee. Allerdings kann die Zugabe von Milch, um ihn trinkbar zu machen, das antioxidative Potenzial um etwa ein Drittel verringern. Insgesamt scheint Instant-Kaffee eine günstigere, aber immer noch gesunde Alternative zu normalem Kaffee zu sein, solange nicht zu viel Milch und Zucker zugegeben werden. Die Wirkung unterschiedlicher Kaffeevarianten ist dennoch längst nicht ausreichend erforscht. Mit einiger Sicherheit wissen wir nur, dass nicht alle positiven Effekte von Kaffee allein auf das Koffein zurückgeführt werden können. Unsere Untersuchungen des neu entdeckten und stark spezialisierten Bakteriums *L. asaccharolyticus* mithilfe der Daten von ZOE haben gezeigt, dass sie bei der Fermentation von Kaffee eine nützliche kurzkettige Fettsäure namens *Butyrat* produziert.[12] Auch die im Kaffee enthaltene Kaffee- und Chinasäure werden von ihr abgebaut und in andere chemische Verbindungen umgewandelt. Im Darm von Menschen, die regelmäßig Kaffee konsumieren, finden sich fünf- bis sechsmal höhere Mengen von *L. asaccharolyticus* als bei Nicht-Kaffeetrinkenden, obwohl auch bei Letzteren geringe Anteile des Bakteriums vorhanden sind, die sich teilweise von anderen Lebensmitteln ernähren. Interessanterweise ist bei Frauen insgesamt eine höhere Anzahl dieses Bakteriums nachzuweisen als bei Männern.

L. asaccharolyticus scheint ein modernes Mikroben-Mitglied zu sein, das sich nicht von vornherein im Darm ansiedelt, denn bei Säuglingen und Kleinkindern kommt es nicht vor, und auch in historischen Stuhlproben oder bei indigenen Gruppen ohne Kaffeekonsum wird es kaum gefunden. Kaffeetrinkende geben es vermutlich in geringem Maße auch an Nicht-Kaffeetrinkende im selben Haushalt weiter. Wie diese Mikrobe ursprünglich in unseren Darm gelangte, bleibt weiterhin ein Rätsel, möglicherweise entwickelte sie sich langsam und ernährte sich vor der Verbreitung des Kaffees zunächst von anderen Dingen.

Um die gesundheitlichen Vorzüge des Kaffees voll und ganz auszuschöpfen, können Sie es mit einer sogenannten Zweitfermentation probieren. Das Resultat nennt sich Kaffee-Kombucha, der nur selten kommerziell erhältlich, aber dafür sehr leicht selbst herzustellen ist: Es funktioniert im Grunde wie die Herstellung von Tee-Kombucha, nur dass Sie einen speziellen SCOBY als Starter benötigen, der die saurere Umgebung im Kaffee vertragen kann.

Fünf Fakten zu Tee und Kaffee

1. Alle Teesorten, die durch Oxidation oder – im Fall von dunklem Tee – Fermentation der Blätter des Camellia-Strauchs entstehen (grüner, schwarzer, Oolong- und Pu-Erh), enthalten große Mengen von Polyphenolen und Antioxidantien und sind gesund.
2. Grüntee ist weniger stark oxidiert als Schwarztee, kann sich aber bei mehr als drei Tassen pro Tag positiv auf die Herzgesundheit auswirken.
3. Der Konsum von bis zu fünf Tassen Kaffee pro Tag soll ebenfalls vor Herzerkrankungen schützen und möglicherweise auch Krebs und Demenz vorbeugen. Zudem enthält Kaffee Ballaststoffe, die gegen Verstopfung helfen.
4. Auch der Konsum von entkoffeiniertem oder Instant-Kaffee scheint eine ähnliche gesundheitsfördernde Wirkung zu haben.
5. Trinkt man Tee oder Kaffee mit Milch, verringert sich der Anteil aufgenommener Polyphenole um etwa 30 Prozent und damit auch der gesundheitliche Vorteil.

WEIN

Die Menschheit stellt schon seit Jahrtausenden durch Gärung Alkohol her. Er macht uns geselliger, lässt uns unsere Probleme vergessen und manchmal auch Chaos verursachen. Über die gesunden Aspekte alkoholischer Getränke denken wir normalerweise nicht nach, dabei enthalten sie viel mehr wertvolle Antioxidantien als das Getreide oder die Früchte, aus denen sie hergestellt werden, denn der Alkohol reagiert mit den Mikroben, wodurch Hunderte neue chemische Verbindungen entstehen. In Rotwein findet sich klassischerweise die höchste Konzentration nachweisbarer Polyphenole, fast dreimal so viel wie in Weißwein. Ein Glas Apfelwein enthält allerdings ähnliche, wenn nicht gar noch höhere Mengen an Polyphenolen als ein durchschnittliches Glas Rotwein. Spirituosen werden zwar auch durch Hefegärung hergestellt, enthalten aber kaum wertvolle Nährstoffe. Da sie einen Alkoholgehalt von mehr als 20 Prozent haben, können darin keine Bakterien oder Hefen überleben, und alle nützlichen chemischen Verbindungen, die während der Fermentation entstanden sind, werden durch die Destillation zerstört.

Dass ich gern mal ein Glas Wein trinke, ist kein Geheimnis. Allerdings erntete ich immer, wenn ich in der Vergangenheit ein Glas Rotwein für unsere Darmgesundheit empfahl, viel Kritik von gewissenhaften Kollegen und Kolleginnen, die der Meinung sind, dass Alkohol, egal welcher Art und Menge, prinzipiell ungesund ist (und nicht empfohlen werden sollte), sowie von Menschen, die abstinent leben und schon einmal Probleme mit Alkohol hatten. Natürlich sollten wir die Risiken nicht unterschätzen, die Alkohol mit sich bringt, doch es gibt deutliche Unterschiede zwischen alkoholischen Getränken. Destillierte Spirituosen wie Whisky, Gin, Cognac, Rum oder Wodka enthalten so gut wie keine Mikroben oder Polyphenole mehr, haben also eine ganz andere Wirkung auf unseren Körper als Wein oder Bier.

Als ich damals eine Zeit lang in Barcelona lebte, sah ich jeden Abend dieselben älteren Damen, die sich zu Sonnenuntergang auf ein Bier oder Glas Wein trafen, um sich über ihren Tag auszutauschen und sich zu unterhalten. Der gesellige Aspekt des Trinkens, das Beisammensein mit Freunden bei einem Glas des eigenen Lieblingsgetränks, könnte der Schlüssel für die hohe Lebenserwartung in einigen Ländern sein, denn gerade in vielen der am gesündesten alternden Gesellschaften ist dies fester Bestandteil des Tages. 2019 ging ein französischer Landwirtschaftsminister – um den Weinabsatz und die Produktion anzukurbeln – sogar so weit zu behaupten, dass Wein nicht mit anderen alkoholischen Getränken in einen Topf geworfen werden sollte, weil er besondere Eigenschaften besitze.[1] Was aber macht den Wein so besonders? Nun, die Antwort liegt in den Trauben und Mikroben.

Weltweit werden pro Jahr mehr als 214 Millionen Hektoliter Wein konsumiert.[2] Obwohl der Konsum insgesamt rückläufig ist, gehören die Franzosen noch immer zu den größten Verbrauchern, abgesehen von den durstigen Priestern des Vatikans, die während der zeremoniellen Messen doppelt so viel Wein trinken wie der Durchschnittsitaliener. Trauben gibt es in vielen Formen und Farben. »Weiße« Trauben sind eigentlich eher grün oder gelb und stammen von den violetten oder roten Trauben ab, sind aber genetisch so mutiert, dass sie keine Anthocyane mehr produzieren, die für die rote Farbe verantwortlich sind. Weiß- und Orangeweine werden in der Regel aus grünen Trauben hergestellt, Rot- und Roséweine aus roten. Der entscheidende Unterschied liegt jedoch darin, dass Weißweine ohne die Traubenschalen und Rotweine mit den Schalen fermentiert werden. Bei Rosé- und Orangeweinen werden die Schalen nur kurzzeitig mit vergoren.

Der Prozess der Weinherstellung umfasst mehrere Phasen. Zunächst werden die Trauben geerntet und zerdrückt, bei der Herstellung von Weißwein werden zudem durch Auspressen Kerne und Schalen entfernt. Der süße Traubensaft (Most) wird aufgefangen und in Gärbottiche abgefüllt, wo er mithilfe von Hefe zu Wein fermentiert wird. In dieser Phase wird nahezu allen Weinen Schwefeldioxid, Zucker oder Säure zugegeben, obwohl die Hefe diese auch auf natürlichem Wege produzieren kann. Bei der verwendeten Hefe handelt es sich um verschiedene Stämme von *Saccharomyces*, die Zucker in Alkohol und Kohlendioxid umwandeln. Bio-Winzer setzen manchmal auch auf natürliche Hefen, die auf der Traubenschale oder in der Luft des Weinguts vorkommen. Bei den meisten Rot- und auch bei manchen Weißweinen findet vor dem Abfüllen in Flaschen noch ein weiterer Fermentationsschritt statt, der als Milchsäuregärung oder malolaktische Gärung bezeichnet wird. Hierbei verwandeln bestimmte Milchsäurebakterien die schärfere Apfelsäure der Trauben in mildere Milchsäure. Dadurch schmeckt der Wein runder und weniger sauer. Anschließend werden sogenannte Schönungsmittel eingesetzt, die sich an die im Wein schwebenden und durch die Gärung entstandenen Partikel heften und diese auf den Boden sinken lassen, sodass der Wein klar bleibt.

Sobald der Wein geklärt ist, wird er in Fässer oder große industrielle Tanks gefüllt, wo er bis zur abschließenden Filtrierung einige Monate oder auch Jahre lagert. Neue Holzfässer geben zusätzlich Aromamoleküle wie Vanillin und Holzlactone an den Wein ab. Zum Zeitpunkt des Abfüllens hat sich die Zahl der Aromastoffe und Polyphenole im Wein dank der vielen chemischen Verbindungen, die sich gebildet haben, und des gelegentlichen Kontakts mit Sauerstoff bereits deutlich erhöht. Der Wein wird einige Male filtriert und mit Schwefeldioxid versetzt, um zusätzliche Sulfide zu bilden und somit seine Haltbarkeit zu verlängern. Danach wird er für den Transport in Flaschen oder große Tanks abgefüllt. Die Flaschen werden später vor Ort mit Korken oder zunehmend auch mit Gummistopfen oder Schraubverschlüssen verschlossen.

Manche Menschen berichten davon, dass Rotwein bei ihnen Sod- oder Magenbrennen verursacht, allerdings ist er mit 0,55 Prozent Essigsäure im Allgemeinen weniger sauer als die meisten Weißweine, die auf etwa 0,85 Prozent Essigsäure kommen, was im Vergleich zu Essigen mit üblicherweise 5 Prozent immer noch recht wenig ist.

Mikroben im Wein

Vor der Fermentation sind zwischen einzelnen Traubensäften kaum Geschmacksunterschiede feststellbar, aber nach der Umwandlung durch die Mikroben lässt sich schon nach wenigen Tagen eine große Bandbreite an Geschmacksnoten und Aromen wahrnehmen. Das Mikrobiom jedes Weinguts ist abhängig von der geografischen Lage, der Rebsorte, den klimatischen Bedingungen und den landwirtschaftlichen Praktiken, wodurch eine neue Variable entsteht: das Konzept des *Terroirs*.

Inzwischen ist bekannt, dass sich mithilfe des mikrobiellen Profils einer Rebsorte bestimmen lässt, welche Stoffwechselprodukte die Hauptgeschmacksgeber sein werden. Die wichtigste Rolle spielt die Hefe *Saccharomyces*, die den Alkohol sowie eine Reihe von chemischen Verbindungen erzeugt und damit die aromatische Basis bildet. Darüber hinaus konnten jedoch noch mindestens vierzehn weitere Hefearten nachgewiesen werden, die über den Geschmack entscheiden. Auch den Milchsäurebakterien kommt eine Schlüsselfunktion zu, denn durch die Umwandlung von Apfelsäure in Milchsäure wird der Wein geschmacklich weicher und angenehmer. Dieser Prozess wird häufig von *Oenococcus* und *Lactiplantibacillus plantarum* vollzogen. Neben den Aromen der Holzfässer, die während der Reifung abgegeben werden, wird der Geschmack eines Weins auch noch von den chemischen Verbindungen bestimmt, die aus den Überresten abgestorbener Hefen und Bakterien entstehen, die sich als Bodensatz in Fässern und Flaschen sammeln. Der Bodensatz spielt bei der Weinreifung deshalb eine wichtige Rolle.

Traubenwein ist eines der komplexesten Lebensmittel überhaupt. Er enthält Tausende chemische Verbindungen, viele davon sind darmfreundliche antioxidative Polyphenole, die ursprünglich aus der Traubenbeere stammen und durch den Gärprozess noch vervielfacht werden. Die meisten Menschen schenken dem Wein beim Trinken nur kurz Beachtung, registrieren vielleicht den Geschmack, den er hinterlässt, aber lassen dabei die harte Arbeit, die die Mikroben bei der Herstellung geleistet haben, aus dem Blick. Nehmen Sie sich beim nächsten Glas die Zeit und betrachten Sie Ihren Wein genauer, prüfen Sie seinen Duft und lassen einen Schluck ein paar Sekunden lang im Mund umherwandern, sodass er sich mit Luft vermischt, bevor Sie ausatmen und ihn hinunterschlucken.

Auf der Zunge werden Sie die Adstringenz, also ein raues oder pelziges Mundgefühl, der Tannine spüren, die einen Anhaltspunkt zu Alter und Potenzial eines Weins liefern. Ist die Farbe schon etwas verblasst und ähnelt eher einem bräunlichen Violett, handelt es sich in der Regel um einen alten Wein. Schwere Tropfen, die an der Innenseite des Glases herabrinnen, die sogenannten Tränen, lassen auf einen hohen Alkoholgehalt und eine sonnige Herkunft schließen. In Studien hat sich gezeigt, dass die Mikroben im Mikrobiom unseres Speichels eine wichtige Rolle für das Geschmacksempfinden spielen.[3] Genau wie das Darmmikrobiom bildet auch unser Speichel ein komplexes Ökosystem, das sich von Mensch zu Mensch unterscheidet. Experimente haben ergeben, dass wir alle den Geschmack von Wein deshalb etwas anders wahrnehmen.[4] Manche Mikroben können chemische Rezeptoren im Mund und auf der Zunge aktivieren, sodass bestimmte Geschmacksnoten stärker hervortreten (wie etwa Zitrus), während andere die Weinmoleküle zum Beispiel durch Cystein-Konjugation schnell abbauen und wieder andere Aromen freisetzen. Es mag also auf den ersten Blick prätentiös wirken, doch indem wir den Wein im Mund umherwandern lassen, re-fermentieren wir ihn tatsächlich auf einzigartige Weise und setzen damit neue chemische Verbindungen frei, noch bevor er unseren Darm erreicht.[5]

Wie gesund ist Wein?

Die meisten epidemiologischen Studien zeigen, dass jede Menge Alkohol schädlich ist. Dennoch gibt es Untersuchungen, die belegen, dass etwa eine Einheit pro Tag Herzinfarkte reduzieren kann, vermutlich durch die Verringerung von Blutgerinnseln in den Adern, auch wenn sich das Risiko für viele andere Krankheiten, darunter auch Krebs, leicht erhöht.[6] In einigen größeren Studien konnten beim Konsum von weniger als siebzehn Einheiten pro Woche keine negativen Auswirkungen auf das biologische Alter festgestellt werden, andere hingegen behaupten, dass es keinen sicheren Mindestkonsum gibt, wenn man die Gesamtsterblichkeit betrachtet.[7] Meiner Ansicht nach – wenn Sie Alkohol in Maßen trinken, ohne Gefahr zu laufen, davon abhängig zu werden – ist Rotwein die beste Option (natürlich abhängig vom persönlichen Geschmack). Diese Ansicht vertrete ich trotz der Tatsache, dass beim Genuss von einem Glas pro Tag in epidemiologischen Modellstudien ein erhöhtes gesundheitliches Risiko festgestellt wurde. Dieses Risiko ist statistisch gesehen jedoch sehr, sehr gering. Regelmäßig mit dem Auto zu fahren ist wahrscheinlich deutlich riskanter. Wie immer ist es also wichtig, Risiken in Perspektive zu setzen.

Eine Metaanalyse aus dem Jahr 2023, die 25 Beobachtungsstudien zum Zusammenhang von Weinkonsum und Herzkrankheiten auswertete, kam zu dem Schluss, dass das Risiko für Herzerkrankungen (und Tod) bei Weintrinkenden signifikant um etwa ein Viertel gesenkt war, und zwar gleichermaßen bei Männern wie bei Frauen. Allerdings waren die verfügbaren Daten nicht ausreichend, um Aussagen über die erforderlichen Mengen oder Weinsorten zu treffen.[8] Randomisierte kontrollierte Studien liefern für gewöhnlich aussagekräftigere Ergebnisse als epidemiologische Beobachtungsstudien, im Hinblick auf Alkohol sind sie jedoch häufig von zu kurzer Dauer, um gesundheitliche Risiken abzubilden. Denn Freiwillige im Namen der Wissenschaft über einen längeren

Zeitraum Alkohol oder Placebo-Getränke trinken zu lassen könnte ethisch bedenklich sein. 2023 erschien eine Übersichtsarbeit, die 21 kleinere klinische Studien zur Wirkung von Rotwein zusammenfasste, von denen sieben länger als sechs Monate dauerten. Es konnten durchgehend leicht reduzierende Effekte auf die Blutmarker für Oxidation und Entzündungen festgestellt werden sowie langfristig auf die Marker für Nieren- und Herzerkrankungen bei Diabetes-Patienten.[9] In derselben Übersichtsarbeit wurden auch fünf Kurzzeituntersuchungen über die Auswirkungen von Rotwein auf das Darmmikrobiom ausgewertet. Darin wurden zwischen 10 und 52 Testpersonen über einen Zeitraum von bis zu zwölf Wochen untersucht. Drei der fünf Studien zeigten eine Verbesserung der Mikrobiom-Gesundheit. Eine dieser Studien war eine in Spanien durchgeführte randomisierte kontrollierte Crossover-Interventionsstudie mit zehn Testpersonen. Über einen Zeitraum von vier Wochen wurde dabei festgestellt, dass der tägliche Konsum von zwei Gläsern Rotwein, rotem Traubensaft mit einem Alkoholgehalt von 0,4 Prozent oder von zwei Shotgläsern Gin die Vielfalt des Mikrobioms leicht verbessern konnte. Bei zwei Gläsern Traubensaft (nicht aber beim Gin) erhöhte sich die Zahl nützlicher Mikroben wie *Prevotella* und *Bifidobacteria*, Blutfettwerte und Blutdruck sanken. Die Effekte waren beim Genuss von Rotwein am stärksten – die komplexen chemischen Verbindungen, die bei der Fermentation entstehen, scheinen demnach größere Vorteile zu bringen als nur Traubensaft oder Alkohol allein.

In einer aktuelleren und umfangreicheren Studie tranken 45 Männer über einen Zeitraum von drei Wochen zwei Gläser Rotwein pro Tag. Dabei konnten signifikante Veränderungen in der Diversität des Darmmikrobioms und eine Zunahme der *Prevotella-* und *Ruminococcus-*Arten festgestellt werden. Eine Analyse der chemischen Stoffwechselprodukte zeigte außerdem einen Anstieg von Antioxidantien im Blut.[10] Um diese klinischen Studien zu überprüfen, führte meine Forschungsgruppe eine große internationale Beobachtungsstudie mit 3 000 Testpersonen durch, darunter Zwillinge aus Großbritannien sowie Kohorten in Belgien und den USA. Bei Personen, die – selbst in geringen Mengen – Spirituosen tranken, erreichte die Vielfalt des Darmmikrobioms die schlechtesten Werte, Rotweintrinkende wiesen dagegen die gesündesten Mikroben auf. Bei Weißweintrinkenden zeigte sich nur ein leicht positiver Effekt und bei Personen, die Bier tranken, war keiner zu verzeichnen. Es gab einen Dosis-Wirkungs-Effekt: Jeglicher gesundheitliche Nutzen reduzierte sich drastisch bei drei oder mehr Gläsern pro Tag.[11]

Inzwischen gibt es einige Erkenntnisse darüber, warum die leichten gesundheitlichen Vorzüge, die der Konsum von Wein hervorbringt, die negativen Auswirkungen von Alkohol kompensieren könnten: In Wein sind zahlreiche Polyphenolverbindungen enthalten, zum Beispiel Resveratrol, Catechin, Epicatechin, Quercetin und Anthocyane, die nicht nur die Zusammensetzung des Darmmikrobioms verändern können, sondern auch eine antioxidative Wirkung entfalten und zudem die Blutfettwerte beeinflussen und die Insulinresistenz reduzieren können.[12] Die Daten unserer eigenen Beobachtungsstudien mit Zwillingen und anderen Kohorten zeigen, dass die Wahl eines alkoholischen Getränks nicht nur vom Geschmack, sondern auch von der Anzahl der komplexen Polyphenole abhängig gemacht werden sollte, die es enthält. Auf Grundlage dieser Ergebnisse ist Rotwein eine bessere Wahl als Weißwein. Es gibt einige wenige klinische Langzeitstudien, die beide miteinander vergleichen. In einer brasilianischen Studie mit 157 Testpersonen, die über einen Zeitraum von einem Jahr durchgeführt wurde, konnten zwischen Rot- und Weißweintrinkenden allerdings keine eindeutigen Unterschiede bei den Blutfettwerten festgestellt werden. Womöglich spielen also noch andere Faktoren eine Rolle.[13]

Château Resveratrol

Ein Inhaltsstoff im Wein hat inzwischen Prominentenstatus erreicht. Resveratrol, ein Polyphenol, das in etwa siebzig Pflanzenarten zu finden ist, unter anderem in Erdnüssen, Rhabarber und Beeren, aber besonders in roten Trauben, machte in den 1990er-Jahren Schlagzeilen. Bei Nagetieren zeigte es erstaunliche Wirkungen: Es reduzierte Entzündungen, förderte den Gewichtsverlust und die Hirndurchblutung, verringerte das Krebsrisiko und verlängerte sogar die Lebensspanne. Außerdem wirkte es blutdrucksenkend und verbesserte die Herzmuskelfunktion, wodurch das Herzinfarktrisiko sank. Die blutdrucksenkende Wirkung wird offenbar durch die Aktivierung zweier wichtiger Enzyme namens Sirtuin-1 (SIRT1) und AMPK erreicht, die die Zellen in den Blutgefäßwänden zur Produktion von Stickstoffmonoxid anregen. Dies führt zur Entspannung der glatten Muskulatur und zur Erweiterung der Blutgefäße, was wiederum den Blutdruck senkt. Unternehmer nutzten die Ergebnisse der Studien mit Nagetieren, um für ihre Weine zu werben, obwohl man schätzungsweise etwa dreißig Flaschen pro Tag trinken müsste, um Resveratrol in der angeblich vorteilbringenden Menge (400 bis 1000 Milligramm pro Tag) zu sich zu nehmen.

Ich persönlich stand den Geschichten, die sich um Resveratrol rankten, immer kritisch gegenüber, insbesondere, weil sie hauptsächlich auf Labor- und Tierstudien beruhten und der Nahrungsergänzungsmittelindustrie Rekordumsätze verschafften. Außerdem ist die entsprechende Menge an Rotwein wohl selbst für trinkfeste Menschen nicht zu konsumieren. In jüngster Zeit hat sich meine Meinung dazu jedoch geändert. Während der Recherchen zu diesem Buch stieß ich auf eine randomisierte Studie aus dem Jahr 2023, die erstmals eine eindeutige Wirkung von Resveratrol auf das menschliche Herz nachweisen konnte.[14] 80 Patientinnen und Patienten mit hohem Blutdruck und Herzinfarktrisiko wurden sechs Monate lang täglich 400 Milligramm Resveratrol oder ein Placebo verabreicht.

Zum Ende hatte sich die Herzfunktion der Personen, die Resveratrol bekommen hatten, deutlich verbessert. In anderen klinischen Studien konnte eine Senkung der Blutfettwerte festgestellt werden.[15] Andererseits gab es auch Studien, in denen hohe Dosen von etwa 1 000 Milligramm pro Tag einen gegenteiligen Effekt erzielten, die Blutfettwerte verschlechterten sich.[16] Eine Metaanalyse aus dem Jahr 2022, der siebzehn Studien zugrunde lagen, brachte Licht ins Dunkel. Es konnte festgestellt werden, dass Resveratrol allgemein einen positiven Effekt auf die Senkung der Blutfettwerte (Triglyceride und LDL-Cholesterin) hat, die Dosis allerdings entscheidend ist.[17]

In mehreren Studien zeigte eine Dosis von mehr als 400 Milligramm pro Tag entweder gar keine oder eine negative Wirkung, während in anderen schon bei einer geringen Dosis von nur 5 Milligramm pro Tag ein positiver Effekt festgestellt werden konnte. In einer spanischen Studie erhielten 25 Freiwillige über einen Zeitraum von vier Wochen täglich entweder zwei Gläser eines Rotweins mit niedrigem Resveratrol-Gehalt (1 Milligramm pro Liter, also etwa 0,3 Milligramm pro Tag) oder eines Weines mit hoher Konzentration (5,9 Milligramm pro Liter, 2 Milligramm pro Tag). In der zweiten Gruppe wurden erhöhte SHBG-Werte gemessen, ein in der Leber produziertes Eiweiß, das Östrogen und Testosteron im Blut bindet und mit einem geringeren Risiko für Herzerkrankungen, verzögerter Alterung und niedrigen Cholesterinwerten in Verbindung gebracht wird.[18] Bei Frauen waren die Ergebnisse eindeutiger als bei Männern. Es zeigt sich hier also erneut, dass eine niedrige Dosis vielversprechender sein könnte und es entscheidend ist, das richtige Maß zu finden.

Eine Zusammenfassung von 28 kleineren Humanstudien mit Menschen belegte, dass die Einnahme von niedrig dosierten Resveratrol-Präparaten über einen Zeitraum von mehr als drei Monaten das Körpergewicht leicht verringern kann (um weniger als ein Kilogramm), hohe Dosen (500 Milligramm oder mehr) das Körpergewicht hingegen erhöhen können.[19] Eine der Studien kam zu dem Schluss, dass 5 Milligramm Resveratrol täglich die optimale Dosis sei, um das Risiko für Darmkrebs beim Menschen zu senken, 1000 Milligramm aber tatsächlich schädlich wirken können.[20] Dass die hoch dosierte Einnahme von Substanzen, die wir nur in winzigen Mengen benötigen und über die normale Ernährung gut aufnehmen, potenziell schaden kann, ist nichts Neues: Es gibt viele Beispiele für Stoffe, bei denen eine Überdosierung gesundheitsschädlich sein kann, etwa bei Kalzium, Vitamin D, Folsäure und Vitamin A. Interessanterweise ist die Dosis von 5 Milligramm, die beim Resveratrol als sicher erachtet wird, in etwa die Menge, die in einem großen Glas Rotwein enthalten ist.

In größeren spanischen Bevölkerungsumfragen wurde festgestellt, dass etwa 98,4 Prozent des aufgenommenen Resveratrols aus dem Weinkonsum stammen, hauptsächlich aus Rotwein, eine kleinere Menge auch aus Rosé- und Weißwein.[21] Die Resveratrol-Konzentration kann sich jedoch bei einzelnen Weinen um das bis zu Zwanzigfache unterscheiden, von kaum messbaren Mengen bis hin zu 27 Milligramm pro Liter. In einer Studie der Cornell University wurde festgestellt, dass Pinot-Noir-Reben mit ihren dünnschaligen Trauben und hohen Polyphenolwerten zum Schutz vor Insekten höhere Resveratrolmengen von über 10 Milligramm hervorbrachten. Viele Pinot-Noir-Weine aus dem Bundesstaat New York wiesen mehr als 13 Milligramm auf.[22] In einer jüngeren Untersuchung von sechzehn australischen und neuseeländischen Weinen der Jahrgänge 2010 bis 2012 konnten sogar noch höhere Werte ermittelt werden. Pinot Noir und Merlot schnitten mit 4 bis 27 Milligramm pro Liter am besten ab, der höchste Wert wurde mit 26,8 Milligramm bei einem Shiraz aus dem Grampians drei Jahre nach der Ernte gemessen. Allerdings sanken diese Werte nach zwei weiteren Jahren aufgrund der Alterung und der Umwandlung von Resveratrol in weniger aktive Formen um 75 Prozent.[23] Daher gilt: Solange der Resveratrolgehalt noch nicht auf dem Etikett angegeben wird, sollte man Pinot und Shiraz also besser jung trinken; bei solch hohen Werten reicht ein Glas vermutlich aus, um auf die magischen 5 Milligramm zu kommen.

Allerdings wäre es zu kurz gegriffen, nur eine Polyphenol-Verbindung im Wein zu betrachten. Es gibt noch Hunderte weitere, die einzeln oder in Kombination vielleicht sogar noch wichtiger sein könnten. Der Polyphenolgehalt ist allgemein am höchsten bei Rotweinen, die in Eichenfässern gelagert und mit Korken verschlossen wurden. Noch wissen wir nicht, welche Polyphenole die wichtigsten sind, aber schon jetzt wird Wein zunehmend als gesundheitsfördernd vermarktet. Von hochdosierten Resveratrol-Präparaten ist hingegen eher abzuraten: Bis weitere Humanstudien vorliegen, ist es sicherer, nur geringe Dosen zu sich zu nehmen und das möglichst auf natürlichem Weg über Nahrungsmittel und Getränke.

Die Wissenschaft des Katers

Sind Sie schon einmal an einem Sonntagmorgen aufgewacht und haben sich gewünscht, Sie wären es besser nicht? Als wären die Kopfschmerzen nicht schon schlimm genug, geben Übelkeit und Teilnahmslosigkeit einem das Gefühl, vergiftet worden zu sein.

Der typische Kater ist eine Nebenwirkung, die auftritt, wenn die Konzentration des Alkohols im Blut nach einer durchzechten Nacht wieder auf null sinkt.[24] Acetaldehyd, das beim Abbau von Alkohol im Körper entsteht, ist eine giftige Substanz, die bei jedem Menschen unterschiedlich schnell abgebaut wird. Je länger das Acetaldehyd im Körper bleibt, desto schlechter fühlen wir uns. Allgemein gilt: Je mehr reinen Alkohol ein Destillat enthält, desto weniger chemische Nebenprodukte der Alkoholgärung, sogenannte Kongenere, sind vorhanden und desto geringer ist das Risiko, einen Kater zu bekommen. Bei Wodka und Gin enthält das Destillat bis zu 95 Prozent Alkohol, bei Malt Whisky, Cognac, Rum und Grappa sind es 70 Prozent, bei Bourbon 65 Prozent, und bei Tequila (mein persönlicher Erzfeind) nur 55 Prozent. Die Geschwindigkeit, mit der unser Körper und unser Gehirn wieder in ihren Normalzustand zurückkehren, kann sich stark unterscheiden. In Studien konnte gezeigt werden, dass sie zum Teil von Alter, Zusammensetzung der Darmmikroben und genetischer Veranlagung abhängt.[25]

Könnten fermentierte Lebensmittel mit der Vielzahl an Mikroben, die sie enthalten, vielleicht helfen, einen Kater zu verhindern? In mehreren Studien, hauptsächlich an Mäusen durchgeführt, konnte gezeigt werden, dass die Probiotika in Käse und Joghurt (*Lactobacilli* oder *Bifidobacteria*) oder in fermentiertem Ginseng den Alkohol schneller abbauen und Leberschäden vorbeugen können.[26] 54 Koreanerinnen und Koreanern wurde bei einer zweiwöchigen Studie entweder ein Placebo oder eine Mischung aus vier verschiedenen Probiotika verabreicht, deren Enzyme Alkohol und Aldehyde abbauen. Danach sollten sie Wodka auf nüchternen Magen trinken. Bei den Personen, die nicht unter Alkoholintoleranz litten, konnten die Probiotika die Mengen des Alkohols und des Abbauprodukts Acetaldehyd im Blut signifikant senken. Leider litten die Probanden nach eigener Aussage aber dennoch unter Kater-Symptomen, möglicherweise war die Dosierung also zu niedrig.[27] Diese Studien mit Mäusen und Menschen lassen hoffen, dass ein Probiotika-Präparat, fermentierter Käse oder ein Glas Kefir tatsächlich helfen könnten, einen Kater nach zu viel Alkoholgenuss abzumildern, allerdings nur, wenn sie davor und nicht danach eingenommen werden.[28]

Neulich erst konnte ich mein Wissen über Alkohol bei einem Besuch der medizinischen Fakultät in Almaty, Kasachstan, auf die Probe stellen. Nach einer Dreiviertelstunde Empfang bei einem Glas Wein begann das Abendessen direkt mit Wodka und Trinksprüchen. Ich saß neben dem zierlichen, betagten Dekan, während mein persönlicher Wodka-Kellner hinter mir stand. Leider versäumte ich es, mich rechtzeitig zu verabschieden, und sechs doppelte Gläser später konnte ich nicht mehr ganz so klar sehen. Kurz bevor meine Beine unter mir nachgeben konnten, murmelte ich, dass ich noch mit einem Bekannten verabredet sei, und schwankte nach draußen. Das Nächste, woran ich mich erinnere, ist, dass ich am darauffolgenden Morgen um sechs Uhr früh vollständig bekleidet in meinem Hotelbett aufwachte und (zu Recht) das Gefühl hatte, vergiftet worden zu sein. Ich hatte gehofft, den Rausch ausschlafen zu können, doch um 9:30 Uhr stand eine Rede vor 1 000 motivierten Medizinstudierenden und die Verleihung eines renommierten Preises an. Ich suchte deshalb verzweifelt nach einem Heilmittel. Im Hotel empfahl man mir ein altes Hausmittel – kohlensäurehaltigen Pferdemilchkefir, der die Übelkeit allerdings nur noch verstärkte. Diesen schrecklichen Tag werde ich niemals vergessen und auch nicht das Lächeln des zierlichen Dekans, der vollkommen makellos und gut gelaunt meine zitternde, verschwitzte Hand schüttelte und mich fragte, ob ich gut geschlafen hätte.

Weinkopfschmerzen

Bei etwa 10 Prozent der Bevölkerung verursacht Wein eine bestimmte Art von Kopfschmerzen. Als Ursache werden im Allgemeinen die Sulfite angesehen, die aus dem Schwefeldioxid entstehen, das dem Wein als Konservierungsmittel beigemischt wird. Vor allem Rotwein gilt als Übeltäter, wahrscheinlich aber zu Unrecht, denn Weißwein enthält in der Regel mehr Sulfite, da die Tannine im Rotwein als natürliche Antioxidantien und Konservierungsstoffe wirken, sodass ihm weniger Schwefeldioxid zugesetzt werden muss. Tatsächlich enthalten Trockenfrüchte zehnmal so viele Sulfite wie Wein, und dennoch hört man selten von »Aprikosen-Kopfschmerzen« am nächsten Morgen. In einer portugiesischen Studie erhielten 51 Probanden, die nach eigenen Angaben unter Weinkopfschmerzen litten, jeweils zwei Gläser Weißwein mit einem hohen und einem niedrigen Sulfitgehalt. Nur 27 Prozent litten nach der hohen Dosis unter klassischem Migränekopfschmerz und 14 Prozent nach der niedrigen Dosis.[29] In der Kontrollgruppe, die aus Probanden mit geringem Kopfschmerzrisiko bestand, berichteten 20 Prozent nach der hohen Dosis über Kopfschmerzen. Es zeigten sich also nur geringfügige Unterschiede zwischen beiden Gruppen und der Effekt könnte eher psychosomatisch als tatsächlich auf das Sulfit zurückzuführen sein. Damit bestätigt sich eine Schätzung der FDA (Food and Drug Administration) in den USA, wonach etwa 1 Prozent der Bevölkerung von dieser Art Kopfschmerzen betroffen ist, wobei die Zahl in asiatischen Bevölkerungen sicherlich höher liegt. Sulfite beim Weingenuss völlig zu meiden ist so gut wie unmöglich. Im Allgemeinen gilt, je süßer der Wein, desto mehr Konservierungsstoffe enthält er. Selbst in Bio-Wein oder Naturwein sind Sulfite enthalten, wenn auch meist in geringeren Mengen.

Die Ursachen für Kopfschmerzen wurden darüber hinaus im hohen Tanningehalt mancher Weine wie Bordeaux und italienischem Barolo gesucht, der möglicherweise zu einer erhöhten Serotonin-Ausschüttung führt, oder sogar bei den Mikroben, die bei vielen modernen Weinen durch die sekundäre Milchsäuregärung erzeugt werden. Bislang konnten jedoch noch keine eindeutigen Erkenntnisse dazu gewonnen werden.

Beim sogenannten Rotwein-Syndrom, das selten vorkommt, leiden Betroffene etwa eine Viertelstunde nach dem Genuss unter starken Kopfschmerzen, Hautrötungen und Übelkeit. Als Ursache wird eine Histaminintoleranz vermutet, bei der erhöhte Werte von biogenen Aminen, wie sie im Rotwein vorkommen, die Blutgefäße weiten und zu Kopfschmerzen führen, weil der Körper sie nicht schnell genug abbauen kann. Allerdings konnte in einer Studie mit Probanden, die nach eigenen Angaben unter dem Syndrom litten, keine eindeutige Verbindung zu Rotwein festgestellt werden.

Herr Ober, mein Wein enthält Trichloranisol (TCA)

Früher glaubte ich fälschlicherweise, dass korkiger Wein durch einen kaputten Korken entstehe, der Sauerstoff in die Flasche gelassen hat, wodurch *Acetobacter*-Bakterien den Wein in Essig verwandeln konnten. Tatsächlich können sich auf Korken jedoch Schimmel und Bakterien ansiedeln, die unerwünschte Aromen bilden. Es kann sich ein erdiges Pilzaroma entwickeln oder ein Geruch nach feuchtem Keller, manchmal auch nach nassem Hund, der mit Desinfektionsmittel behandelt wurde. Dieser unangenehme Geruch stammt von einer chemischen Verbindung namens Trichloranisol (TCA), die in den Wein übergeht und dafür sorgt, dass er »korkt«. TCA (und ähnliche Anisole) entstehen für gewöhnlich, wenn die natürlichen Pilze im Kork mit Bleichmitteln und chlorhaltigen Reinigungschemikalien in Berührung kommen, die auf modernen Weingütern verwendet werden. Auf diese Weise können Tausende Flaschen verdorben werden. Auch bei Flaschen mit Gummikorken und Schraubverschluss kann Korkgeschmack vorkommen, ist dann jedoch meist auf andere unerwünschte chemische Verbindungen zurückzuführen. Etwa 2 Prozent aller produzierten Weine sind von Korkgeschmack betroffen, inzwischen tritt das Phänomen aber deutlich seltener auf als früher.

Es gibt Menschen, denen Wein mit Korkgeschmack nichts ausmacht. Auch ich finde solche Weine manchmal noch gut trinkbar, meine Frau und meine Tochter dagegen nehmen den Geruch selbst vom anderen Ende des Tisches noch wahr und würden korkigen Wein niemals anrühren. Wieder andere bemerken gar nichts. Das ist vor allem auf genetische Unterschiede zurückzuführen: Japanische Forschende fanden heraus, dass TCA bei manchen Menschen Teile des Geruchssinns unterdrückt und einen starken Phantomgeruch erzeugt.[30] Für alle anderen sind solche Weine aber uneingeschränkt genießbar. Geschmack ist, wie wir inzwischen wissen, eine individuelle Erfahrung, die von unseren Genen und Mikroben abhängt – es gibt also kein Richtig oder Falsch. Wenn Ihnen korkiger Wein nichts ausmacht, dann zum Wohl!

Die Wahl des richtigen Weins

»Hmm … ein wenig Zitrone … vielleicht etwas Erdbeere, Passionsfrucht, und … ah, da ist noch ein ganz feiner Hauch von, ich würde sagen, Spargel. Und nur so eine winzige Ahnung eines Edamers.« So formuliert es Miles Raymond im Film *Sideways* von 2004, aber wie aussagekräftig sind solche Bewertungen? Wenn unsere Reaktionen auf Gerüche und Aromen so individuell sind, wie gut können dann professionelle Verkosterinnen und Verkoster Qualität und Wert eines Weins beurteilen?

Die meisten Fachleute können allein anhand des Aussehens und Geruchs eines Weins ungefähr seine Herkunft feststellen. Der Bordeaux-Forscher Frédéric Brochet äußerte 2001 jedoch erste Zweifel daran, ob sich Weine wirklich zuverlässig bewerten lassen. Er verglich 143 000 Bewertungen professioneller Weinverkostungsgruppen, darunter die von Guide Hachette und die von Robert Parker, dem »Wine Advocate«, und stellte fest, dass sie sich lediglich bei der Farbe der Weine einig waren. Was Beschreibungen, Aromen und Fachbegriffe betraf, fanden sich hingegen wenig Gemeinsamkeiten. Sobald die Farbe des Weins mithilfe von Färbemitteln verändert wurde, ließen sich die Verkoster zudem leicht in die Irre führen.[31] Brochet führte außerdem einen Test mit einem roten Bordeaux durch, indem er den Fachleuten den identischen Wein einmal mit einem vermeintlich edlen und einmal mit einem vermeintlich billigen Etikett präsentierte – 79 Prozent entschieden sich für das edle Etikett.

Bio-, biodynamische und Naturweine

Menschen, bei denen der Genuss von Rotwein Kopfschmerzen verursacht, greifen häufig zu Bio-Weinen, weil diese meist weniger bis gar keine Sulfite enthalten. Allerdings ist das nicht automatisch der

Fall. Das Bio-Siegel schreibt lediglich vor, dass beim Anbau keine synthetischen Pflanzenschutz- und Düngemittel verwendet werden dürfen; Kupfersulfat, das auf der Blattoberfläche wirkt, darf jedoch als Fungizid eingesetzt werden. Das ermöglicht zwar den Anbau von Bio-Trauben ohne Pestizide, aber die Methoden können traditionell sein und Sulfite sind fast immer vorhanden. Der Begriff Bio-Wein wird in einzelnen Ländern zudem unterschiedlich definiert: In Großbritannien beispielsweise bezieht er sich nur auf die Verwendung von Bio-Trauben, der Rest der Weinherstellung und die Zugabe von Sulfiten ist nicht geregelt. In Frankreich dürfen Bio-Weine zwar Sulfite enthalten, aber nur in geringen Mengen. In den USA und Kanada müssen Bio-Trauben und -Hefen verwendet werden und der Einsatz jeglicher Pestizide und Herbizide ist verboten. Bio-Weine müssen dort zudem frei von Sulfiten sein. Im Allgemeinen enthalten Bio-Weine natürlicherweise bis zu 40 ppm (»parts per million«, was »Partikel pro Million« bedeutet) an Sulfiten, die ausschließlich aus natürlichen Nebenprodukten der Hefe stammen. Gewöhnliche Weine mit zugefügten Sulfiten erreichen dagegen Werte von bis zu 200 Partikeln pro Million.

Allerdings geht es bei der Entscheidung für einen Bio-Wein nicht nur um den Gehalt an Sulfiten; der zunehmende Einsatz von Pestiziden im Weinbau verursacht auch ökologische Probleme. In Frankreich entfallen beispielsweise 3 Prozent der gesamten landwirtschaftlichen Fläche auf den Weinanbau, der dagegen für fast 20 Prozent des gesamten Pestizideinsatzes verantwortlich ist. In wissenschaftlichen Untersuchungen schneiden Bio-Weine durchweg besser ab, was die Boden- und Traubenqualität sowie Nachhaltigkeit und Umweltauswirkungen betrifft, aber nicht zwangsläufig hinsichtlich des Geschmacks. Nach neuesten Schätzungen werden etwa 6,4 Prozent aller Weine weltweit biologisch erzeugt. Viele Spitzenweingüter haben inzwischen auf entsprechende Methoden umgestellt, auch wenn nicht immer ausdrücklich damit geworben wird. Es lohnt sich daher, das Kleingedruckte auf dem Etikett zu lesen, um Genaueres zu erfahren. Möchten Sie den pestizidfreien Anbau unterstützen, dann achten Sie auf das EU-Bio-Siegel oder auf Bezeichnungen wie »hergestellt aus Bio-Trauben« in Europa oder »organic wine« in den USA.

Biodynamischer Wein

Biodynamischer Wein wird auf ganzheitliche Weise nach den Regeln der biologisch-dynamischen Landwirtschaft hergestellt. Er ist fast immer bio – unter Einsatz traditioneller Fungizide –, allerdings ist nicht jeder Bio-Wein auch biodynamisch. Inzwischen gibt es über 1000 Weingüter, die offiziell von der Organisation *Demeter* zertifiziert wurden, mit steigender Tendenz. Die Kriterien für einen biodynamischen Wein sind um einiges strenger als für Bio-Wein und gehen auf die landwirtschaftlichen Prinzipien zurück, die der Philosoph Rudolf Steiner in den 1920er-Jahren formuliert hat. Er war zum Beispiel der Ansicht, dass sich mithilfe von Fermenten die Bodenqualität verbessern lässt. In der biodynamischen Landwirtschaft werden außerdem Mond- und Planetenkalender genutzt, um die besten Zeiten für das Ernten, Unkrautjäten oder die Ruhephasen zu bestimmen. Nach den Regeln der biodynamischen Landwirtschaft sollte man bei Vollmond keinen Wein abfüllen und Sektflaschen nur vorsichtig öffnen, weil sie explodieren könnten – seien Sie also gewarnt. Zweifellos sind die Enthusiasten, die diese Methoden anwenden, aber hervorragende Landwirte, die sich sehr genau mit ihren Böden, den Pflanzen, Unkräutern, Insekten und Mikroben befassen und bewährte Praktiken wie Zwischenfruchtanbau und Rotationssysteme einsetzen. Interessanterweise ist es beim biodynamischen Weinanbau üblich, eine spezielle Mischung aus Kuhdung in Rinderhörner zu füllen (kommerziell auch als »Präparat 500« bekannt) und in der Erde zu vergraben. Auf diese Weise soll der Boden mit zusätzlichen Mineralien und Mikroben angereichert werden. Das Rinderhorn wird nach einer Weile wieder ausgegraben und der Humus darin in großen Tanks mit 37 °C warmem Wasser vermischt, um die Fermentation anzukurbeln. Das Ferment wird dann zweimal im Jahr unter den Reben auf der Erde verteilt. Die Resultate sind offenbar beeindruckend, sowohl die Bodenqualität als auch die der Reben betreffend. Eine Metaanalyse konnte nachweisen, dass die Bodenqualität in der Tat besser ist, allerdings waren in einem jüngeren Experiment in der Schweiz über einen Zeitraum von fünf Jahren zwischen biodynamischen und Bio-Weinen keine Unterschiede festzustellen.[32] Der Trend zu nachhaltig produzierten Weinen wird voraussichtlich weiter anhalten, und viele Hersteller bemühen sich, den gesamten Prozess organisch zu gestalten, indem sie den Einsatz von Agrochemikalien reduzieren, nur natürliche Hefen und Konservierungsstoffe verwenden und auf eine »künstliche« Manipulation der Aromen verzichten.

Naturwein

Naturwein ist ein Konzept, das immer breitere Akzeptanz findet und für das es in Frankreich seit Neuestem sogar eine »offizielle« Zertifizierung gibt, die versichert, dass der Wein Bio ist und ihm keine Sulfite zugesetzt wurden. Bei der Herstellung wird auf spontane Fermentation durch wilde Hefen gesetzt, um die Wirkung des Terroirs zu maximieren und den Einsatz von Chemikalien zu minimieren. So wie der biodynamische Anbau eine Abkehr von althergebrachten Bodenpraktiken darstellt, ist die Herstellung von Naturwein ein Bruch mit herkömmlichen Verfahren, bei denen den Weinen Säuerungsmittel, Zucker, Tannine, chemische Zusatzstoffe und sogar Farbstoffe zugesetzt werden, um Geschmack und Aussehen zu verändern. Bei einem Besuch in Georgien konnte ich einige fantastische »originale« Naturweine verkosten. Dort werden die Trauben in einem seit Jahrtausenden unveränderten Verfahren mehrere Monate lang in riesigen Tongefäßen, *Qvevri* genannt, im Boden vergoren, wobei nur natürliche Hefen zum Einsatz kommen.

Naturweine unterscheiden sich stark von herkömmlichen und auch von Bio-Weinen, insbesondere die bernsteinfarbenen oder trüben unfiltrierten Weißweine besitzen ein einzigartiges Aroma und können sehr tanninbetont und herb sein. Da die Gärung mit Naturhefe deutlich langsamer abläuft, ähnelt ihr Geschmacksprofil dem von Kombucha. Der Mangel an Schwefel kann manchmal dazu führen, dass sich bestimmte Mikroben vermehren, die ein Aroma erzeugen, das an Mäuse erinnert. Dieses wird allerdings nur von etwa jedem dritten Menschen wahrgenommen. Mich haben Naturweine bislang noch nicht ganz überzeugt, aber wie bei den meisten fermentierten Lebensmitteln kann es eine Weile dauern, bis man sich an den Geschmack gewöhnt hat und ihre gesundheitlichen Vorteile erkennt. Orangeweine, die nicht zwangsläufig Bio- oder Naturweine sind, aber bei deren Herstellung die weiße Traubenschale wie beim Rotwein mit verwendet wird und die deswegen mehr Tannine und Polyphenole enthalten, trinke ich dagegen recht gern. Geschmacklich passen sie hervorragend zu dunkler Schokolade. Wenn Sie einen echten Naturwein oder einen mit geringem Sulfitgehalt probieren möchten, dann sollten Sie einen jungen Wein wählen und ihn zügig genießen, damit er nicht mit zu viel Sauerstoff in Kontakt kommt und sich keine unerwünschten Mikroben bilden.

Alkoholreduzierte Weine

Da Alkohol immer unbeliebter wird und der Durchschnittsalkoholgehalt von Weinen wegen der heißeren Sommer und der Verwendung neuer Rebsorten in den vergangenen zwanzig Jahren bei vielen Rotweinen auf über 15 Prozent gestiegen ist, ist die Nachfrage nach alkoholreduzierten oder alkoholfreien Weinen stark gestiegen. Der Markt für solche Produkte wächst um etwa 25 Prozent pro Jahr.

In nördlichen Gegenden wie England und Deutschland hergestellte Weine haben im Allgemeinen einen geringeren Alkoholgehalt von etwa 10 bis 12 Prozent, genau wie viele Weißweine und Schaumweine. Inzwischen gibt es Hefen, die gezielt so gezüchtet werden, dass sie Weine mit geringerem Alkoholgehalt produzieren; mir persönlich schmecken dennoch Weine am besten, die ganz normal vergoren werden und aus denen der Alkohol anschließend herausgefiltert oder mittels Zentrifugierens entfernt wird. Bei der neuesten Methode des Zentrifugierens wird unter Vakuum eine Schleuderkegelkolonne eingesetzt, die einen Teil oder den Großteil des Alkohols entfernt, ohne dass der Wein zu stark erhitzt wird und die Aromen und Heferückstände verloren gehen. So lassen sich alkoholreduzierte Weine herstellen, die mit 4 bis 10 Prozent so stark sind wie Bier, oder auch völlig alkoholfreie ab einem Alkoholgehalt von unter 0,5 Prozent. Bei Weiß- und Roséweinen ist es einfacher, den Alkoholgehalt zu reduzieren, ohne dass wichtige Aromen verloren gehen. In Regionen außerhalb Europas scheint dieser Trend auf besonders große Begeisterung zu stoßen, beispielsweise werden in Australien und Neuseeland einige hervorragende alkoholreduzierte Weine produziert. Ich habe schon einige Pinot Noirs aus West-Kanada probiert, die nur 1 Prozent Alkohol enthielten, und geschmacklich dennoch ausgewogen und nicht zu süß waren; es gibt auch einige südafrikanische und britische Sorten, die mich überzeugt haben. Für eine gute Flasche sollte man allerdings etwas mehr Geld ausgeben; die sehr günstigen Weine sind häufig zu süß und schmecken unangenehm nach Traubensaft. Die Qualität alkoholreduzierter und alkoholfreier Weine verbessert sich von Jahr zu Jahr und sie werden mit Sicherheit auch in der Zukunft noch eine große Rolle spielen.

Süße Weine werden mit Restzucker hergestellt, der nicht in Alkohol umgewandelt wurde, oder indem der Gärprozess angehalten und Alkohol künstlich hinzugefügt wird. Dafür gibt es unterschiedliche Verfahren. Zum Beispiel kann Traubensaft beigemischt und der Gärprozess durch Filtrierung oder die Zugabe von Schwefel gestoppt werden. Der Wein kann auch, wie bei deutschem Eiswein, aus gefrorenen Trauben hergestellt werden. Beim Botrytis-Wein werden Trauben genutzt, die von Grauschimmel (sogenannter Edelfäule, *Botrytis cinerea*) befallen sind. Dabei konzentriert sich der Zucker in der Traube – ein Verfahren, das ursprünglich bei ungarischem Tokajer und später auch bei französischem Sauternes angewandt wurde. Der *Botrytis*-Pilz perforiert die Schale der Traube und lässt sie bei warmen Temperaturen austrocknen. So wird die Traube bereits an der Rebe fermentiert und Zucker und Säure in Glycerin umgewandelt, was dem Dessertwein seine sirupartige Konsistenz verleiht. Zugleich entstehen auch eine Menge aromatischer Verbindungen, die an Honigduft erinnern.

Portwein entstand als pragmatische Methode, Wein über das Meer von Portugal nach England zu transportieren. Sein Alkoholgehalt wurde erhöht, indem der Gärprozess vorzeitig beendet und stattdessen Brandy als Konservierungsstoff zugesetzt wurde, um Mikroben abzutöten und sie daran zu hindern, den Wein in Essig zu verwandeln. Das machte den Wein jahrelang haltbar, wodurch sich das Aroma vertiefte und der Geschmack komplexer wurde. Madeira-Wein wird auf ähnliche Weise hergestellt, allerdings wird er nach der Zugabe von Brandy noch in beheizten Tanks auf bis zu 50 °C erhitzt. Danach muss er für einige Monate ruhen. Bei Sherry-Sorten wie Oloroso handelt es sich um oxidierten oder gealterten spanischen Weißwein, der bei der Lagerung in Fässern regelmäßig mit Sauerstoff in Kontakt kommt. Während der Herstellung unter Verwendung des sogenannten Solera-Systems werden außerdem verschiedene Jahrgänge miteinander vermischt.

Sake und Reiswein

Die Chinesen waren vermutlich die Ersten, die Reis zu einem weinähnlichen Getränk namens *Chiu* vergoren. Es heißt, dass dessen

Konsum derart außer Kontrolle geriet, dass er gesellschaftliche Probleme verursachte und es zu einer natürlichen Selektion kam: Menschen mit mutierten ADH- und ALDH-Genen, die Alkohol schlechter abbauen können, überlebten eher und konnten sich fortpflanzen, denn sie vertrugen Alkohol nicht, sodass sie resistent gegenüber Trinkexzessen und Alkoholismus waren.[33] Die bekanntere japanische Version von Reiswein heißt Sake und wurde etwa im 3. Jahrhundert nach Japan importiert, wo sie Teil der nationalen Kultur wurde. Bei der Herstellung wird die Stärke des Reises zunächst durch Zugabe des Kōji-Pilzes in Zucker umgewandelt, danach wird die Zuckerlösung mit natürlicher Hefe fermentiert, um Alkohol zu erzeugen. Für guten Sake ist die Qualität des Reises entscheidend; idealerweise werden die äußeren Schichten des Reiskorns durch Polieren vollständig entfernt, sodass nur der innere, stärkehaltige Kern übrigbleibt. Der Fermentationsprozess findet bei niedrigen Temperaturen von etwa 15 °C statt und dauert zwei bis vier Wochen. Mitunter wird auch noch weiterer Reis hinzugefügt. Danach wird die Mischung gepresst, gefiltert, verdünnt und reift mehrere Wochen, bevor sie pasteurisiert und in Flaschen abgefüllt wird.

Bei einem Ski-Urlaub in Hokkaido, den ich kürzlich unternahm, stellte uns unser japanischer Bergführer Yuji einige erstaunlich aromatische Sake-Varianten vor, darunter auch dunklen, der aus braunem Reis hergestellt wird. Sie alle schmecken unterschiedlich und können heiß oder kalt getrunken werden. Auch wenn es Ausnahmen gibt, werden die besten Sorten für gewöhnlich kalt genossen, damit ihre Aromen sich gut entfalten können, die günstigeren dagegen warm. Der Alkoholgehalt ist mit 14 bis 20 Prozent etwas höher als bei Traubenwein. Mein Favorit war Namasake, der jung getrunken wird, da er unpasteurisiert ist und daher lebendige Mikroben enthält. Deshalb wird er auch nur selten exportiert. Die blumigen Noten und der fruchtige Geschmack waren fantastisch, vor allem wenn man bedenkt, dass dieser Wein aus purer Reisstärke hergestellt wird und die komplexen Aromen allein der Tätigkeit der Mikroben zu verdanken sind. Ob pasteurisierter Sake, maßvoll genossen, gesundheitliche Vorzüge besitzt, ist unklar, da sein Polyphenolgehalt eher gering ist. Es heißt jedoch, dass japanische Mäuse während einer Strahlentherapie von seinem Konsum profitieren konnten. Fermentierte Reisgetränke gibt es auch in vielen anderen Kulturen, besonders im Nordosten von Indien und in Vietnam, und auch hier scheinen sie zumindest den Mäusen gut zu bekommen.[34]

Fünf Fakten zu Wein

1. Rotwein besitzt den höchsten Polyphenolgehalt und kann in moderaten Mengen von ein bis zwei Gläsern pro Tag gewisse gesundheitliche Vorteile für das Herz haben.
2. Unser Geschmacksempfinden ist sehr individuell, lassen Sie sich deshalb von Preisen oder vermeintlich edlen Etiketten nicht zu stark beeinflussen.
3. Kopfschmerzen nach dem Weingenuss könnten auf Sulfite zurückzuführen sein, deren Gehalt bei Bio-Weinen geringer und bei Weißweinen höher ist.
4. Ein Kater kann durch fermentierte Lebensmittel oder Probiotika möglicherweise abgemildert werden.
5. Einige Rotweine enthalten große Mengen Resveratrol, weshalb sich bereits ein Glas davon positiv auf die Gesundheit auswirken könnte. Resveratrol-Präparate sind dagegen eher schädlich.

MET, BIER UND APFELWEIN

Met

Met ist vermutlich das älteste fermentierte alkoholische Getränk überhaupt. Es gibt Hinweise darauf, dass bereits vor 15 000 Jahren bei den Khoisan in Südafrika verdünnter Met getrunken wurde. In Europa stellten ihn die Pikten und Kelten auf den britischen Inseln bereits 4 000 v. Chr. her.

Im Wesentlichen ist Met Honigwein, der mit Früchten und Kräutern angereichert werden kann, um ihm weitere wilde Hefen und zusätzliche Geschmacksnoten zuzugeben. Obwohl Honig natürlicherweise Mikroben enthält, ist der, den wir essen und im Supermarkt kaufen, meist steril, weil der hohe Zuckeranteil antimikrobiell wirkt. Verdünnt man ihn jedoch mit Wasser, erwachen die Mikroben und die Hefe wieder zum Leben und beginnen, den Zucker (Glukose und Fruktose) abzubauen und Alkohol und Kohlendioxid zu bilden. Entscheidend ist der Wassergehalt des Honigs, der bei 17 Prozent oder weniger liegen sollte. Schon ein Anstieg um 1 bis 2 Prozent kann ausreichen, um den Fermentationsprozess in Gang zu setzen.

Honig werden viele medizinische Eigenschaften zugeschrieben, und auch wenn diese größtenteils nicht wissenschaftlich belegt sind, kann er die Wundheilung unterstützen, eine antiseptische Wirkung entfalten und Husten lindern.[1] Zudem wirkt er antioxidativ und entzündungshemmend, was vermutlich auf seinen hohen Polyphenolgehalt und die enthaltenen Alkaloide, Glykoside und Zucker zurückzuführen ist. Neben Nektar sammeln die Bienen auf den Pflanzen, die sie bestäuben, auch zahlreiche Mikroben ein, die sich dann im Honig anreichern.[2] Darüber hinaus werden wilde, teils unerwünschte Mikroben vom Honig angelockt, wegen seines Gehalts an Säure und Wasserstoffperoxid und dem Mangel an Wasser verursachen sie aber normalerweise keine Probleme. DNA-Analysen konnten in italienischem Honig unfassbare 191 verschiedene Organismen nachweisen, darunter Viren, Pilze, Bakterien, Parasiten, Pflanzen und Insekten sowie alkoholproduzierende Hefen.[3]

Trotz seiner langen Geschichte ist Met immer wieder phasenweise aus der Mode gekommen. Bislang habe ich ihn nur ein einziges Mal in einem englischen Pub gesehen, als ich Studienfreunde in der Nähe von Southampton besuchte. Dort wurde Met aus dem Fass ausgeschenkt. Er war preiswerter und stärker als Bier – das perfekte Getränk für die studentische Kundschaft. Danach habe ich ihn lange Zeit nicht mehr getrunken, bis Justin Horne, Chefkoch des Londoner Restaurants *FIELD,* mich vor Kurzem einen von ihm hergestellten Met mit einem Alkoholgehalt von 20 Prozent probieren ließ. Er schmeckte so gut, dass ich danach unbedingt meinen eigenen herstellen und ihn in dieses Buch mitaufnehmen wollte. Das Rezept finden Sie auf Seite 322. Die Herstellung ist wirklich sehr einfach – die größte Schwierigkeit ist dabei vermutlich, einen qualitativ hochwertigen Honig zu finden. Auch mit pasteurisiertem Honig lässt sich Met herstellen, allerdings dauert der Fermentationsprozess dann länger. Man kann aber auch schummeln und einfach etwas kommerzielle Hefe zusetzen.

Bier

Als ich in den 1980er-Jahren als Arzt in Belgien arbeitete, hatte ich häufig mit Patientinnen und Patienten zu tun, die wegen Leberproblemen in die Klinik kamen. Auf die Frage, wie viel Alkohol sie tränken, antworteten sie meist: »Gar keinen, Doktor. Whiskey oder Schnaps rühre ich nicht an.« Für sie war Bier wie ein Softdrink und die fünfzehn bis zwanzig Gläser, die sie täglich konsumierten, dienten allein der Geselligkeit. Einige Forschende aus Belgien behaupten schon lange, traditionelles belgisches Bier sei dank der enthaltenen

Polyphenole und Hefereste gesund für unser Darmmikrobiom. Zwar ist die Hefe zum Zeitpunkt des Trinkens bereits abgestorben, aber wie wir bei anderen fermentierten Lebensmitteln gesehen haben, können sie auch als Postbiotika noch Vorteile besitzen. Es könnte sich also lohnen, ein trübes Bier mit etwas Bodensatz zu wählen.

Das Bier, das ich als Teenager braute, war stark und unangenehm im Geschmack und es schwammen seltsame Flocken darin, aber es zeigte mir die Kraft der *Saccharomyces*-Hefe, die eine Dose einer malzigen Substanz in etwas Trinkbares verwandeln konnte. Als ich vor fünf Jahren zu dem Thema recherchierte, fand ich noch keine Hinweise darauf, dass der Gärprozess beim Bier gesundheitliche Vorzüge haben könnte. Inzwischen tut sich auf diesem Gebiet jedoch einiges. Ganz allgemein lässt sich sagen: Je dunkler das Bier, desto mehr Polyphenole enthält es, was den Mikroben in unserem Darm zugutekommen könnte. Zudem wurde eine chemische Verbindung namens Melanoidin, die darmfreundliche Eigenschaften besitzen soll und in Kaffee gefunden wurde, auch in dunklem Bier entdeckt. All das hat auch mein Interesse an Bier neu entfacht.

Ursprünglich war Bier ein Alltagsgetränk, das wahrscheinlich als Nebenprodukt der Brotherstellung im alten Mesopotamien entstanden ist. Anstelle von Trauben dient bei Bier Getreide als Ausgangsprodukt, wegen des Geschmacks wird vor allem Gerste verwendet. Die größte Herausforderung war zunächst, die Stärke aus dem harten Getreidekorn herauszulösen, damit die Hefe sie in Alkohol umwandeln kann. Die Lösung war das Mälzen: Die Braugerste wird eingeweicht und zum Keimen gebracht, sodass sich Enzyme bilden, die die Stärke abbauen. Vor der Verwendung wird die gemälzte Gerste dann getrocknet. Zur Bierherstellung wird das Malz mit Wasser vermischt und anschließend erhitzt. Am Ende des Brauvorgangs wird abgemaischt und die fertige Würze aufgekocht. Dabei erfolgt auch die Zugabe des Hopfens – die kleinen zapfenförmigen, harzhaltigen Blüten der Schlingpflanze *Humulus lupulus* –, dem das Bier einen Großteil seiner komplexen Aromen und seiner Bitterkeit verdankt.

Nun beginnt die Fermentation und das Bier kann sich in ganz unterschiedliche Richtungen entwickeln. Für das traditionelle Ale, das in England schon seit Jahrtausenden getrunken wird, verwendet man typischerweise die Bierhefe *Saccharomyces cerevisiae*. Die Mischung wird ein paar Tage bei etwa 20 °C vergoren, danach gefiltert und geklärt, pasteurisiert und in Eichenfässern gelagert, um ihr zusätzlichen Geschmack zu verleihen, bevor sie bei Zimmertemperatur ausgeschenkt wird. Ale besitzt eine Vielzahl von Aromen und bildet normalerweise keinen Schaum. Am beliebtesten weltweit ist das Pils, das bei niedrigen Temperaturen gärt. Es ist etwas teurer, da der Fermentationsprozess länger und aufwendiger ist und kühle Lagerräume erfordert. Hier wird eine andere Hefe verwendet – *Saccharomyces pastorianus* –, die auf den Boden des Gärkessels absinkt. Dieser Prozess erzeugt mehr Kohlendioxid, was für eine Schaumkrone, etwas mehr Alkohol und einen klaren, frischen Geschmack ohne die Bitterkeit oder die komplexen Aromen des Ales sorgt. In den 1990er-Jahren übertrafen die Verkäufe von Pils in Großbritannien erstmals die von Ale, seither ist der Absatz jedoch wieder gesunken, da viele Menschen auf Craft-Ale, IPA (India Pale Ale) und Cider umsteigen. Das Pils ist zu einem Synonym für Massenproduktion geworden, aber glücklicherweise zeichnet sich weltweit ein neuer Trend ab, der weg von industriellem Einheitsbier und hin zur Entstehung vieler neuer Bierstile und Geschmacksrichtungen führt. 2010 gab es in London nur vierzehn unabhängige Brauereien, 2020 war ihre Zahl aufgrund der hohen Nachfrage bereits auf 129 angewachsen.

Vor allem in Großbritannien und Belgien werden heute noch in großem Stil dunkle obergärige Biere gebraut. Belgische Biere werden meist weiterhin mittels traditioneller Methoden hergestellt, und viele Brauereien befinden sich noch immer an denselben Orten, von denen die verwendeten Hefen ursprünglich stammten. Auch einige Klosterbrauereien werden heute noch von Mönchsorden geleitet, die ursprünglich im 17. Jahrhundert vor religiöser Verfolgung aus Frankreich flohen. Obwohl Belgien ein eher kleines Land ist, gibt es dort etwa 300 Brauereien, vorwiegend in Gegenden mit vielen Obstbäumen. Die Bandbreite der dort hergestellten Biere ist groß – von Bieren mit einem Alkoholgehalt von 1,5 Prozent, die in den 1980er-Jahren sogar noch in belgischen Schulen ausgeschenkt wurden, reicht sie bis hin zu weinähnlichen Bieren mit fast 11 Prozent wie Lambic oder Trappistenbier, die Namen tragen wie *Mort Subite* (»plötzlicher Tod«).

Lambic wird auch als die Mutter aller Biere bezeichnet. Es wird mit Spontangärung hergestellt, das heißt, es werden wilde Hefen aus der Umgebung genutzt, und es ist vermutlich einer der ältesten Bierstile Europas. Rezepte dafür reichen bis ins 14. Jahrhundert zurück. Es ist ein erfrischend säuerliches Bier mit fruchtigen, heuartigen, »stalligen« Noten und nur wenigen verbliebenen Kohlenhydraten. Der Brauprozess verläuft über drei Stufen und dauert etwa drei Jahre. Die Spontangärung erfolgt, nachdem das in heißem Wasser eingemaischte Gerstenmalz in flachen Bottichen abgekühlt ist und von wilder Hefe und säurebildenden Mikroben besiedelt wird. Die abschließende Reifephase kann mehrere Jahre dauern und für den finalen Geschmack sind zahlreiche weitere Bakterien und verschiedene Hefen verantwortlich. Bei der Herstellung von Geuze, einer weiteren belgischen Biersorte, wird junges Lambic mit älterem verschnitten, was sie weniger sauer macht. Bei den meisten traditionellen belgischen Bieren finden sich im Bodensatz der Flasche Resthefe und abgestorbene Bakterien.

Im Gegensatz zu den Belgiern bestehen die Briten nicht unbedingt auf einer Schaumkrone auf dem Bier (bis auf Leute, die Guinness oder Stout mögen). Im restlichen Europa gilt die Schaumkrone hingegen als Beweis für die Frische eines Biers und ein Bier ohne Schaum würde als zu schal verschmäht werden. Der Schaum ist voller Malz- und Hopfenproteinen sowie zusätzlichen Geschmacks- und Aromastoffen – ein weiterer Grund, Bier aus dem Glas und nicht direkt aus der Dose oder Flasche zu trinken.

Wie gesund ist Bier?

»Guinness is good for you« war in den 1980er- und 1990er-Jahren ein erfolgreicher Slogan; und als in den USA im Jahr 2003 eine Studie veröffentlicht wurde, die vermeintliche Belege dafür lieferte, waren die irischen Medien Feuer und Flamme. Als ich in London Assistenzarzt war, durften wir den Patientinnen und Patienten auf den Stationen noch Stout-Biere verschreiben, um den Appetit anzuregen, für besseren Schlaf oder zur Genesung nach einer Operation. In Wahrheit wurde die 2003 veröffentlichte Studie jedoch nicht mit Menschen, sondern mit zwölf Hunden durchgeführt, deren Neigung zu Blutgerinnseln sich durch Biergenuss verringerte; die Wissenschaft war davon wenig beeindruckt. In den letzten fünfzig Jahren sind mehrere Studien erschienen, die einen Zusammenhang von Biergenuss und Darmkrebs nahelegten, die Beweise hierfür wurden mit den Jahren jedoch immer schwächer. In einer kürzlich erschienenen Metaanalyse lag das Krebsrisiko bei moderatem Konsum nur um etwa 6 bis 12 Prozent höher, weniger als bei Spirituosen, und auch dieses Ergebnis könnte auf Fehler oder Verzerrungen zurückzuführen sein.[4]

In unseren eigenen Studien zum Darmmikrobiom hatte Bier, zumindest in moderaten Mengen, keinen Effekt auf dessen Zusammensetzung. Eine große Einschränkung war jedoch, dass wir die verschiedenen Biersorten nicht getrennt untersuchen konnten. Es könnte deshalb sein, dass einzelne Sorten durchaus Vorzüge bieten, trotz der negativen Wirkung des Alkohols. Die Polyphenole im Bier könnten auf jeden Fall bedeutsam sein.

In dunklen Ales ist der Polyphenolgehalt ziemlich hoch – etwa halb so hoch wie bei Rotwein –, bei Pils jedoch deutlich geringer, vergleichbar mit Weißwein. Die Polyphenolfrage wurde in einer spanischen Studie untersucht, bei der die Teilnehmenden vier Wochen lang täglich entweder Bier, alkoholfreies Bier mit ähnlichem Polyphenolgehalt oder Gin tranken. Die Ergebnisse deuteten darauf hin, dass Bier mit oder ohne Alkohol die Biomarker für Entzündungen und Gefäßerkrankungen verbessern konnte.[5] In einer weiteren randomisierten, kontrollierten Studie tranken 22 Erwachsene täglich entweder eine Flasche gewöhnliches oder alkoholfreies Pils. Bei beiden Gruppen zeigte sich eine erhöhte Diversität des Darmmikrobioms, allerdings gab es keine echte Kontrollgruppe.[6] Eine kleinere klinische Studie aus Mexiko konnte zeigen, dass das Mikrobiom von Probanden, die alkoholfreies Bier tranken, nach dreißig Tagen ein wenig gesünder war als das derjenigen, die normales Bier erhalten hatten.[7]

Die Polyphenole im Bier stammen vorwiegend aus Hopfen und Malz, und obwohl der gesamte Gehalt im Bier nicht allzu beeindruckend ist, gibt es Hinweise darauf, dass sogenannte Xanthohumole (spezielle Hopfen-Polyphenole) gesundheitsfördernd sein könnten. Bei Mäusen reduzierten sie das Risiko für Haut- und Darmkrebs, aber ohne zuverlässige Daten aus Humanstudien bleibt das noch reines Wunschdenken. Die einzige entsprechende Studie, auf die ich gestoßen bin, stammt aus den USA. 27 Freiwilligen wurde vier Wochen lang entweder ein Xanthohumol-Präparat oder ein Placebo verabreicht. Leider konnten keine eindeutigen Auswirkungen auf Gewicht oder Blutdruck der Probanden festgestellt werden.[8] Dennoch setzt sich der Trend zu Bier mit einem höheren Polyphenolgehalt fort. Belgische Biere und viele moderne Craft-Biere enthalten zusätzliche Früchte und Gewürze und weisen bis zu 50 Prozent mehr Polyphenole auf als herkömmliche Biere. Das Bier mit dem höchsten Polyphenolgehalt, auf das ich gestoßen bin, besteht aus einer würzigen Mischung von Kurkuma, Pfeffer und Hopfen.[9]

Im Gegensatz zu Wein enthält Bier auch Ballaststoffe (etwa 0,5 bis 2 Gramm pro Dose), die aus dem geschroteten Getreide und dem Hopfen stammen und sich positiv auf unsere Darmmikroben auswirken könnten. Zwar können die Werte bis um das Zehnfache schwanken, aber feststeht, dass man wohl etwa fünfzehn Dosen eines durchschnittlichen Biers pro Tag trinken müsste, um auf die empfohlenen potenziell gesundheitsfördernden Mengen zu kommen.[10] In den wenigen vorhandenen Studien dazu konnte gezeigt werden, dass dunkles Bier, Stout und Lambic die meisten Ballaststoffe enthalten, während in Pils und Light-Bier deutlich weniger zu finden sind.[11] Es wird vermutet, dass auch in alkoholfreiem Bier größere Mengen Ballaststoffe enthalten sein können, allerdings kommt es vermutlich darauf an, mit welcher Methode der Alkoholgehalt reduziert wurde: Thermische Entalkoholisierung führt zu höheren und gesünderen Mengen an Ballaststoffen als Verfahren, die die Fermentation anhalten.

Wichtig ist auch die Qualität der Ballaststoffe. Wir wissen, dass Gerste Beta-Glucane enthält, die zahlreichen *Lactobacilli* in unserem Darm als Nahrungsquelle dienen und ihnen helfen können, länger zu überleben. In Studien mit Mäusen konnte außerdem nachgewiesen werden, dass Melanoidine, die beim Mälzen der Gerste entstehen, die Darmmikroben stimulieren und die Mengen an *Bifidobacterium* und *Akkermansia* erhöhen, die beide als gesundheitsfördernd gelten. Viele Biere könnten also seltenere Formen von Ballaststoffen enthalten, die bislang noch nicht genauer untersucht wurden.[12] Eine große spanische Brauerei startete sogar den Versuch, ihr Bier mit löslichen Ballaststoffen anzureichern, um es gesünder zu machen. Das funktionierte am Ende allerdings etwas zu gut: Interne Tests ergaben, dass die Probanden zwar den Geschmack mochten, sich aber nach dem Genuss so satt fühlten, dass sie letztendlich weniger tranken. Es dürfte wenig überraschen, dass diese Idee daher nicht als Marketing-Durchbruch angesehen und unauffällig wieder fallen gelassen wurde.

Der offensichtliche Nachteil von Bier, abgesehen vom Alkoholgehalt, ist sein hoher Brennwert. Trotz des gegenwärtigen Trends zu Craft-Bier, sind »Light«-Biere immer noch sehr beliebt – *Bud Light* hat gegenwärtig einen Anteil von 53 Prozent am riesigen US-Markt. In den 1980er-Jahren wurden diese Biere stark beworben, was so manche Menschen zu dem Glauben verleitete, sie müssten nur genug davon trinken, um ihre Bierbäuche verschwinden zu lassen. Alkohol wird von unserem Körper anders abgebaut als Zucker und kann nicht sofort als Energiequelle genutzt werden, weshalb er meist als Bauchfett eingelagert wird. Genau wie Zucker liefert Alkohol die Energie aber in Form von Kalorien, wobei Light-Biere etwa 30 bis 40 Kalorien weniger pro Glas enthalten, und das im Allgemeinen auf Kosten der Ballaststoffe, Polyphenole, des Körpers und Geschmacks.

Als in den 1980er-Jahren alkoholreduzierte Biere eingeführt wurden, schmeckten sie noch furchtbar. Die gute Neuigkeit ist, dass sich Geschmack und Auswahl ebenso schnell verbessern, wie der Absatz steigt. Einige Brauereien verwenden eine spezielle Hefe, die statt Alkohol andere chemische Verbindungen erzeugt oder auch bei niedrigen Temperaturen fermentiert. Sie arbeitet dann langsamer und bildet insgesamt weniger Alkohol. Alternativ können Biere auch auf normalem Weg gebraut und der Alkohol nachträglich entfernt werden, wodurch mehr Polyphenole erhalten bleiben. Erst vor Kurzem habe ich das erste alkoholfreie Bier getrunken, das mir wirklich geschmeckt hat. Es war ein bayerisches Hefeweizen mit 0,5 Prozent Alkoholgehalt und genügend aromatischer Komplexität, um es geschmacklich ansprechend zu machen, ohne übermäßig süß zu sein. Seitdem habe ich eine Reihe weiterer guter Sorten gefunden, die durchaus trinkbar waren, darunter einige Craft-IPAs und spanische Tostadas, die ich inzwischen regelmäßig trinke. Bislang muss auf dem Etikett nicht angegeben werden, auf welche Weise der Alkohol entfernt wurde, deshalb ist es schwer zu sagen, wie gesund sie wirklich sind. Bei manchen Bieren stieg allerdings mein Blutzuckerspiegel an, wenn ich einen Glukosemesser trug. Sollten Sie also regelmäßig alkoholfreies Bier trinken wollen, dann überprüfen Sie vorher besser die Inhaltsstoffe. Es sei auch angemerkt, dass jegliches Getränk mit einem Alkoholgehalt von weniger als einem Prozent keine nachweisbaren Auswirkungen auf den Körper hat. Diese Biere gelten deshalb genau wie Kombucha offiziell als alkoholfrei.

Wenngleich Bier – besonders traditionell hergestelltes – mögliche Gesundheitsvorzüge haben könnte, wäre es vermutlich verfrüht, es als gesundes Getränk zu bezeichnen. Dennoch ist es faszinierend, dass der Bodensatz meines Craft-Biers abgestorbene Hefen und Mikroben enthält und postbiotische Eigenschaften haben könnte. In der Ernährungswissenschaft werden sogar Biere mit lebenden Probiotika wie *Lacticaseibacillus paracasei* oder der Hefe *Saccharomyces boulardii* entwickelt, die die »gaumenreinigende« Wirkung des Biers auf eine ganz neue Ebene heben könnten.[13]

Fünf Fakten zu Bier

1. Bier ist zwar an sich kein gesundes Getränk, aber einige dunkle Biere oder Craftbiere mit zweistufiger Fermentation könnten gesundheitliche Vorzüge bieten, die den Alkoholgehalt teilweise ausgleichen.
2. Manche Biere besitzen einen hohen Gehalt an Ballaststoffen, Polyphenolen und postbiotischen Gärresten.
3. In einigen Studien von kurzer Dauer konnte der Biergenuss die Darmgesundheit verbessern.
4. Am besten für die Gesundheit könnten Biere mit niedrigem Alkohol-, aber hohem Polyphenolgehalt sein.
5. Biere, bei denen nach der Gärung mit thermischen Methoden der Alkoholgehalt verringert oder entfernt wurde, sind vermutlich gesünder als andere.

Apfel- und Birnenwein

Über die Geschichte des Apfelweins ist wenig bekannt, doch vermutlich reicht sie weiter zurück als die Bibel. Zu seiner Herstellung braucht es nur ein paar reife Äpfel, die in Wasser liegen gelassen werden, etwas Wärme, und schon beginnt die mikrobielle Gärung und mit ihr die Entstehung von Alkohol. Die Römer haben die Herstellung möglicherweise von den Kelten übernommen, allerdings schreibt man vor allem den Basken zu, ihn ab dem 6. Jahrhundert überall in Europa verbreitet zu haben. Jede Region in Europa hatte ihre eigenen Apfelsorten und ihre besondere Art der Weinherstellung, was bis heute noch sichtbar ist. Der weltweit größte Produzent ist heutzutage der Westen Englands, der kürzlich sogar die Normandie überholte. Dank des weltweiten Booms wird Apfelwein inzwischen in den meisten Ländern hergestellt, in denen auch Äpfel angebaut werden.

Zur Herstellung eignet sich am besten eine Mischung aus sauren, bitteren und halbsüßen Apfelsorten, die reich an Tanninen sind und eine rötlich-braune Schale besitzen. Der Fermentationsprozess von Apfelwein ähnelt dem der Weinherstellung, er ist jedoch einfacher und dafür etwas langsamer. Die Früchte werden zu einer Maische zerkleinert und anschließend zu Saft gepresst, gefiltert und in Gärbottiche abgefüllt. Es wird entweder *Saccharomyces*-Hefe zugegeben oder die natürliche Hefe von den Apfelschalen für die Gärung genutzt, die sich bei kühlen Temperaturen über einen Zeitraum von mindestens drei Monaten vollzieht. Danach wird der Apfelwein in einen frischen Bottich umgefüllt, in den etwas Zucker gegeben wird, um eine zweite Fermentation in Gang zu setzen, bei der Kohlensäure entsteht. Beim Abfüllen wird der Wein häufig verschnitten und mit noch mehr Zucker versetzt.

Der Alkoholgehalt von Apfelwein kann stark variieren und bis zu 12 Prozent erreichen, meist abhängig von den Steuergesetzen des jeweiligen Landes. Der kräftige und traditionell hergestellte West Country Cider aus dem Südwesten Englands hat oft einen hohen Alkoholgehalt und wird auch als *Scrumpy* bezeichnet, ein altes Wort für schrumpelige Äpfel. Früher wurden die Scrumpys aus 3-Liter-Plastikkanistern ausgeschenkt, die mit »Gift«-Aufklebern versehen waren. Ich machte ihre Bekanntschaft, als ich noch ein leichtsinniger, notorisch klammer Student war – den Kater habe ich bis heute nicht vergessen. Es freut mich aber, dass dieser Cider mittlerweile als Gourmet-Produkt gilt und Name und Region wie bei Champagner geschützt sind. Für den Geschmack ist entscheidend, dass die richtigen Äpfel mit ausgewählten Hefen vermischt werden, um das perfekte Gleichgewicht aus Säure, Tanninen und Süße zu erreichen, ohne sich dabei allzu sehr auf Farbe oder Klarheit zu konzentrieren.

In einer Studie wurden sechs traditionell hergestellte Apfelweine verglichen, die mit Spontangärung ohne Starterkultur hergestellt wurden. Neben *Saccharomyces*- und *Brettanomyces*-Hefen, die auch in Bier vorkommen, fanden sich in den Apfelweinen noch deutlich mehr andere Hefesorten, darunter über zwanzig seltene Arten. Auch die Bakterienstämme waren in Apfelwein vielfältiger als in Bier.[14]

In Großbritannien macht der Absatz von Cider nur etwa 7 Prozent des Gesamtmarktes an alkoholischen Getränken aus, ist aber mit fast 3 Milliarden Pfund Umsatz im Jahr dennoch der größte weltweit. Momentan boomen zwar teure, traditionell hergestellte Marken, die sich auf einzelne Regionen und Apfelplantagen spezialisiert haben, am meisten Umsatz wird aber immer noch mit preisgünstigem, massenproduziertem Cider gemacht. Dieser ist stark gefiltert, geklärt und in der Regel pasteurisiert und kann nahezu farblos oder leicht gelblich sein. Weißer Cider ist ein stark raffiniertes Industrieprodukt, das mit den ursprünglichen Äpfeln nur noch wenig zu tun hat und einen hohen Alkoholgehalt von etwa 8 Prozent aufweist. Marktüblicher Cider enthält im Vergleich zu trockenen traditionell hergestellten Sorten oder Bier oft hohe Mengen an Zucker. Etwa ein Drittel des Marktes in Großbritannien besteht inzwischen aus stark gefärbtem Frucht-Cider, der oft kaum Apfelbestandteile oder Alkohol, dafür aber etwa zwölf Esslöffel Zucker pro Pint aufweist. Der Trend zu süßem kommerziellen Cider oder alkoholhaltigen Fruchtgetränken scheint inzwischen aber glücklicherweise seinen Höhepunkt überschritten zu haben.

Trübe oder ungefilterte Apfelweine werden von den meisten Menschen für gesünder gehalten, auch wenn viele die klare Version dennoch bevorzugen. Im Allgemeinen zeigt die Trübung an, dass winzige Apfelpektinfasern sowie Hefe- und Mikrobenreste im fertigen Wein enthalten sind. Filterung und Klärung sichern zwar die geschmackliche Stabilität des Apfelweins, allerdings bleiben dabei auch einige nützliche chemische Verbindungen wie Tannine, Polyphenole und andere Ballaststoffquellen auf der Strecke.

In Spanien, Frankreich und Belgien wird Apfelwein traditionellerweise aus Sektflaschen zu Meeresfrüchten, Crêpes oder Foie gras getrunken. Mit einem Alkoholgehalt von etwa 8 Prozent genießt man ihn dort eher wie Traubenwein.

Birnenwein wird aus Birnensaftkonzentrat hergestellt, das zu Apfelwein hinzugefügt wird. Eine traditionellere (und schmackhaftere) Variante ist dagegen der sogenannte Perry, der aus natürlichem Birnensaft produziert wird. In den 1960er- und 1970er-Jahren war es unter eleganten Damen üblich, Babycham zu trinken, der in kleinen Piccolo-Flaschen verkauft wurde und – was ich bis vor Kurzem nicht wusste – prickelnder Birnenwein war. Dank cleveren Marketings hielten ihn die meisten Leute für billigen Sekt. Der Absatz ist inzwischen merklich gesunken, traditionell hergestellter Perry hat in den letzten Jahren aber ein Revival erlebt.

Wie gesund ist Apfelwein?

Dass Äpfel und Birnen gesund sind, ist allgemein bekannt, wie steht es aber mit dem daraus hergestellten Wein? Bislang gibt es keine aussagekräftigen Studien zu seinen Auswirkungen auf die Gesundheit, weder mit Mäusen noch mit Menschen, was seltsam ist, wenn man die Unmengen von Literatur zu Apfelessig betrachtet. Wir können also nur Vermutungen anstellen. Ein Glas traditionell hergestellter, nicht industriell produzierter Apfelwein enthält durchschnittlich etwas mehr Polyphenole als dieselbe Menge Rotwein und etwa dreimal so viel wie ein Glas Pils. Wie üblich entstehen bei der Gärung durch die Mikroben deutlich mehr Polyphenole, als in einfachem Apfelsaft enthalten sind. Je trüber der Apfelwein, desto mehr Polyphenole sind vermutlich enthalten und desto gesünder könnte er sein. In einer Studie wurden die Trübstoffe eines Ciders entfernt, wodurch auch Polyphenole (hauptsächlich Procyanidine) verloren gingen, die etwa 31 Prozent der Trübung ausmachten. Weitere rund 10 Prozent waren auf Polysaccharide zurückzuführen, von denen viele präbiotisches Potenzial besitzen. Hinzu kamen noch Kalium und Kalzium als Hauptmineralstoffe.[15] Trüber Apfelwein ist also mit großer Wahrscheinlichkeit gesünder als klarer.

Fünf Fakten zu Apfel- und Birnenwein

1. Vergorener Apfelwein hat einen höheren Polyphenolgehalt als Rotwein.
2. In Maßen genossen könnte traditionell hergestellter Apfelwein gesundheitsfördernd sein.
3. Industriell hergestellter Apfelwein ist stark raffiniert und geklärt, wodurch die meisten nützlichen chemischen Inhaltsstoffe verloren gehen.
4. Apfel- und Birnenwein lassen sich leicht selbst herstellen, wenn man auf das Auspressen der Früchte verzichtet und stattdessen fertigen Saft verwendet.
5. Naturtrüber Apfel- und Birnenwein ist vermutlich am gesündesten.

WÜRZSOSSEN, GEWÜRZE UND FERMENTIERTES GEMÜSE

Viele Würzsoßen oder -mittel, die wir heute verwenden, sind aus fermentierten Lebensmitteln hervorgegangen. Einige wichtige wie Sauerkraut, Kimchi und Sojasoße haben wir uns bereits angesehen, aber es gibt noch viele weitere, zum Beispiel Marmite, Tabasco oder sogar Tomatenketchup.

Die erste europäische Würzsoße war vermutlich Garum, eine fermentierte Fischsoße, die von den Römern erfunden wurde. Bevor sich in China und anderen asiatischen Ländern die Sojasoße verbreitete, wurden auch dort überall Fischsoßen zum Würzen verwendet. Aber auch Soßen auf Essig-Basis gibt es weltweit schon seit der Antike.

Tomatenketchup

Eine Flasche Tomatenketchup gehört inzwischen wohl schon fast zur Grundausstattung eines jeden Kühlschranks, besonders im angelsächsischen Raum darf sie in keinem Haushalt fehlen und auch von vielen Café- oder Diner-Tischen ist sie dort nicht wegzudenken. Tomatenketchup ist eines der ältesten verarbeiteten Lebensmittel überhaupt und erste Erwähnungen reichen zurück bis ins 17. Jahrhundert. Vermutlich stammt er von einer dunklen fermentierten Fischsoße namens *ke tsiap* aus China oder Malaysia ab oder auch vom indonesischen *Ketjap Manis*. Wo auch sein Ursprung liegt, nach Großbritannien und Nordamerika kam er wahrscheinlich durch englische Kolonisten, die ihn entdeckt hatten und Gefallen daran fanden. Im England des 18. Jahrhunderts waren nach wissenschaftlicher Meinung im Wesentlichen drei fermentierte Soßen auf der Grundlage von Pilzen, Walnüssen und Fisch populär, die alle als *ketchup* bezeichnet wurden. Pilzketchup war darunter der beliebteste. In zeitgenössischen Rezepten wird beschrieben, wie die Pilze über Nacht eingesalzen und leicht fermentiert wurden, um ihre Aromen zu konzentrieren. Dann wurden sie bei geringer Hitze mit Kräutern und Gewürzen (zum Beispiel Meerrettich, Nelken, Macis, Muskat und Piment) eingeköchelt. Andere Rezepte beschreiben, wie sie gesalzen und mit Gewürzen in hausgemachtem Essig oder in Salzlake eingelegt wurden. Später wurden die Pilze entfernt und die flüssige Soße in Flaschen abgefüllt. Der Umami-Geschmack ähnelte vermutlich dem der älteren Fischsoße, die sie ersetzten. In Kochbüchern um 1750 finden sich zahlreiche Rezepte, die zeigen, dass es üblich war, verschiedene Ketchup-Sorten miteinander zu vermischen; die Worcestershiresoße in ihrer ursprünglichen Form war beispielsweise eine Mischung aus Walnuss- und Pilz-Ketchup. Leider ist die moderne Version nicht mehr fermentiert, obwohl sie immer noch viele Eigenschaften besitzt, die sie zu einer hervorragenden Ergänzung für viele Gerichte macht.

Das erste Rezept für Tomatenketchup erschien 1812 und es ersetzte Pilze als Hauptzutat durch eingelegte Tomaten. Damit begann die Entwicklung des Tomatenketchups zu seiner heutigen Form. In den USA wurde Ketchup schon verzehrt, lange bevor Tomaten preiswert und populär wurden. Das erste massengefertigte Produkt entstand 1837, vierzig Jahre später gefolgt von Henry John Heinz' Version, die in abgewandelter Form noch immer weltweit der Marktführer ist. Statt durch Fermentation wird der Ketchup heute aber mit industriell hergestelltem Essig produziert. In Großbritannien führt *Heinz*, wie andere Soßenhersteller, ein »Clean Label« mit den Zutaten in der Reihenfolge ihres Gewichtsanteils: Tomaten, Essig, Zucker, Salz, Kräuterextrakte, Gewürze und Sellerie (als Konservierungsmittel). In der US-Version sind darüber hinaus Maissirup mit hohem Fruktosegehalt und chemische Zusatzstoffe enthalten, da die Gesundheitsbehörden dort in Bezug auf »natürliche« Zutaten offenbar weniger streng sind. »Clean Labels«

sind allerdings keine offiziellen Zertifikate und unterliegen keiner gesetzlichen Regelung, sie zielen mehr darauf ab, die Produkte als gesund und natürlich zu präsentieren. Auch in Deutschland sind sie auf Lebensmitteln zu finden. Trotz des Labels enthalten allerdings alle Flaschen bestimmte chemische Zusatzstoffe, damit der Ketchup besser hinausfließt. Auch der Zuckergehalt ist enorm: Ein einzelner Esslöffel eines modernen Ketchups enthält schon etwa einen Teelöffel puren Zucker, was ungefähr 4 Gramm entspricht. Zwar gibt es auch zuckerreduzierte Sorten, allerdings werden diese häufig noch stärker verarbeitet und mit chemischen Zusatzstoffen angereichert.

Mit etwas Tomatenpüree, Sojasoße, Salz und Kräutern können Sie auch ganz einfach selbst fermentierten Tomatenketchup nach alter Tradition herstellen und ihn nach Belieben würzen. Das Rezept hierzu finden Sie auf Seite 312.

Tabasco und fermentierte Chilis

Chili und Paprika gehören zur Familie der *Capsicum*-Pflanzen und enthalten viele gesunde Polyphenole. In Studien konnte nachgewiesen werden, dass sie Entzündungen reduzieren und den Blutdruck senken können. Sie eignen sich außerdem gut zur Fermentation, die den intensiven Geschmack etwas abmildert und subtilere, komplexere Aromen sowie zusätzliche Polyphenole erzeugt. Auf der Schale sind natürlicherweise viele Mikroben vorhanden, wie *Lactiplantibacillus plantarum* und *Leuconostoc*, die eine wilde Fermentation in Gang setzen können. Eines der bekanntesten fermentierten Chiliprodukte ist Tabasco. Die Geschichte dieser Soße ist noch immer umstritten: Entweder stammt sie aus Louisiana, wo sie erstmals 1868 vom gleichnamigen Gründer der heutigen Herstellerfirma *McIlhenny* produziert wurde, oder aus New Orleans, wo bereits neunzehn Jahre zuvor ein reicher Plantagenbesitzer mexikanische

Tabasco-Chilis auf seiner Farm anbaute und daraus seine eigene Soße kreierte. Für die Herstellung werden die Chilischoten püriert und mit Salz in alte Whiskyfässer aus Amerikanischer Weißeiche gegeben, in denen das Püree bis zu drei Jahren lang fermentiert. Danach wird es gefiltert und mit destilliertem Essig verdünnt. Die fertige Soße wird anschließend in Flaschen abgefüllt. Auch heute noch enthält die originale Tabascosoße Chilis, die drei Jahre lang fermentiert wurden.

Zwar ist es unwahrscheinlich, dass man Chilipasten oder -soßen in solchen Mengen zu sich nimmt, dass sie sich positiv auf die Gesundheit auswirken könnten, dennoch belegte eine kleinere Studie, dass leicht bis mittelscharfe Chilipasten (nicht jedoch die sehr scharfen) die Blutfettwerte senken und entzündungshemmend wirken können.[1] Ich war überrascht, wie leicht sich Chilipüree als Würzsoße selbst herstellen und an dem eigenen bevorzugten Schärfegrad anpassen ließ. In unter 10 Minuten pürierte ich rote Paprika, Chili und Knoblauch aus dem Kühlschrank und stellte daraus meine eigene Chili-Knoblauch-Soße her. Ich liebe diese Mischung und bereite sie inzwischen regelmäßig zu, als Würzsoße zum Käse oder um andere Rezepte wie Pastasoßen damit aufzupeppen. Man kann die Chilis und Paprikaschoten auch vorher anrösten, dann werden sie noch geschmackvoller. Auch mit grüner Paprika schmeckt es sehr gut.

Anderes fermentiertes Gemüse

In einigen Kulturen (insbesondere in der Ukraine und Rumänien) werden Tomaten, Zwiebeln und andere Gemüsesorten im Ganzen fermentiert – dadurch bleibt ihre Struktur erhalten, allerdings dauert das Fermentieren etwas länger. In der Türkei gibt man gern etwas Essig zur Salzlake hinzu, um *Turşu*, eingelegtes Gemüse, herzustellen. Probieren Sie sich ruhig selbst daran, verschiedene Kraut- oder

Kimchi-Varianten zu fermentieren, oder suchen Sie sich spezielle Rezepte, die Sie interessieren, zum Beispiel Borschtsch, *Curtido* (fermentierter Krautsalat mit Zwiebeln, Karotten, Chilis, Limetten und Oregano) oder Rotkohl-Apfel-Kraut.

Fermentierte Pilze

Pilze esse ich sehr gern, aber es war schwierig, ein modernes Rezept für eine fermentierte Version zu finden. Das liegt vermutlich daran, dass sie schnell ihre Struktur verlieren und beim Fermentieren einen seltsamen oder unangenehmen Geschmack entwickeln können. Neil Rankin, der ehemalige Barbecue-Koch und Gründer von *Symplicity Foods*, gab mir den Tipp, Champignons zunächst kurz anzubraten, um eine Maillard-Reaktion hervorzurufen, die für die knusprige Kruste und braune Farbe gerösteter Lebensmittel sorgt. Danach in Salz eingelegt, entwickeln die Pilze einen angenehmen Umami-Geschmack und harmonieren gut mit Zwiebeln und Miso. Nach ein paar Versuchen fand ich schließlich die perfekte Methode: Einige Champignons werden trocken in der Pfanne angeröstet, bis sie leicht braun sind, und anschließend für die Fermentation in zweiprozentiger Salzlake mit Knoblauch eingelegt.

Eingelegte saure Gurken

Als Kind habe ich saure Gurken geliebt und aß sie immer direkt aus einem großen Glas, das meine jüdische Großmutter in der kühlen Speisekammer aufbewahrte. Allerdings erinnere ich mich nicht mehr, ob sie in Salzlake (also mit lebenden Mikroben) oder in Essig eingelegt waren, wie es heute meist der Fall ist. Als ich in Belgien lebte, lernte ich die kleinen Cornichons lieben, die so perfekt zu Schinken, Salami, Käse und Senf passen. Salat- und Einlegegurken sind enge Verwandte und entstammen der Art *Cucumis sativus*, zum Einlegen sind jedoch eine harte Schale und wenig Bitterkeit von Vorteil. In Nordeuropa, aber auch in den USA finden sich vor allem dünnschalige niederländische Gurken in den Supermärkten, während es in Südeuropa häufig auch die dickschaligen Sorten gibt. Nachdem ich kürzlich eine englische Gurke eingelegt hatte, die zu einem furchtbaren Brei wurde, probierte ich es als Nächstes mit einer dickschaligen spanischen Bio-Gurke. Ich viertelte sie, schnitt sie in lange Stücke und fügte 2 Prozent Salz, Pfefferkörner, Koriandersamen und Dill hinzu. Um zu verhindern, dass die Enzyme das Gemüse zu schnell abbauen, gab ich etwas Antioxidationsmittel in Form eines Teebeutels (mit Lorbeerblättern klappt es auch) zu der Mischung und füllte das Glas mit Salzwasser auf. Das Ergebnis nach drei Tagen war deutlich besser und die Gurken waren noch schön knackig. Falls Sie einmal rohe Gewürzgurken kaufen und sie einlegen wollen, denken Sie daran, sie in der Mitte mit einer Nadel anzustechen, damit die Mikroben in der Salzlake bis ins Innere der Gurke vordringen und sie gleichmäßig fermentieren können. Da die Fermentation auch im Kühlschrank noch fortschreitet, sollten die eingelegten Gurken am besten innerhalb einer Woche verzehrt werden. Meine wurden jedenfalls mit der Zeit immer weicher.

Hülsenfrüchte und Gewürze fermentieren

Bohnen, Erbsen, Kichererbsen und Linsen lassen sich gut fermentieren und sind ohnehin schon sehr gesund. Sie müssen jedoch weichgekocht werden, bevor sie in zweiprozentiger Salzlake eingelegt werden können. Die Fermentation dauert dann etwa drei Tage und es werden noch mehr Nährstoffe freigesetzt als lediglich beim Kochen. Da die natürlichen Milchsäurebakterien durch das Kochen abgetötet werden, muss aber eine Starterkultur zugesetzt werden, das kann entweder etwas Salzlake sein, die schon einmal zum Fermentieren verwendet wurde, oder ein Esslöffel Milch- oder Wasserkefir. Auf diese Weise lässt sich auch fermentierter Hummus herstellen, Tahin und Olivenöl sollten jedoch erst kurz vor dem Verzehr hinzugefügt werden, da das Fermentieren von Öl gewisse Tücken besitzt und besser vermieden werden sollte.

Gewürze sind eine großartige Quelle für Polyphenole und sollten bei einer gesunden Ernährung nicht fehlen. Ich verwende häufig Kurkuma (*Curcuma longa*), die in der chinesischen Kultur und ayurvedischen Medizin schon lange als Medikament eingesetzt wird. Der Hauptbestandteil, Curcumin, wirkt antioxidativ und entzündungshemmend; in mehreren kleinen und bislang noch unzureichenden Studien wurde eine positive Wirkung bei zahlreichen Erkrankungen festgestellt, von Arthrose über Typ-2-Diabetes, bis hin zu hohen Blutfettwerten, Demenz und Krebs.

Allein diese potenziellen gesundheitlichen Vorzüge machen das Curcumin schon zu einer hochinteressanten Substanz. Was aber, wenn sich diese Eigenschaften durch Fermentation noch verstärken ließen? Es konnte nachgewiesen werden, dass das Curcumin in Kurkuma durch die mikrobielle Fermentation besser vom Körper aufgenommen werden konnte, was seine pharmakologische Wirksamkeit erhöhen könnte.[2] Fermentiert mit Milchsäurebakterien, Kamelmilch und Nattō konnte Kurkuma die Blutfett- und Entzündungswerte bei Probanden verbessern. Geschmacklich unterscheidet sich fermentierte Kurkuma kaum von der milden rohen Variante, nehmen Sie sie also gern in Ihr Repertoire mit auf, auch wenn Sie keine Kamelmilch auftreiben können. Ich selbst füge beispielsweise gehackte oder gemahlene Kurkuma zu meinem Kombucha und Wasserkefir hinzu. Man kann sie aber auch innerhalb weniger Tage pur fermentieren, indem man sie in eine Zuckerwasserlösung gibt. Für das passende Rezept schauen Sie auf Seite 340.

Zur Wirkung anderer Gewürze, die sich in getrockneter Form bereits als förderlich für das Darmmikrobiom erwiesen haben, gibt es bislang nur wenig Forschung. Man kann jedoch davon ausgehen, dass sich auch bei ihnen durch Fermentation die Bioverfügbarkeit ihrer gesunden Inhaltsstoffe erhöht. Auf diesem Feld sollte dringend noch mehr Forschung betrieben werden. Ich selbst habe immerhin schon angefangen, beim Fermentieren von Gemüse stets auch einige Gewürze zuzugeben.

Marmite und Vegemite

Marmite, der besonders in Großbritannien beliebte dunkelbraune Brotaufstrich aus konzentriertem Hefeextrakt, ist für seinen intensiven, salzig-herzhaften Umami-Geschmack bekannt. Die Meinungen gehen dennoch auseinander: Die einen lieben den Aufstrich, die anderen hassen ihn. Der sogenannte Marmite-Effekt ist deshalb inzwischen sogar zu einem Marketingbegriff für Produkte geworden, die man entweder liebt oder hasst. Vor über zwanzig Jahren haben wir dieses Phänomen in einer Zwillingsstudie genauer untersucht und festgestellt, dass sich eineiige Zwillinge in ihrer Vorliebe oder Abneigung gegenüber Marmite stark ähnelten, was – Überraschung – auf eine genetische Ursache schließen lässt. Wie üblich wirken die Gene aber nicht allein, auch die Umgebung und die frühe Gewöhnung an diesen sehr originellen, kräftigen, salzigen Geschmack hatten einen starken Einfluss. Sowohl Marmite als auch die australische Version Vegemite sind Nebenprodukte der Bierindustrie. Der einzige Unterschied besteht darin, dass Vegemite etwas dickflüssiger ist und noch Gemüsebestandteile, Gewürze und Zusatzstoffe enthält – und natürlich sind die Australier trotzdem überzeugt, dass ihre Version die bessere ist.

Beide Produkte bestehen aus Hefe, die nach der Gärung beim Bierbrauen gewonnen wurde. Allerdings werden sie vor dem Abfüllen erhitzt, sodass sie beim Kauf steril sind. Es handelt sich also weder bei Marmite noch bei Vegemite um Probiotika und sie können auch nicht als Starterkultur verwendet werden, es sei denn, man fügt frische Brauhefe hinzu.[3] Dennoch enthalten sie viele gesunde Proteine und Vitamine, zum Beispiel große Mengen an Vitamin B12. Eine Portion liefert etwa 25 Prozent des Tagesbedarfs dieses Vitamins; für Menschen, die kein Fleisch essen, könnten sie also eine nützliche Quelle sein. Marmite und Vegemite sollten als fermentierte Lebensmittel nicht mit Produkten wie Bovril verwechselt werden, das im Wesentlichen ein salziger Rindfleischextrakt mit kleinen Mengen Hefezusatz ist.

In Experimenten konnte Marmite die Lebensspanne von Würmern verlängern, die damit gefüttert wurden.[4] Eine weitere interessante Theorie geht davon aus, dass Marmite wegen einiger von der Hefe produzierter chemischer Verbindungen einen Einfluss auf die menschliche Hirnaktivität und Stimmung haben könnte. Eine dieser chemischen Verbindungen ist GABA (Gamma-Aminobuttersäure), ein Neurotransmitter, der eine beruhigende Wirkung auf das Gehirn hat und beispielsweise zu Beginn von Alkoholgenuss oder bei der Einnahme von Valium (Benzodiazepin) ausgeschüttet wird. Von Hefe produzierte GABA könnte wirksamer sein als GABA-Präparate, die inzwischen auch zuhauf verkauft werden, da diese die Blut-Hirn-Schranke nur in geringem Maße überwinden können und wahrscheinlich größtenteils schon im Verdauungssystem abgebaut werden. In einer Studie wurden 28 gesunde Probanden getestet: Die eine Hälfte erhielt Marmite, die andere Hälfte diente mit Erdnussbutter als Kontrollgruppe. Bei Messungen der Hirnaktivität konnte festgestellt werden, dass der Verzehr eines Teelöffels Marmite pro Tag über einen Monat hinweg eine beruhigende Wirkung hatte. Die Teilnehmenden zeigten außerdem eine um 30 Prozent verringerte Reaktion des Gehirns auf visuelle Muster.[5] Marmite könnte also das erste Lebensmittel sein, bei dem eine Wirkung auf den GABA-Spiegel nachgewiesen werden konnte. Sollte sich die genannte Studie bestätigen lassen, wäre das eine ziemliche Sensation. Marmite oder Vegemite könnten demnach nicht nur vorteilhaft für die Gesundheit sein, sondern vielleicht auch nach einem anstrengenden Arbeitstag als kleine Beruhigung dienen – und das, obwohl die Brauhefe darin vollständig abgetötet ist.

Fünf Fakten zu Würzsoßen, Gewürzen und fermentiertem Gemüse

1. Beim Fermentieren erhöht sich der Polyphenolgehalt eines Gemüses, wodurch sich seine chemischen Eigenschaften verstärken.
2. Durch Fermentation lassen sich Würzsoßen mit einer Haltbarkeit von mehreren Monaten herstellen.
3. Selbst gemachter Tomatenketchup ist gesund und leicht herzustellen.
4. Gewürze wie Kurkuma haben bereits in rohem Zustand viele gesundheitliche Vorzüge. Die Fermentation kann diese noch erhöhen.
5. Marmite oder Vegemite enthalten große Mengen Brauhefe, die eine beruhigende Wirkung auf das Gehirn haben könnte.

4
Wie geht es weiter?

Die Zukunft der Fermentation

Als ich einmal bei *Homeslice Pizza*, einem kleinen, angesagten Restaurant in Marylebone, mit ein paar Freunden essen war, bestellte ich eine Veggie Pizza und probierte darauf den leckeren würzigen ’Nduja-Belag. ’Nduja ist eigentlich eine pikante italienische Streichwurst, aber mir wurde versichert, dass der Belag vollständig vegan und aus fermentiertem Gemüse hergestellt sei. Auch meine Freunde, die mit mir dort waren und sehr gern Fleisch essen, probierten den Belag und konnten kaum einen Unterschied zum Original feststellen. Ich war fasziniert, dass sich Fleischprodukte mit fermentiertem Gemüse so gut imitieren ließen. Natürlich musste ich deshalb unbedingt den Hersteller ausfindig machen: die Firma *Symplicity Foods* im Nordwesten Londons – vielleicht erinnern Sie sich noch an Neil Rankin, den ich im letzten Kapitel erwähnt habe, den Gründer dieses Unternehmens. Als ich mir bei einer Werksführung die Gefäße mit fermentierenden Tomaten, Sojabohnen, Zwiebeln und Pilzen und die fertige Masse anschaute, aus der Würste, Burger, Hackfleisch und Ragù hergestellt werden, war ich erstaunt, wie einfach der Herstellungsprozess war und wie wenig Verarbeitung nötig war, damit das fertige Produkt so gut schmeckte.

Inzwischen hat *Symplicity Foods* mehr als zehn verschiedene Produkte entwickelt, mit denen sie Restaurants beliefern, zum Beispiel fleischfreies Hack auf Basis von fermentierten Champignons, roter Beete, Zwiebeln und Misosoße, gewürzt mit Fenchelsamen, Knoblauch, roten Chiliflocken und Olivenöl. Ich hatte erwartet, dass eine Menge Zusatz- und Aromastoffe nötig wären, um den Umami-

Fleischgeschmack zu erzeugen, und darüber hinaus Emulgatoren und Bindemittel für die Textur, aber ich lag falsch. Die eigentliche Arbeit hatten die Mikroben bei der Fermentation verrichtet und das fertige Produkt war nur leicht verarbeitet. Es war zwar pasteurisiert und damit steril, enthielt aber eine Menge Ballaststoffe, Polyphenole und postbiotische Stoffe. Vor allem aber schmeckte es hervorragend, auch ohne Emulgatoren, Süßstoffe, Verdickungsmittel und andere künstliche Zusatzstoffe, die in den meisten hoch verarbeiteten Fleischersatzprodukten zu finden sind. Genau so stelle ich mir die Fleischalternativen der Zukunft vor.

Die Nachfrage nach fermentierten Lebensmitteln und Getränken wächst schnell – 2032 wird der Markt dafür voraussichtlich schon fast 100 Milliarden Dollar umfassen und wächst gegenwärtig um 7 Prozent pro Jahr. Einen großen Anteil daran wird vermutlich ein neuer Bereich haben, die Präzisionsfermentation, der derzeit ein Wachstum von 48 Prozent im Jahr prophezeit wird. Ganz so neu ist dieser Bereich aber eigentlich gar nicht, allerdings wurde lange Zeit nur wenig über seine Methoden gesprochen, aus Sorge, die Öffentlichkeit könnte ebenso ablehnend darauf reagieren wie auf gentechnisch veränderte Lebensmittel. Seit der Entdeckung des Darmmikrobioms, Entwicklungen in der Gentechnik und Fortschritten in Fermentationstechnologien ist das Interesse an der Präzisionsfermentation stetig gewachsen. Tatsächlich konsumieren wir alle schon längst derartige Produkte, ohne uns dessen bewusst zu sein.

Präzisionsfermentation

Die erste Firma, die Präzisionsfermentation verwendete, war ein Gentechnik-Start-up namens *Genentech*, das 1982 *E.-coli*-Bakterien dazu brachte, menschliches Insulin herzustellen. Damals war das ein riesiger Durchbruch. Ich erinnere mich, wie ich als junger Assistenzarzt mit Diabetespatientinnen und -patienten zu tun hatte, die Antikörper gegen traditionell hergestelltes Insulin entwickelt hatten, das aus den Bauchspeicheldrüsen geschlachteter Schweine gewonnen wurde. Das neue fermentierte Produkt – identisch zu menschlichem Insulin, aber mikrobiell hergestellt – veränderte das Leben dieser Menschen. Seither setzt die Industrie die Fermentation mit gentechnisch veränderten Organismen ein, um die verschiedensten Produkte zu erzeugen, die in vielen Alltagslebensmitteln enthalten sind, von Käse bis zu Tomatensoße. Den meisten Menschen ist nicht bewusst, dass auch ein Großteil der Vitamine und Nahrungsergänzungsmittel, die heutzutage auf dem Markt sind, nicht in kleinen Bio-Manufakturen entsteht oder aus handgepflückten frischen Früchten extrahiert wird, sondern in riesigen Bottichen durch Präzisionsfermentation mithilfe von Mikroben hergestellt wird.[1]

Gentechnisch veränderte Mikroben produzieren inzwischen im großen Stil Substanzen, die ursprünglich aus Tieren gewonnen wurden, darunter 90 Prozent des weltweit in der Käseherstellung verwendeten Labs. Dadurch ist es heutzutage glücklicherweise nicht mehr nötig, den Magen eines jungen Kalbs aufzuschneiden, und Käsesorten wie Parmesan sind auch für Menschen mit vegetarischer Ernährung kein moralisches Dilemma mehr. Warum es überhaupt noch Käsehersteller gibt, die tierisches Lab verwenden, wenn es eine bioidentische Version gibt, die weder Tierleid verursacht noch klimaschädlich ist, ist mir ein Rätsel. Andere Produkte, die mithilfe von Präzisionsfermentation hergestellt werden, sind Vitamin B2, Vitamin C oder Zitronensäure als Konservierungsmittel, ebenso wie Resveratrol (ein Antioxidans, das im Wein eine große Rolle spielt, mehr dazu auf S. 225), Stevia (ein Süßungsmittel), Flohsamenschalen (als Cholesterinsenker), lösliche Ballaststoffe, Sulforaphan (ein Antioxidans aus Brokkoli) oder Isoflavone aus Soja. Mit Fermentation lassen sich außerdem auch wertvolle Arzneimittel herstellen, wie etwa das Antidiabetikum Sitagliptin der Marke *Merck & Co.*, oder in der Landwirtschaft der stickstofffixierende Mais-Dünger »Proven« des Unternehmens *Pivot Bio*.[2]

Die US-Firma *Impossible Foods* verwendet eine gentechnisch veränderte Hefe namens *Komagataella phaffii,* um das Protein Leghämoglobin zu produzieren, das nah mit dem menschlichen Blutfarbstoff verwandt ist und ihren pflanzenbasierten Burgern den Geschmack und die Farbe von Fleisch verleiht. Normalerweise stammt Leghämoglobin von einem Pilz, der sich beispielsweise an den Wurzeln von Sojapflanzen befindet. Die Burger und Buletten von *Impossible Foods* sind sowohl in veganer als auch in fleischlicher Ernährung beliebt, obwohl sie aufgrund ihrer Zutaten als hoch verarbeitete Lebensmittel gelten müssen. Sie sollten nicht der Maßstab sein, aber wir können sie als Prototypen für die Zukunft betrachten. Die Produkte, die gegenwärtig auf dem Markt sind, versuchen meist nur, Fleischprodukte zu kopieren, und sind vielleicht nachhaltiger und ethisch unbedenklich, aber nicht unbedingt gesünder. Mit zunehmender Entwicklung der Präzisionsfermentation sollte es bald möglich sein, Fleischgeschmack und Textur auf gesündere Weise zu imitieren, ohne auf billige chemische Zusatzstoffe, Emulgatoren, Verdickungsmittel und Aromastoffe zurückgreifen zu müssen.

Fermentierte Proteine

Die traditionelle Fermentation und das neue Feld der Präzisionsfermentation lassen sich in mehrfacher Hinsicht weiterentwickeln, etwa durch die Ermittlung der geeigneten Mikrobenstämme, das Erforschen der idealen Wachstumsbedingungen der Mikroben und die Identifikation und Modifizierung dafür benötigter Gene. Die Technologie stützt sich größtenteils auf die Erforschung des Genoms unterschiedlicher Mikroben und ihrer Stoffwechselfunktionen. Fortschritte in der Genetik und der Verarbeitung und der Analyse komplexer Datensätze ermöglichen inzwischen die Vorhersage der Funktionen bestimmter Mikrobenstämme, sodass durch die optimale Mischung verschiedener Stämme die Herstellung von beispielsweise Milchsäure, Alkohol oder Vitaminen effizienter werden kann.

Könnte man nur 20 Prozent des heute produzierten tierischen Proteins durch fermentiertes Protein ersetzen, ließen sich damit die Treibhausgasemissionen der Landwirtschaft halbieren.[3] Mithilfe von Präzisionsfermentation hergestellte, nicht-tierische Milch weist um 97 Prozent geringere Treibhausgasemissionen und einen um 99 Prozent geringeren Wasserverbrauch auf als Kuhmilch, enthält keine Laktose, auf die viele so empfindlich reagieren, und ist inzwischen in einigen Ländern bereits kommerziell erhältlich. Obwohl der Preis pro Liter 2024 noch fast 7 Dollar betrug, ist es nur eine Frage der Zeit, bis solche Produkte preiswerter werden als tierische Lebensmittel. 2023 gab es mehr als 89 Start-ups, die Präzisionsfermentation zur Herstellung unterschiedlichster Produkte nutzten – von Milchproteinen über hühnerfreies Eiprotein bis hin zu Lebensmittelfarben, Vitaminen und pilzbasierten Fetten, die pflanzliche Burger saftiger machen sollen. Andere Unternehmen, etwa im Oman und in Texas, skalieren ihre Produktion rasant in riesigen solarbetriebenen Bioreaktoren, in denen gentechnisch veränderte Pilzmyzelien heranwachsen, die Erbsen und Sojaproteine zu eiweißreichen Fleischersatzprodukten fermentieren. Auf einer Tech-Messe durfte ich davon kosten und war zwar nicht überwältigt, aber für einfache Fertiggerichte, Burger oder Fleischsoßen wären diese Produkte völlig ausreichend. Man hofft, preislich bald mit Rindfleisch-Pattys konkurrieren zu können, und für einige Produkte gibt es bereits eine EU-Zulassung als neuartiges Lebensmittel.

Der Verkauf von Molke-Protein boomt aktuell geradezu, damit Bodybuilder ihren Bedarf abdecken und sich ihre Shakes mischen können, ohne dass täglich 270 Millionen sehr ineffiziente Milchkühe gemolken werden müssten. Molke-Proteinpulver wird heutzutage mittels nicht näher bezeichneter Pilze produziert, die Beta-Lactoglobulin erzeugen. Rein technisch gesehen handelt es sich um ein hoch verarbeitetes Lebensmittel, das aber immer noch klimafreundlicher ist als der Konsum von echten Milchprodukten. Eiweiß, das mithilfe von Präzisionsfermentation leicht herzustellen ist, ist in der Lebensmittelindustrie sehr gefragt. Da die Preise von Eiern ansteigen und die Versorgung aufgrund der Vogelgrippe und anderer Infektionskrankheiten bedroht ist, ist fermentiertes Eiweiß das erste künstlich hergestellte Protein, das preislich mit der tierischen Version mithalten kann – biologisch gesehen sind beide identisch. Warum sollte man also Milliarden Legehennen in Käfigen halten, die darunter leiden und deren Exkremente außerdem Wiesen und Flüsse verschmutzen, wenn man ein identisches Produkt günstiger herstellen kann? In der Lebensmittelindustrie werden Eier vor allem als Bindemittel und Proteinzugabe verwendet. Eigelb ist nicht ganz so leicht zu imitieren und es wird wohl noch einige Jahre dauern, bis auch das möglich ist.

In den USA, Israel, Hongkong, den Golfstaaten und Singapur haben solche neuartigen Produkte bereits Zulassungen erhalten und weitere Staaten werden folgen. Europa hinkt dabei hinterher, vielleicht weil der Druck der Landwirtschaft und der traditionellen Fleisch- und Milch-Lobby hier so groß ist. Auch die allgemeine Skepsis der Öffentlichkeit gegenüber gentechnisch veränderten Lebensmitteln könnte eine Rolle spielen, auch wenn ich persönlich keine Forschenden kenne, die noch ernsthafte Bedenken diesbezüglich hätten. Technisch betrachtet werden mit der Präzisionsfermentation eigentlich auch keine gentechnisch veränderten Lebensmittel hergestellt, da nur die Produzenten (also die Mikroben) modifiziert sind, nicht die Proteine selbst. Die Mikroben gelangen jedoch nie in das fertige Produkt. Das ist ein großer Unterschied zur ikonischen Flavr-Savr-Tomate, dem ersten gentechnisch veränderten Lebensmittel. Sollte es in Zukunft möglich sein, gesunde Produkte herzustellen, die preislich mit Fleisch- und Milchprodukten konkurrieren können, dann könnten schon kleine Steigerungen des Absatzes einen beträchtlichen Beitrag zum Klimaschutz leisten.

Auch bei der Herstellung von Säuglingsnahrung wurden inzwischen technologische Fortschritte gemacht. Momentan basiert diese noch auf teuren und klimaschädlichen Tierproteinen, die nichts zur Förderung des Darmmikrobioms eines Säuglings beitragen. Die 2019 gegründete Firma *Helaina* verwendet gentechnisch veränderte Hefe, um Proteine herzustellen, die in menschlicher Muttermilch enthalten sind. Diese Proteine und die winzigen komplexen Zucker, die daran angeheftet sind (auch als Humane Milch-Oligosaccharide, HMO, bezeichnet), könnten die Entwicklung des Immunsystems fördern, indem sie den nützlichen Bakterien im Darm eines Neugeborenen Nahrung liefern. Zugleich werden Probleme vermieden, die der Verzehr von Kuhmilch mit sich bringen kann, wie zum Beispiel Verdauungsbeschwerden. Die Produkte werden in riesigen Bottichen hergestellt, gereinigt und dann sprühgetrocknet und zu einem Pulver verarbeitet. Für Unternehmen, die mit kultivierten Zellen arbeiten, ist es nicht leicht, Zulassungen zu bekommen, da völlig zu Recht erst nachgewiesen werden muss, dass die neue Säuglingsnahrung sicher ist und alle nötigen Nährstoffe liefert. In Kombination mit Muttermilch-Probiotika, wie sie von Firmen wie dem britischen Start-up *BoobyBiome* hergestellt werden, könnten uns solche Produkte einer echten Alternative zur menschlichen Muttermilch näherbringen. Andere Hersteller produzieren wesentliche Bestandteile der Muttermilch, zum Beispiel HMO-Zucker oder Lactoferrin, das die körpereigene Abwehr unterstützt und den Eisenhaushalt reguliert. Diese Komponenten der Muttermilch werden wir sicher bald in Snacks für Kleinkinder sehen. Bis die Muttermilch in ihrer ganzen Komplexität und mit all ihren Vorzügen nachgebildet werden kann – wenn das überhaupt je gelingt –, wird es allerdings noch sehr lange dauern. Im Vergleich zu gegenwärtiger hoch verarbeiteter und tierbasierter Säuglingsnahrung ist das aber schon ein riesiger Schritt in die richtige Richtung.

Im Jahr 2022 betrugen die Investitionen in die Herstellung von alternativen Proteinen (einschließlich pflanzenbasierter Methoden und kultiviertem Fleisch und Fisch) und in die Präzisionsernährung bereits 14 Milliarden Dollar. Fast 3 Milliarden wurden 2021 und 2022 allein in die Präzisionsfermentation investiert, mit einer Steigerungsrate von 19 Prozent pro Jahr innerhalb der letzten zehn Jahre. Technologie und Markt entwickeln sich so rasend schnell weiter, dass es schwerfällt, den Überblick zu behalten. Eine aktuelle Befragung zeigt, dass Kundinnen und Kunden von Produkten und Kennzeichnungen zunehmend verwirrt sind. Inzwischen wird der Fermentationsprozess stärker in den Vordergrund gerückt und Begriffe wie »tierfrei hergestellt« weichen zunehmend Bezeichnungen wie »mikrobiell hergestellt«. Umfragen in Großbritannien und Kanada ergaben außerdem, dass die Öffentlichkeit eher bereit ist, Milchalternativen auszuprobieren als Fleischalternativen.[4]

Fermentierte Fette

Auf einer Food-Tech-Messe in London probierte ich einmal sehr appetitlich aussehenden veganen Schweinebauch. Er bestand aus Pflanzenproteinen, durchsetzt von knusprigen Fettstreifen, hergestellt von einem Unternehmen namens *Lypid* aus San Francisco, das seine Methode allerdings geheim hält. Er schmeckte nicht schlecht – viel besser als die veganen Varianten, die es derzeit auf dem Markt gibt – und ist sogar online erhältlich. Um den Geschmack von fettem Fleisch zu imitieren, müssen Hersteller momentan noch auf Palmöl oder Kokosöl und eine Menge künstlicher Aromastoffe zurückgreifen. Da der Schmelzpunkt von Pflanzenölen niedriger ist als der von tierischen Fetten, sind die Produkte oft schmierig, riechen nach Kokos und brauchen Bindemittel für eine festere Struktur.

Um dieses Problem zu lösen, ist es einigen Unternehmen inzwischen gelungen, Hefe auf die Produktion tierischer Fette zu spezialisieren. Eine schwedische Firma konzentriert sich – wegen der starken klimatischen Auswirkungen – beispielsweise auf die Herstellung von Rinderfett. Dort wurde bereits der Prototyp eines Fleischbällchens entwickelt und man arbeitet daran, die Produktpalette zu erweitern. Die Firma *Hoxton Farms* in London erzeugt Rinder- und Schweinefett, allerdings werden dort statt gentechnisch veränderter Hefe echte tierische Zellen kultiviert. Gefüttert werden sie mit Pflanzenproteinen, Nährstoffen und Wachstumsfaktoren, sodass sie große Fettmassen bilden. Das Fett kann unter gesunden Bedingungen herangezüchtet werden, wodurch die Aufnahme von Omega-3-Fettsäuren sowie anderen nützlichen chemischen Verbindungen erhöht werden kann. *Cubiq Foods* in Barcelona ist eine weitere Firma, die sich auf die zellbasierte Arbeit fokussiert und vom US-Giganten *Cargill Inc.* unterstützt wird. Dort will man die Fette mit Pflanzenprodukten kombinieren, um den perfekten veganen Burger zu produzieren. Für die zell- wie auch für die hefebasierten Fermentationsmethoden wird eine ähnliche Ausrüstung verwendet, wie sie auch in industriellen Brauereien zum Einsatz kommt, möglicherweise liegt die Zukunft also in einer Kombination beider Technologien.

Ob nun kultiviert oder durch Präzisionsfermentation hergestellt, Fette sind im Allgemeinen deutlich einfacher herzustellen als Proteine, da Fett aus bläschenartigen Zellen besteht, die sich vergrößern, wenn sie Energie speichern, und sich im Bioreaktor mit anderen Fettzellen verbinden – genau wie im Inneren unseres Körpers. Erste Verkostungen von künstlichem Bacon haben ergeben, dass bereits eine Mischung aus 10 Prozent tierischem Fett mit 90 Prozent Pflanzenprotein ausreicht, um unseren Geschmackssinn zu täuschen. Da inzwischen auch weitere tierische Fette und Öle auf diese Weise produziert werden, werden wir in Zukunft wohl zunehmend Mischungen aus pflanzlichen und alternativen Fetten sehen. Im Gespräch mit einigen der Firmen, die sich diesen Herstellungsmethoden widmen, hörte ich von allen dieselbe Botschaft: Sie wollen Lebensmittel produzieren, die gesund für Mensch wie Natur sind, und die Fehler der großen Lebensmittelkonzerne vermeiden, die hoch verarbeitete Produkte mit vielen unnötigen Zusatzstoffen herstellen. Auch wenn der Weg dorthin etwas länger dauern mag – hoffen wir, dass es gelingt.

Die Weiterentwicklung der Präzisionsfermentation bietet viele spannende Möglichkeiten für Gesundheit und Ernährung. Bei den zahlreichen Start-ups herrscht ziemliche Geheimniskrämerei, es ist jedoch bekannt, dass beispielsweise die rote Hefe *Rhodosporidium toruloides* zum Einsatz kommt, um eine Reihe von Fetten, Polyphenolen und Farbstoffen zu produzieren. Außerdem werden neue chemische Verbindungen verwendet, damit Nährstoffe leichter vom Körper aufgenommen werden können. Die rote Hefe besitzt allein über 150 Gene, die gezielt verändert werden können, um Fette oder Medikamente herzustellen, und es gibt noch Tausende weitere Spezies.[5] Das bedeutet, dass nützliche neue Proteine produziert werden könnten, die zum Beispiel die Alterung verlangsamen oder auch Darmhormone imitieren können, wie die GLP-1-Analoga *Wegovy* oder *Mounjaro*, die zur Bekämpfung von Fettleibigkeit eingesetzt werden und derzeit reißenden Absatz finden.

Vielen Start-ups geht es in erster Linie darum, mithilfe von Mikroben hochwertiges Protein auf möglichst effiziente und nachhaltige Weise herzustellen. Manche Bakterien enthalten aber auch von Natur aus bereits große Mengen Protein in ihren Zellwänden, aus denen natürliches Proteinpulver gewonnen werden könnte. Es könnte in allen verarbeiteten Lebensmitteln zum Einsatz kommen, von Fleischersatzprodukten über Joghurts und Smoothies bis hin zu Haustier- und – noch bedeutsamer – Nutztierfutter. Und das auf weitaus effizientere und nachhaltigere Weise, als es derzeit der Fall ist. Auch hierbei handelt es sich um Präzisionsfermentation, allerdings basierend auf der Anpassung ihrer Umgebung, nicht ihrer Gene. Es wurden sogar Mikroben entdeckt, die alternative Energiequellen für ihre Ernährung nutzen, zum Beispiel wasserstoffoxidierende Bakterien (*Xanthobacter*). Werden solche Bakterienzellen in riesigen Bioreaktoren gezüchtet, liefern sie etwa 65 Prozent Eiweiß, 5 Prozent Fett und 25 Prozent Kohlenhydrate und Ballaststoffe sowie einige Mineralstoffe, darunter Kalium. Sie ähneln damit Sojaprotein, würden jedoch nur ein Zehntel der Umweltbelastungen und einen winzigen Bruchteil des ökologischen Fußabdrucks von Rindfleisch hinterlassen. Ein weiteres Unternehmen, das Cyanobakterien kultiviert, die zu den ältesten Bakterienarten überhaupt gehören, hat angeblich bereits mehr als acht verschiedene Proteine hergestellt, die Geschmack und Textur von Fleisch nachahmen können. Diese Methoden könnten einen Durchbruch bedeuten, wenn eine Skalierung solcher Bioreaktoren tatsächlich gelingt und weitere geeignete Mikroben gefunden werden können, die durch quasi kostenlose Energiequellen wie Sonnenlicht, Luft oder Wasser gedeihen.

Fermentiertes Plastik

Neben der Herstellung von Hormonen, Medikamenten, Vitaminen, Proteinen, Fetten und Antioxidantien ließe sich mit der Fermentation sogar das Problem von Lebensmittel- und Verpackungsabfällen lösen. Inzwischen wird sie beispielsweise dazu eingesetzt, Plastik zu zersetzen und neuen, biologisch abbaubaren Kunststoff zu produzieren. In Australien füttern Forschende Mikroben mit Meeresalgen, um biologisch abbaubare Kunststoffe zu erzeugen, und an der Cambridge University konnte eine Gruppe von Wissenschaftlern zeigen, dass das Bakterium *Ideonella sakaiensis* innerhalb von sechs Wochen eine PET-Flasche abbauen und dabei sogar noch Strom erzeugen konnte.[6] Was für eine wunderbare Nachricht für unseren Planeten, dass sich mithilfe von Fermentation die Umweltverschmutzung durch die Nutztierhaltung reduzieren, Plastikmüll beseitigen, Energie herstellen und biologisch abbaubare Kunststoffe aus Algen produzieren lassen!

Neue Probiotika

Nachdem bereits einige Möglichkeiten vorgestellt wurden, wie in Zukunft nicht-tierische Proteine für unsere Ernährung produziert werden könnten, soll es im Folgenden um neue Prä-, Pro- und Postbiotika gehen. Da traditionelle Milchprodukte tendenziell umweltschädlich sind und die Preise steigen, wird es wohl künftig in den heimischen Küchen und im Handel immer mehr kreative neuartige Produkte geben. Kefir ist beispielsweise bereits auf Basis von Kokos- oder Sojadrink erhältlich, auch wenn der Geschmack nicht jedem zusagt. Ich finde es toll, dass Kefir aus mikrobiell erzeugter Molkenproteinmilch, vielleicht kombiniert mit kultivierten tierischen Fetten, bald überall verfügbar sein könnte. Dann könnte ich in Zukunft sicher auch meinen Lieblingskäse genießen, ohne ein schlechtes Gewissen wegen seines CO_2-Fußabdrucks zu haben.

Vermutlich werden noch mehr Synbiotika – Mischungen aus Präbiotika und Probiotika –, vielleicht auch ergänzt um Postbiotika, auf den Markt kommen. In traditionellen fermentierten Lebensmitteln wie Sauerkraut und Kimchi sind sie ohnehin enthalten, aber mittels moderner Technologie könnten Pro- und Postbiotika jeglichen neuartigen Lebensmitteln beigemengt werden, um ihre Haltbarkeit zu verlängern und die Chance zu erhöhen, dass sich nützliche Mikroben in unserem Darm ansiedeln. Probiotika wie *Lactobacillus* können mittlerweile so modifiziert werden, dass sie beispielsweise Cholera-Infektionen erkennen, das Bakterium abtöten, und auf die Infektion aufmerksam machen – das perfekte Frühwarnsystem.[7] Andere Labore arbeiten daran, Bakterien so zu verändern, dass sie krebsbekämpfende Probiotika erzeugen, die Krebszellen aufspüren und frühzeitig abtöten. Man könnte außerdem Mikroben identifizieren, die von Krebszellen angelockt werden, und sie so modifizieren, dass sie Ammoniak erzeugen, was wiederum die menschlichen T-Zellen dazu animiert, sie und damit auch die Krebszellen zu zerstören.[8]

Die nächste Generation probiotischer Mikroben, die derzeit erforscht wird, stammt aus unserem eigenen Darm, statt – wie bisher – aus traditionellen fermentierten Lebensmitteln. Diese neu entdeckten Mikroben reagieren allerdings, anders als ihre Vorgänger, empfindlich auf Sauerstoff; es müssen also Möglichkeiten gefunden werden, sie davor zu schützen, bis sie den Dickdarm erreichen. Dies könnte gelingen, indem sie als Kapseln eingenommen oder Lebensmitteln beigemengt werden. 2023 fanden Forschende beispielsweise zwei Darmmikroben, die miteinander kooperieren: *Faecalibacterium prausnitzii* (*F. prau*), eine gesundheitsfördernde Mikrobe, die Ballaststoffe abbaut, Butyrate produziert und entzündungshemmend wirkt, und *Desulfovibrio piger*, die Laktate abbaut und Acetat herstellt, von dem sich wiederum *F. prau* ernährt. Beide überleben gemeinsam länger als allein. Die Forschenden züchteten *F. prau* so um, dass es weniger empfindlich auf Sauerstoff reagierte, und nach etwa zehn Generationen hatte sich ein Stamm entwickelt, der lange genug überlebte, um in größeren Mengen hergestellt und (gemeinsam mit *D. piger*) in einer Studie am Menschen getestet zu werden. Die ersten Versuche waren erfolgreich und zeigten, dass insbesondere Menschen mit niedrigen *F.-prau*-Werten davon profitieren konnten. Hier ergibt sich also die Möglichkeit eines personalisierten Ansatzes.[9] Eine weitere neu entdeckte Mikrobe namens *Anaerobutyricum soehngenii*, die sich statt von Zucker von kurzkettigen Fettsäuren ernährt, konnte in einer menschlichen Pilotstudie erfolgreich den Blutzuckerspiegel senken.[10]

In unserer riesigen und dank Hunderttausender freiwillig eingereichter Proben ständig wachsenden Mikrobiom-Datenbank bei ZOE verbergen sich sicherlich noch mehr vielversprechende Mikroben, die entdeckt und kultiviert werden könnten. Erst kürzlich entdeckten wir zwei Mikrobenarten, bei denen ein starker Zusammenhang zwischen Ernährung und Gesundheit festgestellt wurde. All diese Entdeckungen könnten bald unsere alltägliche Ernährung bestimmen. Die Erkenntnisse, die in jüngster Zeit über die Fähigkeiten modifizierter Mikroben gewonnen wurden, sind vielleicht vergleichbar mit der Begeisterung über die Entdeckung des Potenzials fermentierter Milch in früheren Hochkulturen.

Die traditionelle Fermentation steht noch immer vor Herausforderungen. Nach wie vor gibt es Befürchtungen hinsichtlich mikrobieller Infektionen und die Behörden tun sich weiterhin schwer, gesundheitsbezogene Angaben in Bezug auf fermentierte Lebensmittel offiziell anzuerkennen. Von den über 400 Anträgen auf gesundheitsbezogene Angaben für probiotische und fermentierte Lebensmittel, die bei der Europäischen Kommission eingegangen sind, wurde bislang erst ein einziger bestätigt und dieser ist noch dazu ziemlich unbedeutend: »Lebende Kulturen in Joghurt verbessern die Laktoseverdauung bei Menschen mit Laktoseintoleranz«, so die betreffende Angabe.[11] Alle anderen Aussagen zu Darmfunktionen und Immunsystem wurden wegen angeblich mangelnder wissenschaftlicher Evidenz abgelehnt. In Großbritannien wurde die Probiotika-Forschung seit dem Brexit sogar noch erschwert, anders als man es sich vielleicht durch die Unabhängigkeit von der EU auf diesem Feld erhofft hätte. Vitamin-Präparate dürfen mit allerlei fragwürdigen Gesundheitsversprechen verkauft werden, für Probiotika dagegen wird dieselbe Evidenzstufe verlangt wie für neu entwickelte Medikamente. Die Studien, die für diese Nachweise nötig sind, kosten über eine Milliarde Dollar – ein Betrag und Aufwand, den sich kein Lebensmittelhersteller leisten kann. Anstatt also die Probiotika selbst zu bewerben (und in Forschung zu investieren), sieht sich die Industrie gezwungen, ihren Produkten winzige Mengen von Zusatzstoffen wie Zink, Mangan oder Kalzium beizumengen, um legal behaupten zu können, dass sie gesund für den Darm oder das Immunsystem seien, obwohl diese Behauptungen inzwischen längst überholt und wissenschaftlich widerlegt sind. In den USA und in anderen Ländern sieht es kaum besser aus. Bei der Regulierung und Vermarktung darmfreundlicher Lebensmittel herrscht ein einziges Chaos.

2024 wirkte ich bei ZOE in Kooperation mit einer britischen Supermarktkette an der Entwicklung eines »Gut Health Shots« mit, einem Getränk mit darmfreundlichen Eigenschaften, ähnlich zum Konzept der Ingwer-Shots, die es mittlerweile in vielen Supermärkten zu kaufen gibt. Unser Shot sollte der beste auf dem Markt werden. Auf der Grundlage unseres Wissens über das Darmmikrobiom kombinierten wir einen kommerziellen Kefir, der vierzehn Bakterienstämme enthielt (die wir mithilfe von Genanalysen identifizierten), mit verschiedenen Früchten, um ein Getränk zu kreieren, das jede Menge Polyphenole, Ballaststoffe und Probiotika lieferte und darüber hinaus frei von schädlichen Zusatzstoffen und zuckerarm war. In den ersten paar Wochen verkaufte sich unser Shot sogar besser als Wasser. In Zukunft wird es sicher viele ähnliche Kombinationen im Handel geben. Die optimale Abstimmung von probiotischen Mikroben mit einer geeigneten Lebensmittelmatrix, um ihr Überleben zu sichern, ist ein wachsendes Feld, insbesondere jetzt, da sich der Fokus von Milchprodukten auf pflanzliche Alternativen verschiebt. Pflanzliche Grundlagen bieten den Mikroben nicht immer den optimalen Schutz vor den menschlichen Magensäften. Inzwischen gibt es jedoch Mikroverkapselungstechnologien, bei denen Mikrobenzellen von einer schützenden Hülle umschlossen werden, bevor sie einem Lebensmittel beigemengt werden. Auf diese Weise konnte beispielsweise die Mikrobe *Limosilactobacillus reuteri* einem probiotischen Tomatensaft und *Lactiplantibacillus plantarum* dunkler Schokolade zugesetzt werden.[12]

Sogar bereits abgestorbene Mikroben sind für die Gesundheit nicht zu unterschätzen. Die Entwicklung von Postbiotika steckt noch in den Kinderschuhen, dennoch haben sich bereits mehrere Tech-Start-ups gebildet, die neue postbiotische Lebensmittel entwickeln. Bei ZOE werden wir unser Daily30+-Präbiotikum demnächst um postbiotischen Kombucha ergänzen. Da immer mehr Studien die gesundheitlichen Vorzüge abgestorbener Mikroben bestätigen, könnte dies ein riesiges neues Entwicklungsfeld sein. Hier gäbe es auch weniger Bedenken hinsichtlich der Sicherheit, da es sich um inaktive Organismen handelt.

Personalisierte Probiotika

Eine weitere wichtige Entwicklung der Zukunft werden personalisierte Prä- und Probiotika sein. Da das Darmmikrobiom eines jeden Menschen einzigartig ist und wir sogar auf Ebene der Spezies nur etwa 11 Prozent unserer Mikroben mit anderen Menschen gemeinsam haben – ganz im Gegensatz zu unserer DNA, die zu 99 Prozent identisch ist –, versteht es sich eigentlich von selbst, dass wir nicht alle blind dieselbe »Medizin« einnehmen sollten. In einigen Studien konnte nachgewiesen werden, dass die Reaktion auf die Probiotika-Einnahme von der Zusammensetzung des Mikrobioms im Darm abhängig ist.[13] Einige Unternehmen (darunter *Sun Genomics* oder *GUTolution*) bieten deshalb bereits personalisierte Probiotika an, auch wenn die Kriterien der Auswahl immer noch recht ungenau sind. Im Selbstversuch nahm ich einmal zwei Wochen lang das neue Probiotikum *Akkermansia* ein, das in den USA erhältlich ist, und ließ danach die Zusammensetzung meines Darmmikrobioms mit den umfassenderen Analysemethoden bei ZOE untersuchen. Meine Ausgangswerte waren nicht sonderlich hoch, zwei Wochen später war jedoch ein deutlicher Anstieg festzustellen, der wieder absank, nachdem ich die Einnahme beendet hatte – das war genau das Ergebnis, mit dem ich gerechnet hatte, und zeigt, warum Präzisions-Probiotika so ein großer Zukunftsmarkt sind.

Personalisierung, wenn sie richtig funktioniert, würde bedeuten, dass man keine teuren Präparate mit Mikroben einnehmen müsste, von denen ohnehin schon ausreichende Mengen im Darm vorhanden sind, oder präbiotische Produkte, die die »falschen« Mikroben füttern. Stattdessen könnte man gezielt präzise Mengen supplementieren. Wie schnell sich dieser Trend zur Personalisierung ohne eine

Analyse des Mikrobioms auf den Massenmarkt ausweiten ließe, ist noch unklar. Durch die Fortschritte bei der Präzisionsfermentation könnte es bald spezielle Joghurts für Menschen mit Depressionen, Kimchi gegen Bluthochdruck oder Käse für besseren Schlaf und zur Behandlung von Wechseljahresbeschwerden geben, und all das, ohne Tierleid zu verursachen. Es ist faszinierend, wenn wir uns vorstellen, was die Verbindung traditioneller Fermentationsmethoden mit neusten wissenschaftlichen Erkenntnissen zur Herstellung von Medikamenten und Lebensmitteln in Zukunft erreichen könnte.

Fünf Fakten zur Zukunft der Fermentation

1. Der Einsatz von Postbiotika (abgestorbene Mikroben) und personalisierter Prä- und Probiotika als medizinisch wirksame Lebensmittel wird zunehmen.
2. Fermentierte pflanzliche Produkte könnten in Zukunft an die Stelle hoch verarbeiteter Fleischersatzprodukte treten, wenn die Preise hierfür weiter sinken.
3. Mittels Präzisionsfermentation können bereits Insulin, Lab für die Käseherstellung, Eiweiß-Ersatz, Milchpulver und Molkenprotein nachhaltig hergestellt werden.
4. Künftig wird mit Präzisionsfermentation auch die Erzeugung wichtiger Schlüsselproteine, neuartiger Krebsmedikamente und klimafreundlicher Lebensmittel möglich sein.
5. Mikrobielles Farming, also solarbetriebene Anlagen, in denen Mikroben fermentiert werden, die Nahrungsprotein herstellen, könnten sich in Zukunft durchsetzen.

Schlusswort

Seit ich die Welt der Darmmikroben entdeckt habe, hat sich mein Blick auf die Medizin im Vergleich zu dem, was mir früher beigebracht wurde, vollkommen verändert. Wir wissen heute, dass das Darmmikrobiom untrennbar mit dem Immunsystem und damit auch mit allen modernen Erkrankungen verbunden ist, denen wir in unserer westlichen Gesellschaft gegenüberstehen, ebenso wie mit dem Alterungsprozess. Wir wissen außerdem, dass die Gesundheit des Mikrobioms darüber entscheidet, wie wir auf Schmerzmittel, Antidepressiva oder Krebsmedikamente reagieren. Eine gesundes, vielfältiges Mikrobiom, das mehr »gute« als »schlechte« Mikroben enthält, ist der Schlüssel für eine optimale Gesundheit.

In der Medizin werden diese Erkenntnisse jedoch immer noch weitgehend ignoriert. Für Ernährungsstudien oder die Untersuchung darmfreundlicher Diäten werden kaum Forschungsgelder bereitgestellt und es bleibt einer Handvoll Forschenden sowie kommerziellen Unternehmen überlassen, die Forschung auf diesem Gebiet voranzutreiben. Auch im Medizinstudium ist das Darmmikrobiom nach wie vor kaum Thema. Nur wenige Länder, darunter Kenia, Südafrika, Australien, Indien, Sri Lanka, Oman, Katar und Bulgarien, haben Empfehlungen zur Darmgesundheit und zu fermentierten Lebensmitteln in ihre nationalen Ernährungsrichtlinien aufgenommen. Es ist höchste Zeit, dass weitere Länder mitziehen.

Fermentation und Gesundheit

In meinen Büchern und öffentlichen Vorträgen habe ich fünf einfache Empfehlungen für die Darmgesundheit formuliert. Der Verzehr fermentierter Lebensmittel ist eine davon:

1. Bauen Sie viel pflanzliche Kost in Ihren Speiseplan ein – idealerweise dreißig verschiedene Pflanzen pro Woche.
2. Essen Sie nach dem Regenbogen: Wählen Sie Pflanzen in möglichst vielen unterschiedlichen Farben, um reichlich polyphenolhaltige Lebensmittel in Ihre Ernährung einzuschließen.
3. Verzehren Sie regelmäßig fermentierte Lebensmittel – am besten drei Portionen pro Tag.
4. Probieren Sie, zeitlich beschränkt zu essen (mit einem Zeitfenster von 10 bis 12 Stunden), und vermeiden Sie zusätzliche Snacks, besonders nachts.
5. Reduzieren Sie den Verzehr verarbeiteter Lebensmittel, insbesondere solche der höchsten Risikostufe.

All das unterstützt Ihre Darmgesundheit und je mehr Sie davon umsetzen können, desto besser – idealerweise alle fünf Punkte. Oft werde ich gefragt, welcher Punkt der wichtigste sei. Die Antwort hängt von jeder einzelnen Person und von der Ausgangssituation ab. Im Allgemeinen würde ich den Verzehr von fermentierten Lebensmitteln an die zweite Stelle setzen, gleich nach der pflanzlichen Vielfalt, denn gute Nahrung für die Mikroben in unserem Darm bildet die Grundlage. Wer mehr fermentierte Lebensmittel verzehrt, reduziert wahrscheinlich auch automatisch die Menge an hoch verarbeiteten Lebensmitteln, die den Darmmikroben und der Darmschleimhaut schaden und ein Überessen fördern können. Komplett auf hoch verarbeitete Lebensmittel zu verzichten ist schwierig, da beispielsweise in Deutschland schon etwa 39 Prozent der Gesamtenergiezufuhr aus Nahrungsmitteln und Getränken allein durch solche Lebensmittel gedeckt werden.[1] Im angelsächsischen Raum ist die Lage noch etwas ernster – in britischen und US-amerikanischen Supermärkten fallen sogar etwa 60 Prozent aller Produkte in diese Kategorie, entsprechend höher dürfte also auch die Gesamtenergiezufuhr daraus sein. Aber nicht alle diese Produkte sind gleichermaßen schädlich, und selbst wenn der Konsum nur auf 10 bis 20 Prozent der Gesamtkalorienaufnahme reduziert würde, wäre damit schon viel erreicht. Bei ZOE haben wir eine neue Tabelle entwickelt, die hoch verarbeitete Lebensmittel in vier Risikostufen einteilt. In den USA ist die Tabelle bereits in Form einer App erhältlich, andere Länder werden bald folgen. Die höchste Risikostufe sollte unbedingt gemieden werden.

Durch den regelmäßigen Verzehr von fermentierten Lebensmitteln erhöht sich die Anzahl und Vitalität der nützlichen Mikroben im Darm, während sich die der schädlichen verringert. Wie wir gesehen haben, hat das sowohl kurz- als auch langfristig Vorteile. Falls Sie oder Mitglieder Ihrer Familie unter Allergien, Reizdarmsyndrom, Autoimmunerkrankungen, Depressionen oder Angstzuständen leiden, Antibiotika einnehmen oder ein erhöhtes Krebsrisiko haben, sollten Sie unbedingt versuchen, mehr fermentierte Lebensmittel in Ihren Speiseplan einzubauen, ganz unabhängig davon, ob Sie zur Behandlung bereits Medikamente einnehmen.

In den meisten Ländern gilt der Verzehr fermentierter Lebensmittel allgemein als unbedenklich. Es gibt nur einige Vorbehalte, was die Ernährung von Kleinkindern bis zum dritten Lebensjahr betrifft, da ihr Darmmikrobiom und Immunsystem noch nicht ganz stabil sind. Allerdings werden Säuglinge in Korea beispielsweise bereits nach dem Abstillen mit Kimchi gefüttert. In vielen Ländern wird auch der frühe Verzehr von Joghurt für Kinder empfohlen, es ist also eher unwahrscheinlich, dass fermentierte Lebensmittel gesunden Säuglingen schaden. Auch im Alter könnte es wichtig sein, regelmäßig Fermentiertes zu sich zu nehmen, um den Alterungsprozess zu verlangsamen und Demenz vorzubeugen, die häufig mit Entzündungsherden im Körper in Zusammenhang steht.

Zwar ist der Verzehr fermentierter Lebensmittel im Allgemeinen also sicher und gesundheitsfördernd, das heißt jedoch nicht, dass sie ein Allheilmittel sind, das für jeden gleichermaßen gut geeignet ist. Studien zu regelmäßigem Konsum von fermentierten Lebensmitteln sowie Ergebnisse der weltweit größten Studie zu Fermenten, die ZOE mit 10 000 Teilnehmenden durchführte, zeigten, dass jeder Mensch anders und nicht gleich gut auf den Verzehr reagierte. Die Unterschiede ergeben sich höchstwahrscheinlich aus der einzigartigen Zusammensetzung des Darmmikrobioms jedes Einzelnen. Die 6 493 Teilnehmenden der ZOE-Studie, die den Anteil fermentierter Lebensmittel in ihrer Ernährung signifikant erhöht hatten, konnten in der Regel davon profitieren. Es gab nur wenige, bei denen das nicht der Fall war. Unter denen, die darauf ansprachen, waren keine klaren Unterschiede hinsichtlich ihres Alters oder Geschlechts feststellbar, einzig das Körpergewicht schien einen Einfluss zu haben: Je höher es bei den Teilnehmenden war, desto stärker machte sich eine Verringerung des Hungergefühls bemerkbar.

Je mehr Daten wir von den unterschiedlichsten Probanden erhalten und je größer unsere Datenbanken werden, desto näher kommen wir der Möglichkeit einer personalisierten Beratung und Behandlung.

Die ausbleibende oder negative Reaktion mancher Menschen auf fermentierte Lebensmittel, ließe sich beispielsweise lösen, indem auf andere fermentierte Lebensmittel oder Probiotika zurückgegriffen werden könnte. Die wichtigste Botschaft, die ich Ihnen mitgeben möchte, lautet jedoch: Ob männlich oder weiblich, alt oder jung, übergewichtig oder nicht, die meisten von uns können vom Verzehr fermentierter Lebensmittel profitieren.

Fermentiertes in den täglichen Speiseplan integrieren

Auf meiner Reise in die Welt der fermentierten Lebensmittel bin ich seit 2011 weit gekommen. Glaubte ich damals noch, der Verzehr eines fettreduzierten Soja-Joghurts sei das Gesündeste, was ich meinem Darm anbieten könnte, bin ich heute von fermentierten Lebensmitteln in allen Formen und Farben umgeben. Ich musste sogar einige meiner Bücher beiseiteräumen, um mehr Regalfläche für meine Langzeit-Fermente wie zum Beispiel Misopasten zu schaffen. Außerdem habe ich mir einen größeren Kühlschrank zugelegt, obwohl sich meine Frau auch bei diesem schon darüber beklagt, wie voll er ist und dass ich eigentlich einen zweiten bräuchte. Er ist voller Gläser in allen möglichen Größen, gefüllt mit Starterkulturen, Kefirknollen, SCOBYs, Essigmuttern und Flaschen mit Kombucha, Kefir und Tibicos. Ich versuche immer ein Einmachglas mit Kimchi und eines mit Sauerkraut vorrätig zu haben, und natürlich brauche ich auch meinen Käse. Außerdem bekomme ich oft Produktproben von Firmen zugeschickt – Privat- und Berufsleben haben sich bei mir inzwischen vollständig vermischt. Das liegt aber auch daran, dass ich mich bemühe, mehr fermentierte Lebensmittel in das ZOE-Programm aufzunehmen und neue Präbiotika und personalisierte Probiotika zu entwickeln, und darum zu Hause viel ausprobiere. Als jemand, der früher kaum über Küchenerfahrung verfügte, hätte ich mir nie träumen lassen, dass ich heute Menschen Ratschläge zum Kochen gebe. Mich überrascht immer noch, wie einfach es ist, selbst fermentierte Lebensmittel herzustellen, und wie leicht sie sich in die alltägliche Ernährung einbauen lassen. Es gilt nur wenige simple Regeln zu beachten, vor allem was die Sauberkeit der Utensilien und die richtige Menge an Salz oder Zucker betrifft. Der Rest ist fröhliches Herumprobieren, bis man die Mischung gefunden hat, die einem persönlich am besten schmeckt, und eigene Kreationen entwickelt.

An einem idealen Sommertag (wie heute, während ich diese Zeilen schreibe) gehe ich morgens schwimmen und bereite im Anschluss meinen nächsten Roggenbrot-Ansatz vor, indem ich den Starter mit etwas Mehl und Wasser füttere. Danach schaue ich nach meinen anderen Fermenten, zum Beispiel dem Kombucha, der heute fast bereit ist, abgefüllt zu werden, um eine kurze Zweitfermentation mit etwas Obst zu durchlaufen. Gegen elf Uhr, nachdem ich weitergeschrieben habe, bereite ich mir ein spätes Frühstück zu. Für gewöhnlich besteht es aus vollfettem Joghurt, selbst gemachtem Kefir, Pfirsichen und Aprikosen und meiner Nuss-Saaten-Mischung aus über zehn Sorten. Dazu trinke ich schwarzen Kaffee. Als spätes Mittagessen gibt es Roggen-Sauerteigbrot, Rohmilch-Ziegenkäse aus den Pyrenäen mit Rotkohl-Apfel-Kraut und dazu Zitronen-Ingwer-Kurkuma-Tibicos. Wenn es tagsüber heiß ist, nippe ich an einem großen Glas Pfirsich-Kombucha mit jeder Menge Eis. Das Abendessen beginnt mit einem Tomaten-Frühlingszwiebel-Salat mit Olivenöl und meinem eigenen Apfelessig-Dressing. Danach folgt ein buntes Gemüsecurry, das ich kurz vor dem Servieren mit Milchkefir und meiner Kurkuma-Gewürzmischung verfeinere. Dazu reiche ich meine selbst gemachte Chili-Knoblauch-Würzsoße. Als Dessert esse ich Obst nach Saison, Rohmilchkäse mit Kimchi, und natürlich trinke ich dazu ein Glas Rotwein.

Selbstverständlich sieht jeder Tag anders aus und Tage wie dieser, an denen man genug Zeit für alles hat, kommen leider nicht so häufig vor, wie man es sich wünscht. Wer viel verreist, eine junge Familie hat oder abends häufig ausgeht, kann nicht ständig alles unter Kontrolle haben. In diesen Fällen kann man vorplanen und sich überlegen, wie fermentierte Lebensmittel dennoch in den Alltag integriert werden können, auch wenn sie nicht alle selbst hergestellt sind. Hier ein Beispiel für einen allzu typischen nicht-idealen Tag, wie er auch bei mir gelegentlich vorkommt: Kürzlich war ich beruflich in L.A. und die Hotel-Speisekarte bot nur klassisch amerikanische Frühstücksgerichte (Eier, Bagels, Waffeln und Ähnliches). Bis auf einen fettreduzierten Industriejoghurt mit künstlichen Süßstoffen war dort nichts Fermentiertes zu finden. Also trank ich lediglich einen Kaffee, suchte mir in der Nähe einen Laden, in dem es Kefir und Kombucha zu kaufen gab, nahm einen Schluck davon und stellte sie in den Kühlschrank der Minibar in meinem Zimmer. Am nächsten Tag bestellte ich zu meinem schwarzen Kaffee noch ein paar Beeren, übergoss sie mit dem Kefir und streute etwas präbiotisches Daily30+ von ZOE darüber, das ich inzwischen immer bei mir trage. Auf kürzeren Reisen nehme ich manchmal einen Esslöffel meines eigenen Kefirs in einem Schminkdöschen oder Ziploc-Beutel mit, kaufe vor Ort frische Milch und gebe ihn hinein. Auch Kimchi lässt sich theoretisch in einer Tupperdose transportieren, aber nach ein paar Unfällen fand ich es dann doch zu riskant für meine Kleidung. Viel besser funktioniert es hingegen, ein paar Flaschen Kombucha, Kefir oder andere fermentierte Getränke als Geschenke für Freunde und Bekannte mitzunehmen. Damit sind gleich zwei Fliegen mit einer Klappe geschlagen: Man kann auch auf Reisen Fermentiertes genießen und vielleicht sogar andere von den Vorzügen überzeugen.

Ich versuche zwar, jeden Tag mindestens drei verschiedene fermentierte Lebensmittel zu mir zu nehmen, weiß aber auch, dass es glücklicherweise nicht schlimm ist, wenn ich die Mikroben in meinem Darm ein oder zwei Tage lang nicht »füttere«; sie sind von Natur aus sehr robust. Es ist wichtig, nicht zwanghaft oder überängstlich in seiner Routine mit fermentierten Lebensmitteln zu werden, auch wenn das Konzept für die meisten Menschen noch ungewohnt ist. Fermentiertes wird immer populärer, und immer mehr Menschen entwickeln ein Verständnis dafür, wie unser Darmmikrobiom wirkt und wie wichtig es für unsere Gesundheit ist. Entsprechend wird in Zukunft auch die Verfügbarkeit fermentierter Lebensmittel in Supermärkten und Restaurants wachsen.

Selbst wenn Sie momentan keine Zeit haben, Ihnen die Geduld oder Ausstattung fehlt: Die meisten Produkte können Sie auch jetzt schon im Supermarkt oder im Internet kaufen. Dabei sollten Sie immer im Kopf behalten, worauf es beim Kauf ankommt: Meiden Sie generell Produkte mit zu viel Zucker, künstlichen Süßstoffen und Aromastoffen. Auch fettreduzierte Produkte sind nicht zu empfehlen, da diese stark verarbeitet und in der Regel mit billigen chemischen Zusatzstoffen versetzt sind. Produkte mit Fruchtzusätzen von vertrauenswürdigen Herstellern können durchaus akzeptabel sein, in der Regel ist es jedoch besser, selbst Obst hinzuzugeben, wenn es sich einrichten lässt. Je nachdem, wo Sie leben oder einkaufen, könnten Ihre Möglichkeiten allerdings beschränkt sein, sodass Sie nicht unbedingt wählerisch sein können. Denken Sie dann stets daran: Wann immer Sie fermentierte Lebensmittel kaufen, tun Sie sich und Ihren Mikroben mit großer Wahrscheinlichkeit etwas Gutes und ersetzen dadurch etwas weniger Gesundes. Ein Blaubeerjoghurt aus dem Supermarkt ist immer noch gesünder als Industriebrot mit Marmelade oder die meisten Frühstückscerealien, ein mit Zucker gesüßter Kefir besser als Kinderjoghurt und mit Essig pasteurisiertes Sauerkraut gesünder als Pommes, Proteinriegel oder Eisbergsalat.

Seien Sie geduldig und geben Sie nicht auf

Als ich das erste Mal Kimchi oder Schwedenmilch probierte, fand ich sie grauenhaft – heute liebe ich sie. Unser Geschmack verändert sich nicht nur mit der Zeit, wir können unsere Geschmacksnerven auch bewusst trainieren. Nach der Entwöhnung von der süßen Muttermilch müssen sich alle Kleinkinder erst an neue Geschmacksrichtungen herantasten, und die Eltern müssen ihnen ein neues Lebensmittel mitunter ein paarmal vorsetzen, ehe es akzeptiert wird. Viele koreanische Eltern haben Videos, wie ihre Kinder das erste Mal Kimchi probieren – manche mit einem Lächeln, andere verziehen das Gesicht, aber am Ende schmeckt es ihnen allen. Viele fermentierte Lebensmittel haben strenge Gerüche, kräftige Aromen und viel Säure. Hat man in den ersten vierzig Jahren seines Lebens mit solchen seltsamen Gerüchen und Aromen keine Erfahrung gemacht, dann wird man wahrscheinlich nicht sofort begeistert davon sein. Üben Sie sich also in Geduld. Probieren Sie erst einmal nur einen halben Teelöffel und nehmen Sie den Geruch und den sauren Geschmack wahr. Bei Getränken kann es anfangs helfen, sie zu verdünnen. Kombucha lässt sich zum Beispiel mit Wasser oder sogar mit etwas Limonade verdünnen, bis Sie sich an den Geschmack gewöhnt haben. Kefir kann mit Frucht- oder Naturjoghurt und Kimchi mit Frischkäse verrührt werden. Erhöhen Sie nach und nach die Menge und ändern Sie das Mischverhältnis. Die Gewöhnung kann einige Monate dauern, aber sie ist es wert!

Seien Sie flexibel

Als ich sieben Jahre alt war, wurde mein Vater zu einer medizinischen Konferenz in Tokio eingeladen, mein Bruder und ich durften ihn begleiten. Wir waren die einzigen Kinder dort und sechs sehr aufmerksame Japanerinnen in Kimonos kümmerten sich rund um die Uhr um uns. Sie zeigten uns, wie man Origamis faltet und mit Stäbchen isst, und setzten uns japanisches Essen vor. An Sushi und Oktopus (mit Saugnäpfen) in Misosoße erinnere ich mich bis heute. (Außerdem kann ich immer noch auf Japanisch bis hundert zählen, was zwar ein netter Party-Gag ist, sonst aber zu nichts weiter nütze.) Die Japanerinnen schauten uns so begeistert beim Essen zu, dass wir ihnen – höflich, wie wir waren – nicht sagen konnten, dass es uns nicht schmeckte. Also lächelten wir nur brav, kauten tapfer weiter und spuckten es dann später heimlich in einen Blumentopf. Danach dauerte es eine Weile, bis ich an japanischem Essen wieder Gefallen finden konnte, aber heute liebe ich es. Es ist also alles eine Frage der Gewöhnung. Neulich drehte ich mit der

TV-Moderatorin Davina McCall, die ich inzwischen recht gut kenne, und sie sagte mir, dass sie keinen Kombucha trinken könne und fermentierte Lebensmittel allgemein verabscheue. Ich gab ihr einen Kombucha von *MOMO* mit Holunderblüte und Ingwer, und siehe da, sie fand ihn großartig. Inzwischen konnte ich sie und ihre Familie von Kefir und sogar von Kimchi überzeugen. Oft geht es also einfach darum, flexibel zu bleiben und nicht zu behaupten: »Ich mag keine fermentierten Lebensmittel«, sondern eher einzuräumen: »Bis jetzt habe ich noch keine probiert, die mir geschmeckt hätten.« Das Angebot an traditionellen und neuen fermentierten Lebensmitteln wird immer breiter, wir sollten also offen sein, immer wieder Neues zu probieren.

Viel Spaß beim Fermentieren!

Tims zehn Tipps und Fakten zum Fermentieren

1. Essen Sie täglich fermentierte Lebensmittel, idealerweise drei Portionen pro Tag, um bestmöglich von den gesundheitlichen Vorzügen zu profitieren.
2. Fermentierte Lebensmittel können bis zu fünfzig verschiedene Mikrobenarten enthalten, versuchen Sie deshalb, möglichst viele verschiedene zu essen.
3. Fermentierte Lebensmittel wirken entzündungshemmend, stärken die Immunzellen, verbessern die psychische Gesundheit und den Stoffwechsel und können helfen, der Entstehung von Krebs und Alterungsprozessen vorzubeugen.
4. Probieren Sie verschiedene Arten von fermentierten Lebensmitteln, um festzustellen, welche Ihnen auf Anhieb schmecken und an welche Sie sich erst noch gewöhnen müssen.
5. Fermentierte Lebensmittel selbst herzustellen ist preiswert und

viel einfacher, als man denkt, solange man sich an einige Grundprinzipien hält.

6. Achten Sie beim Fermentieren auf Hygiene und darauf, genügend Salz und Zucker zuzugeben, um den Säuregrad richtig einzustellen. Beachten Sie auch, ob und wie häufig der Ansatz mit Sauerstoff in Kontakt kommen sollte.
7. Fermentieren ist eine hervorragende Möglichkeit, Lebensmittelabfälle zu reduzieren und die Haltbarkeit von Lebensmitteln zu verlängern.
8. Auch gekochte, gebackene oder pasteurisierte fermentierte Lebensmittel wie Sauerteigbrot, traditionelle Biersorten oder Kombucha mit langer Haltbarkeit können aufgrund der darin enthaltenen abgestorbenen Mikroben und ihrer Stoffwechselprodukte (Postbiotika) noch gesundheitsfördernde Eigenschaften besitzen.
9. Mithilfe von Präzisionsfermentation – sofern sie sich weiterhin durchsetzt – könnten viele Milch-, Käse-, Fisch- und Fleischproteine mittels modifizierter Mikroben hergestellt werden und somit das Tierleid reduziert und der Planet entlastet werden.
10. Präzisionsfermentation sowie Kombinationen aus Probiotika und Postbiotika werden künftig weiterentwickelt werden, um vollkommen neue Lebensmittel und wichtige Medikamente beispielsweise gegen Krebs hervorzubringen.

5

Fermentieren zu Hause

Die ersten Schritte

Betrachten Sie das Fermentieren zu Hause wie einen gemütlichen Spaziergang: Es gibt keinen Grund zur Eile. Seit ich vor vielen Jahren meine ersten Schritte unternahm, habe ich viel herumprobiert und so manche Überraschung erlebt, aber die faszinierende Alchemie, die alltägliche Zutaten in kulinarische Wunder verwandelt, hat mich stets dazu motiviert, weiterzumachen. Die Grundelemente der Fermentation sind erstaunlich einfach. Sie müssen kein Chemielabor einrichten oder sich eine Spezialausrüstung zulegen. Mit ein paar einfachen Zutaten und praktischen Tipps, kann jeder Fermentiertes zu Hause selbst herstellen.

Zutaten

Zum Fermentieren braucht man keine lange Einkaufsliste, häufig reichen zwei Zutaten schon völlig aus: Die Fermentationsbasis zum einen und etwas Salz, Kefirknollen oder eine andere Starterkultur, die Sie in Reformhäusern oder im Internet erwerben können, zum anderen. Als Basis kann dann Gemüse verwendet werden, das natürliche Startermikroben für die wilde Fermentation enthält, zum Beispiel Weißkohl oder frische Milch zum Ansetzen von Kefir oder Joghurt.

Zum Fermentieren von Obst oder Gemüse wählen Sie frische Ware, die keine offensichtlichen Risse, Druckstellen oder Flecken aufweist, denn das könnte bedeuten, dass unerwünschte Mikroben eingedrungen sind. Als Salz verwenden Sie am besten hochwertiges, nicht jodiertes Mineralsalz. Zur Herstellung von Kefir besorgen Sie sich frische Milch (im besten Fall bio) und aktive Kefirknollen. Stellen Sie sich vor, Sie erschaffen eine ideale Spielwiese für die winzigen Mikroben, indem Sie ihnen die geeignete Umgebung und Ernährung liefern, damit sie ihre Kraft optimal entfalten können. Ihnen minderwertige, überlagerte Ware anzubieten sollten Sie deshalb lieber vermeiden.

Salz

Salz bildet in Kombination mit Zucker und Säure den harmonischen Dreiklang, der die perfekten Bedingungen für die Fermentation schafft. Es ist jedoch wichtig, stets die korrekte Salzmenge zu verwenden: Zu viel und das Fermentierte wird ungenießbar, zu wenig und unerwünschte Mikroben könnten sich darin ausbreiten und es verderben. Wird Gemüse mit Salz eingerieben, dann kommt es zur Osmose: Wasser tritt aus, während das Salz eindringt, bis die Salzmenge außen und innen gleich ist. Salz schützt somit nicht nur das Lebensmittel, es sorgt auch für komplexe Aromen, verändert seine Textur und hält es, richtig eingesetzt, schön knackig.

Bei Gemüse, das selbst eine Lake bildet (etwa Weißkohl), muss kein Wasser, sondern nur Salz zugegeben werden. Als Standardmenge verwende ich hierbei 2 Prozent des Gesamtgewichts, auch wenn in manchen Rezepten mehr oder weniger angegeben sein kann. Wird das Gemüse im Ganzen in Salzlake eingelegt und zusätzlich Wasser hinzugegeben, was zum Beispiel bei größerem Gemüse der Fall sein kann, sollte etwas mehr Salz verwendet werden, ungefähr 3 bis 4 Prozent. Bei 400 Gramm fertig geputztem Gemüse würden 2 Prozent Salz demnach 8 Gramm (2 Teelöffel) bedeuten. Beachten Sie aber: Sollten Sie bei diesem Beispiel das Glas zusätzlich noch mit 200 Millilitern Wasser auffüllen, dann bräuchten Sie weitere

8 Gramm, also insgesamt 16 Gramm (4 Prozent). Wird das Gemüse nur leicht mit Wasser bedeckt, dann reicht es, den gesamten Inhalt des Glases mit der Küchenwaage abzuwiegen und 2 Prozent Salz hinzuzufügen. Sollten Sie es eilig haben, genügt auch ein Esslöffel Salz pro Kilogramm Gemüse. Achten Sie darauf, das Salz gut über dem Gemüse zu verteilen, entweder indem Sie es einmassieren oder das Gemüse mit Salzlake bedecken. Man kann auch noch etwas Salz auf die Oberfläche oder in den Deckel des Glases streuen, wo die größte Konkurrenz unter den Mikroben herrscht. In manchen Rezepten wird empfohlen, im Sommer etwas mehr Salz zu verwenden, um die Fermentation zu verlangsamen. Je länger der Prozess dauert, desto mehr Salz sollte verwendet werden, damit die Fermente nicht verderben.

Ich verwende lieber Meersalz als Tafelsalz, da es mehr Mineralstoffe wie Kalzium, Magnesium und Kalium enthält, die den Mikroben zusätzliche Nährstoffe liefern, und den Lebensmitteln einen komplexeren Geschmack verleihen. Ein anderer Grund ist die Rieselhilfe, die bei den meisten Tafelsalzen verwendet wird. Zudem besteht Tafelsalz zu 99 Prozent aus reinem raffinierten Natriumchlorid, dem jeglicher interessante Geschmack fehlt. Im Notfall funktioniert es aber natürlich auch damit, obwohl der Geschmack etwas eintönig ist und der Jodzusatz das Wachstum mancher Bakterien hemmt. Beginnen Sie einfach mit dem, was Sie gerade zur Hand haben, und sobald Sie etwas Sicherheit gewonnen haben, experimentieren Sie gern mit qualitativ hochwertigem Mineralsalz. Zu beachten ist jedoch, dass Meersalz, grobes Salz oder Tafelsalz unterschiedlich große Körner haben. Tafelsalz ist deshalb stets salziger, wenn es nicht in Gramm, sondern in Teelöffeln gemessen wird. Im Zweifel wiegen Sie das Salz lieber ab – eine digitale Küchenwaage kann hier hilfreich sein.

Säuregrad

Die Säure wird von den fleißigen Mikroben erzeugt, die in der salzigen Umgebung gedeihen, und sorgt geschmacklich für die richtige Balance. Wie ein Orchester ohne die weichen Töne der Violine nicht vollständig wäre, so fehlt es Fermentiertem ohne Säure an Charakter und Vitalität. Genau wie in unserem Darm führen auch in Lebensmitteln kleine Veränderungen des Säuregrads zu großen Veränderungen im Wachstum der Mikroben. Der Säuregrad wird mithilfe des pH-Werts gemessen, der von 0 bis 14 reicht. Ein pH-Wert von 7 gilt als neutral, 1 ist stark sauer und 14 stark alkalisch. Die meisten schädlichen Mikroben können in einer sauren Umgebung nicht lange überleben. Milchsäurebakterien dagegen gedeihen dort sehr gut und senken den pH-Wert durch die Produktion von Milchsäure noch weiter, bis er innerhalb weniger Tage die magische Grenze von 4,5 unterschritten hat. Krankheitserreger wie *Listerien* können dann nicht mehr überleben, wodurch das fermentierte Lebensmittel geschützt ist. Bei den meisten meiner Fermente sinkt der pH-Wert innerhalb von drei Tagen unter 4. Ich habe mir im Internet ein preiswertes pH-Messgerät besorgt und fand es ebenso faszinierend und beruhigend zugleich, den Säuregrad und damit auch die Sicherheit der neuen Mischungen, die ich ansetzte, überprüfen zu können. Man kann sich auch pH-Teststreifen aus Lackmuspapier besorgen, die noch billiger und einfacher anzuwenden sind, allerdings bei Fermentiertem mit starker Farbe wie Kimchi schwierig abzulesen sind.

Zucker

Zucker wird fermentierten Getränken für gewöhnlich als Energiequelle für die Hefe und andere Mikroben zugesetzt. Wie auch beim Salz kann einfacher raffinierter Tafelzucker verwendet werden. Er ist jedoch nicht ideal, weil auch er Rieselhilfe enthalten kann, werfen Sie also lieber einen Blick aufs Etikett. Bio-Rohrohrzucker ist wahrscheinlich der vielseitigste Zucker zum Fermentieren, besonders für Wasserkefir und Kombucha, deren Kulturen empfindlich auf Mineralstoffe reagieren. Andere Zuckerarten, die mehr Melasse und Mineralstoffe enthalten (wie brauner Zucker, Muscovado oder Rapadura) und mehr Farbe und zusätzlichen Geschmack liefern, können ebenfalls verwendet werden, allerdings vertragen sie sich eventuell nicht mit den Kefirknollen. Kleine Mengen Rüben- oder Ahornsirup können interessante Akzente setzen, sollten allerdings nicht allein verwendet werden. Von Kokoszucker, künstlichen Süßstoffen, Stevia oder Agave ist ganz abzuraten. Honig eignet sich gut als Energielieferant für Mikroben und wird aktiviert, sobald er mit nur 20 Prozent Wasser verdünnt wird. Er bildet auch die Basis für das Grundrezept für in Honig eingelegten Knoblauch (S. 331).

Wasser

Je nach Wohnort kann sich auch die Härte des Wassers stark unterscheiden. Hartes Wasser, das Kalzium und Phosphat enthält, eignet sich im Allgemeinen besser zum Fermentieren (wenn auch weniger gut für die Haare). Bei weichem Wasser wird in manchen Rezepten empfohlen, Obst – wie zum Beispiel Datteln – hinzuzufügen, um die Fermentation in Gang zu bringen. Idealerweise sollte gefiltertes Wasser verwendet werden, das ein paar Minuten stehen gelassen wurde, damit das darin enthaltene Chlor entweichen kann. Manchmal vergesse ich, es stehen zu lassen, und es funktioniert trotzdem. Mikroben sind nämlich erstaunlich robust und Chlor verflüchtigt sich schnell. Wenn Sie sich unsicher sind und keinen Wasserfilter besitzen, dann kochen Sie Leitungswasser einfach ab und lassen es abkühlen. Damit klappt es in jedem Fall. Natürlich können Sie Tafelwasser auch kaufen, dieses hat jedoch einen hohen CO_2-Fußabdruck.

Sauerstoff

Luft, ein unverzichtbares Element für alles Leben, ist der Schlüssel zu Erfolg oder Misserfolg Ihrer Fermentation. Bei der Herstellung von Sauerkraut und anderem milchsauren Gemüse ist es wichtig, keinen Sauerstoff an das Gärgut zu lassen, da hierbei anaerobe Bakterien gefördert werden sollen (Bakterien, die in sauerstoffarmer Umgebung gedeihen). Das erreichen Sie, indem Sie Plastikdeckel, mit Salzwasser gefüllte Zip-Beutel, trockenen Reis, Kichererbsen oder Gewichte (kommerzielle Glasgewichte oder gesäuberte und abgekochte runde Steine) verwenden, um das Gemüse unter der Oberfläche der Salzlake zu halten. Ich verwende oft auch einfach die robusten äußeren Kohlblätter als Schutzschicht an der Oberfläche. Bei Hefefermenten wie Sauerteig oder Kombucha, Essig und einigen Kefirsorten ist es jedoch entscheidend, dass Sauerstoff an den Ansatz kommt. Lassen Sie Gefäße aber nicht einfach offen stehen, da dadurch Fruchtfliegen und andere Insekten angelockt werden, sondern decken Sie sie mit einem Mulltuch ab. Dünnes Küchenpapier, das mit einem Gummiband befestigt wird, funktioniert meiner Erfahrung nach auch sehr gut.

Sicherheit und Hygiene

Zum symbiotischen Tanz der Mikroben während der Fermentation gehören auch Schimmel- und Hefepilze, aber es ist wichtig, zwischen nützlichen und schädlichen zu unterscheiden. Es tauchen häufig unerwünschte Gäste auf, die sich jedoch meistens sofort eindeutig bemerkbar machen. Ungewöhnliche Farben wie Rosa oder Violett oder auch Schwarz oder Dunkelbraun ebenso wie faulige Gerüche sind Warnzeichen dafür, dass etwas schiefgegangen ist. Zum Glück sind die meisten Schimmelpilze opportunistische Oberflächenbewohner; am häufigsten tritt die harmlose Kahmhefe auf.

Sie bildet eine dünne weiße Schicht, die sich leicht abkratzen lässt. Im Kapitel »Problemlösungen« (S. 349) finden Sie noch weitere Tipps zum Erkennen von möglichen Gefahren.

Waschen Sie sich stets die Hände und reinigen Sie alle Utensilien und Arbeitsflächen, bevor Sie loslegen, und benutzen Sie jedes Mal einen neuen, sauberen Löffel, wenn Sie Ihre Fermente kosten, um zu prüfen, wie weit der Prozess fortgeschritten ist. Abgesehen davon ist es aber nicht nötig, alles zu sterilisieren oder abzukochen. Die meisten Mikroben wie *Listerien* können bei über 65 °C – die Durchschnittstemperatur von heißem Leitungswasser – nicht überleben. Bedenken Sie immer: Wir wollen den winzigen lebendigen Mikroben einen idealen Lebensraum schaffen, wir operieren nicht am offenen Herzen.

Ausrüstung

Um zu Hause selbst zu fermentieren, braucht es kein Chemielabor und die meisten Menschen haben bereits geeignete Gefäße in ihrer Küche. Nicht reaktive Materialien wie Glas, Keramik oder lebensmittelechter Kunststoff sind ideal. Metallgefäße, außer hochwertiger Edelstahl, sollten nicht verwendet werden, da sie mit den bei der Fermentation entstehenden Säuren reagieren, seltsame Aromen oder sogar giftige Stoffe abgeben könnten. Die Mikroben der Kefirknollen reagieren besonders empfindlich auf Metall, verwenden Sie daher nach Möglichkeit Löffel und Siebe aus Kunststoff oder Holz oder decken Sie das Metall mit einem Tuch oder Papier ab, sodass die Kefirknolle nicht zu lange damit in Berührung kommt.

Als Gefäß verwende ich am liebsten alte Schraubgläser in unterschiedlichen Größen oder Drahtbügelgläser mit Gummidichtung. Eine Auswahl an verschieden großen Trichtern kann außerdem hilfreich sein, um Flüssigkeiten in Flaschen umzufüllen. Mit Kaffeefilter oder Küchenpapier lasse ich überschüssiges Wasser abtropfen, wenn ich eine Soße oder einen Joghurt eindicken oder Frischkäse herstellen möchte. Für die Zweitfermentation von Kombucha oder Fruchtkefir benutze ich durchsichtige Plastikflaschen, um die Gasentwicklung im Blick zu behalten. Eine überschäumende oder explodierende Flasche nach der Zweitfermentation gehört zu den größten Risiken der Fermentation – seien Sie also auf der Hut!

Für die Herstellung von Joghurt ist ein Thermometer unverzichtbar. Auch ein pH-Messgerät kann für den Anfang hilfreich sein, ebenso wie eine digitale Küchenwaage, die sich auf null stellen lässt, für das Abwiegen von Gemüse und Salz. Sollten Sie zum Fermentieren ein Glasgefäß oder etwas Ähnliches verwenden, gilt als Faustregel, mindestens 2 bis 3 Zentimeter Platz nach oben zu lassen, damit sich das Gärgut während der Fermentation ausdehnen kann. Das beugt auch dem Überfließen der Salzlake vor. Stellen Sie Ihre Gläser aber sicherheitshalber trotzdem stets auf Unterteller, da es immer zu Bläschenbildung und Auslaufen kommen kann – vor allem rotes Sauerkraut verursacht unschöne lila Flecken, wie ich zu meinem Leidwesen feststellen musste. Auch Vakuumiergeräte können hilfreich sein und sind inzwischen preiswert zu erhalten. Das Fermentieren verläuft damit sicher und kontrolliert, sodass sie in Zukunft vermutlich noch populärer werden. Einen Versuch sind sie auf jeden Fall wert.

Zeit

Zeit und Geduld sind von großer Bedeutung. Die Länge der Fermentation entscheidet über den Säuregrad des Endprodukts. Je länger die Fermentationszeit, desto mehr Milchsäure können die Laktobazillen produzieren oder desto mehr Zucker kann eine Hefe abbauen. Die Dauer der Fermentation hängt stark von der Umgebungstemperatur und den persönlichen geschmacklichen Vorlieben ab. Die meisten Fermente schmecken am besten, wenn sie eine längere, langsame Fermentation bei kühleren Temperaturen durchlaufen haben. Hier sind Geduld und Beobachtung gefragt, denn das Gleichgewicht kann sich schnell von fad zu angenehm säuerlich bis hin zu übermäßig sauer verschieben. Nehmen Sie deshalb regelmäßig Kostproben, um herauszufinden, welcher Säuregrad und welche Textur Ihnen am meisten zusagen, oder überprüfen Sie das Ferment anhand der Bläschenbildung. Sobald es den gewünschten Geschmack und Säuregrad erreicht hat, können Sie es in den Kühlschrank stellen. Dadurch wird der Fermentationsprozess stark verlangsamt, so als würden Sie auf eine »Pause«-Taste drücken.

Weitere praktische Tipps

Wenn ich beim Fermentieren etwas Neues ausprobiere, stelle ich erst einmal nur kleine Mengen her, um den Rhythmus der Fermentation zu verstehen und am Prozess feilen zu können. Schließlich möchte man nicht literweise Milch oder Unmengen von Kohl entsorgen müssen, weil beim ersten Versuch etwas schiefgegangen ist.

Achten Sie gerade in den ersten Tagen darauf, sich um Ihre neuen fermentierenden Mitbewohner zu kümmern, sie regelmäßig zu entlüften oder umzurühren. Kefir und Sauerkraut sind ideal für den schnellen Einstieg – sie sind genügsam und liefern schon nach wenigen Tagen schmackhafte Ergebnisse.

Ans Herz legen möchte ich Ihnen außerdem: Machen Sie sich auf Unvorhergesehenes gefasst! Fermentation ist von Natur aus ein variabler Prozess – jeder neue Ansatz erzählt eine eigene Geschichte und folgt in seiner Fermentation einem einzigartigen Rhythmus. Vergessen Sie auch nicht, sich Notizen zu machen und die einzelnen Gläser mit Datum und Inhalt zu beschriften, damit Sie aus Fehlern und Erfolgen lernen können. Ich selbst führe inzwischen ebenfalls ein Notizbuch (und wünschte, ich hätte es von Anfang an getan).

Der Einstieg ins »Kaltgaren« mag zunächst einschüchternd und verwirrend sein, aber die Kraft der Fermentation liegt in ihrer natürlichen Variabilität. Sie ist Kunst wie exakte Wissenschaft zugleich – und befreit uns somit von den strengen Grenzen der Rezepte. Vertrauen Sie Ihren Sinnen und Ihrer Intuition und denken Sie daran, dass das Risiko einer Lebensmittelvergiftung äußerst gering ist, solange Sie sich an die Hygieneregeln halten und auf Anzeichen von Verderb achten. Die Reise der Fermentation ist voller Überraschungen und neuer Erkenntnisse, und sie führt uns zu tiefen, komplexen Aromen wie besserer Gesundheit. Also legen Sie los!

Fünf Fakten zum Einstieg

1. Grundlegende Hygiene mit Wasser und Seife ist wichtig, es muss aber nicht alles übermäßig sterilisiert werden.
2. Für den Anfang reichen alte Schraubgläser, Plastikbecher oder Flaschen mit Deckel völlig aus. Weitere Behälter und Utensilien können nach Bedarf später noch angeschafft werden.
3. Verwenden Sie nach Möglichkeit gefiltertes Wasser oder lassen Sie Leitungswasser eine Zeit lang stehen, bevor Sie Ihr Gärgut damit aufgießen, damit das Chlor darin entweichen kann.
4. Milch, Salz und Zucker in hochwertiger Qualität verbessern Ihre Fermente, da sie mehr Mineralstoffe und keine künstlichen Zusatzstoffe enthalten.
5. Eine digitale Küchenwaage ist sehr hilfreich. Ein Thermometer und ein pH-Messgerät oder Lackmus-Papier können ebenfalls von Vorteil sein.

Rezepte

Joghurt

Das Grundrezept ist stets dasselbe, egal ob Sie Joghurt mit oder ohne Milch herstellen wollen. Für Letzteren haben sich vor allem Sojadrink oder Kokosmilch bewährt. Sie benötigen dafür saubere Gläser mit Deckel oder eine Thermosflasche mit breiter Öffnung.

Milchjoghurt

Ergibt 1 Liter
1 l Bio-Vollmilch
2–3 EL Naturjoghurt von guter Qualität (ohne Zusatzstoffe), zimmerwarm

Erwärmen Sie die Milch langsam in einem Kochtopf auf 85–89 °C (oder zumindest annähernd auf diese Temperatur, ohne dass sie kocht oder anbrennt). Rühren Sie immer wieder um und halten Sie die Temperatur etwa für 5–10 Minuten, damit alle Mikroben abgetötet werden.

Den Topf vom Herd nehmen und die Milch auf 45 °C abkühlen lassen. Gläser oder Thermosflasche mit frisch abgekochtem Wasser füllen, 2–3 Minuten lang aufwärmen lassen und dann ausschütten.

Den Joghurt unter die warme Milch rühren und die Mischung in die angewärmten Gläser füllen. Mit einem Deckel verschließen und 8–12 Stunden lang an einem warmen Ort stehen lassen – möglichst bei über 38 °C –, zum Beispiel in ein Handtuch gewickelt in einem Wäschetrockenschrank oder über einer warmen Heizung. Alternativ gießen Sie die Mischung in eine Thermosflasche, verschließen fest den Deckel und lassen das Ganze 8–12 Stunden bei Zimmertemperatur stehen.

Sobald der Joghurt eindickt, im Kühlschrank aufbewahren. Heben Sie ein wenig von der Mischung auf, um die nächste Charge anzusetzen. So einfach geht das.

Sojajoghurt

Ergibt 1 Liter
1 l Sojadrink von guter Qualität
2 EL Natur-Sojajoghurt aus dem Supermarkt, zimmerwarm

Erwärmen Sie den Sojadrink in einem Topf auf 40–42 °C.

Den Topf vom Herd nehmen und den Sojajoghurt unterrühren. In warme Gläser füllen und abgedeckt bei etwa 38 °C für 8–12 Stunden stehen lassen, bis die Mischung eindickt. Bis zum Verzehr in den Kühlschrank stellen.

Kokosjoghurt

Ergibt 400 Milliliter
400 ml Bio-Kokosmilch aus der Dose (ohne Zusatzstoffe, Verdickungsmittel oder Guarkernmehl)
2 EL Bio-Natur-Kokosjoghurt von guter Qualität (oder 2 probiotische Kapseln), zimmerwarm

Die Kokosmilch in einen Becher füllen und glattmixen. Entweder den Joghurt oder den Inhalt der probiotischen Kapseln zugeben und gut vermischen.

In ein Glas gießen, ein Küchentuch mit einem Gummiband über der Öffnung befestigen und 12–24 Stunden bei warmer Zimmertemperatur stehen lassen, bis die Mischung eindickt und säuerlich wird.

Den Joghurt vor dem Servieren kühl stellen, damit er weiter eindicken kann.

Sauerrahmbutter

Diese köstliche Buttervariante wird aus fermentierter Sahne statt aus normaler Sahne wie bei gewöhnlicher Butter hergestellt und hat einen komplexen säuerlich würzigen Geschmack.

Ergibt etwa 325 Gramm
600 ml Crème double (ohne Verdickungsmittel oder Emulgatoren)
60–90 ml (4–6 EL) Naturjoghurt oder Buttermilch
Meersalzflocken

Crème double und Joghurt oder Buttermilch in einem sauberen Glas oder einer Glas- oder Keramikschüssel verrühren. Zugedeckt bei Zimmertemperatur (aber nicht in direktem Sonnenlicht) 24–36 Stunden stehen lassen, bis die Sahne eindickt.

Die Mischung 2 Stunden lang kühl stellen.

Sahnemischung in die Schüssel eines Standmixers mit einem Flachrührer als Ansatz geben und bei niedriger Geschwindigkeit 2–3 Minuten lang durchmixen, bis die Sahne fest wird und sich rund um den Flachrührer die dicke gelbe Butter absetzt, während die flüssige Buttermilch in der Schüssel bleibt.

Die feste Butter und die Buttermilch in einem Sieb über einer Schüssel abgießen. Die Buttermilch in eine Flasche füllen und für eine andere Verwendung kühl stellen. Die Butter unter sehr kaltem, fließendem Wasser mit den Händen durchkneten, um überschüssige Buttermilch zu entfernen. Wieder in die gesäuberte Rührschüssel geben, eine kräftige Prise Meersalz hinzufügen und ein weiteres Mal durchmixen.

Die Butter zu einzelnen Portionen oder zu einem größeren Stück formen, in Back- oder Wachspapier einwickeln und bis zum Verzehr kühl stellen.

Frischkäse/Labneh

Das ist wahrscheinlich der einfachste Käse, den Sie selbst herstellen können, und eignet sich gut, um überschüssigen Kefir oder Joghurt aufzubrauchen.

Ergibt eine beliebige Menge
Ein großes Gefäß mit selbst gemachtem oder gekauftem Kefir oder Joghurt

Mögliche Zusätze
Salz und frisch gemahlener schwarzer Pfeffer
Frische Kräuter
Zitronenschale
Gewürze
Olivenöl
Knoblauch
Chilis

Schütten Sie den Kefir oder Joghurt in ein mit Filterpapier, einem Leinentuch oder einem neuen, sauberen Spültuch ausgelegtes Sieb.

Hängen Sie das Sieb über eine Schüssel und lassen Sie den Joghurt oder Kefir über Nacht im Kühlschrank abtropfen. Die probiotische Molke, die sich in der Schüssel sammelt, kann als Starterkultur für ein anderes Rezept oder um Gerichte mit Protein anzureichern, verwendet werden. Sollte der abgetropfte Käse noch zu feucht sein, kann die Prozedur wiederholt werden.

Den Frischkäse entweder pur verzehren oder mit Salz, frisch gemahlenem schwarzen Pfeffer, frischen Kräutern, Zitronenschale und/oder Gewürzen verrühren. Ich esse ihn gern mit gehacktem Schnittlauch und zerdrücktem Knoblauch oder mit Ras-el-Hanout-Gewürzmischung auf Sauerteigbrot.

Ist der Frischkäse fest genug, kann er auch zu kleinen Kugeln geformt und in Olivenöl mit Knoblauch, Chilis und frischen Kräutern wie Thymian, Rosmarin, Petersilie oder Oregano mariniert werden. Diese Frischkäsekugeln machen sich sehr gut in Salaten.

Kefir

Kefir kann entweder aerob (offen) oder anaerob (geschlossen) fermentiert werden. Für den Einstieg ist die aerobe Fermentation etwas einfacher. Dabei entsteht ein spritziger, herber Geschmack, da die Hefe und andere sauerstoffliebende Mikroben mehr Kohlendioxid erzeugen. Die anaerobe Fermentation dagegen erzeugt ein säuerliches, gleichmäßigeres und weniger perlendes Aroma, das ich persönlich bevorzuge.

Für die anaerobe Fermentation benötigen Sie ein sauberes 500-ml-Drahtbügelglas (kein Metall oder Plastik), für die aerobe Variante eignet sich eine große Glasflasche.

Ergibt 500 Milliliter
500 ml Bio-Vollmilch
1–2 TL Kefirknollen

Die Milch in das Glas oder die Flasche geben und die Kefirknollen hinzufügen. Zwischen Milchoberfläche und Flaschenrand sollten 2 cm Abstand bleiben.

Für die anaerobe Fermentation den Deckel verschließen oder das Glas mit einem Tuch abdecken, das mit einem Gummiband befestigt wird. Für die aerobe Fermentation das Glas oder die Flasche offen stehen lassen oder nur lose einen Deckel auflegen. Bei Zimmertemperatur, aber ohne direkte Sonneneinstrahlung, 18–36 Stunden fermentieren lassen, dabei die Flasche oder das Glas ab und zu vorsichtig hin- und herschwenken.

Regelmäßig an der Mischung riechen oder eine Kostprobe nehmen, um zu überprüfen, ob die Fermentation begonnen hat und Säure produziert wird. Sobald Sie mit Geschmack und Spritzigkeit zufrieden sind, die Mischung durch ein Plastiksieb in einen Becher gießen, dann in einen sauberen Behälter umfüllen, mit einem Deckel verschließen und bis zum Verzehr kühl stellen. Kefir hält sich im Kühlschrank etwa eine Woche lang, danach beginnt er käsig zu schmecken.

Hinweise

- Die Kefirknollen können wiederverwendet werden – sie werden nach der Fermentation nicht abgespült, sondern einfach in ein sauberes Glas gegeben und erneut mit Milch aufgegossen.
- Um Geschmack und Spritzigkeit zu variieren, können Sie etwas mehr Kefirknolle hinzugeben, eine andere Milchsorte verwenden oder die Flüssigkeit etwas länger fermentieren lassen.
- Als Alternative können Sie auch Schafs-, Ziegen- oder pflanzliche Milch verwenden – die einzelnen Varianten unterscheiden sich in Geschmack und Spritzigkeit.

Weitere Serviervorschläge

Kenner genießen täglich ein kleines Glas Kefir pur. Es gibt aber noch viel mehr Verwendungsmöglichkeiten dafür, vor allem wenn Sie versehentlich zu viel hergestellt haben.

- Mit einem Spritzer Zitronen- oder Limettensaft eignet sich Kefir gut als Beilage zu Currys oder Chilis.
- Man kann ihn anstelle von Milch oder Joghurt in Smoothies mixen.
- Mit gefrorener Mango oder Banane und einem Klecks Nussmus lässt sich im Mixer Eiscreme daraus herstellen.
- Probieren Sie auch Mango-Lassi, ein beliebtes süßes Getränk aus Indien. Dazu Kefir im Verhältnis 5:1 mit Mangopüree verrühren und gekühlt, eventuell mit einem Spritzer Limettensaft, servieren.
- Ich verwende Kefir auch gern als Salatdressing. Dazu wird er mit kalt gepresstem Olivenöl, einem Spritzer Zitronen- oder Limettensaft, zerdrücktem Knoblauch und gehackten Kräutern wie Petersilie, Dill, Schnittlauch, Minze oder Koriander verrührt. Kräftig mit Salz und frisch gemahlenem schwarzen Pfeffer würzen. Mit einer reifen Avocado püriert entsteht daraus ein gehaltvolles Green-Goddess-Dressing, das sich besonders gut in Kichererbsensalat macht und dazu noch äußerst gesund ist.
- Kefir kann auch anstelle von Joghurt zur Herstellung von Labneh verwendet werden.
- Falls Sie ihn aber auch nach all diesen leckeren Vorschlägen weiterhin lieber im Glas genießen, ihn allerdings dennoch ein wenig geschmacklich variieren wollen, können Sie etwas Muskatnuss oder Zimt zum fertigen Kefir geben und ihn mit frischem Obst oder auch Nüssen und Honig vermischt genießen.

Wasserkefir (Tibicos)

Wasserkefir oder Tibicos (bei uns zu Hause auch »Timicos« genannt) ist sehr einfach und schnell herzustellen und geht nur selten schief, weshalb er sich bestens zum Einstieg eignet. Bislang ist mir noch niemand begegnet, der dieses erfrischende, spritzige Getränk nicht gemocht hätte, und im Gegensatz zu Kombucha ist es koffeinfrei. Nach der Fermentation und dem Abfüllen in Flaschen können noch Früchte oder Kräuter der Saison hinzugefügt werden.

Die Kristalle, die als Starterkultur für Wasserkefir dienen, lassen sich problemlos im Internet bestellen oder aber Sie leihen sie sich von jemandem, der bereits Wasserkefir herstellt – sie vermehren sich schnell, sodass man meist mehr hat, als man benötigt. Verwenden Sie saubere, aber nicht sterilisierte Flaschen und Gläser, gießen Sie den Kefir stets durch ein Plastiksieb ab und rühren Sie mit einem Plastik- oder Holzlöffel um – niemals mit Metall. Die Menge, die Sie herstellen wollen, kann nach den ersten paar Chargen problemlos erhöht werden, je nachdem, wie schnell Sie den Kefir verbrauchen.

Ergibt 500 Milliliter
500 ml gefiltertes Leitungs- oder Quellwasser
35–40 g Rohr- oder Kristallzucker
25 g Wasserkefirkristalle
¼–½ unbehandelte Zitrone
1 ungeschwefelte Trockenfeige oder -pflaume oder
2 TL Bio-Rosinen
1 Scheibe frischer Ingwer, geschält

Das Wasser in ein Drahtbügelglas oder anderes Gefäß gießen. Den Zucker zugeben und mit einem Holzlöffel umrühren, bis er sich aufgelöst hat.

Kefirkristalle, Zitrone, Trockenobst und Ingwer hinzugeben, dann mit einem Tuch abdecken und mit einem Gummiband befestigen oder den Deckel des Glases schließen. Bei Zimmertemperatur, aber ohne direkte Sonneneinstrahlung, 24–48 Stunden stehen lassen. Wie schnell der Kefir fermentiert, hängt von der Raumtemperatur ab – je wärmer es ist, desto schneller die Fermentation.

Sobald sich Bläschen bilden, durch ein Plastiksieb gießen und in saubere Flaschen umfüllen. Jetzt können noch andere Zutaten wie frischer Ingwer, gefrorene Beeren, Holunderblüten, Kurkuma oder Kräuter zugegeben werden. Die Flaschen verschließen und bei Zimmertemperatur weitere 24–48 Stunden fermentieren lassen. Der Kefir sollte nun schön kohlensäurehaltig sein. Anschließend gekühlt aufbewahren und innerhalb weniger Tage verbrauchen.

Für den nächsten Ansatz einfach erneut Wasser, Zucker, Zitrone und Trockenobst in ein sauberes Fermentiergefäß geben und die Kristalle hineingeben, ohne sie abzuspülen.

Tepache

Für dieses erfrischende Getränk aus Mexiko wird eigentlich Piloncillo-Zucker verwendet, aber jeder unraffinierte Bio-Zucker eignet sich genauso gut. Es ist ein einfaches Rezept, für das außer einem 3-Liter-Drahtbügelglas oder etwas Ähnlichem nichts weiter an Ausrüstung benötigt wird.

Ergibt 1,5 Liter
1 große reife Ananas (idealerweise bio)
1 daumengroßes Stück frischer Ingwer, geschält und in dünne Scheiben geschnitten (optional)
2 Zimtstangen (optional)
150 g (5 Prozent) unraffinierter Rohrzucker oder brauner Zucker
1,5 l Wasser

Die Krone und das untere Ende der Ananas abschneiden und entsorgen. Die Ananas waschen und aufrecht auf ein Schneidebrett stellen. Die Schale in langen Streifen nach unten abschneiden und grob hacken, dann in ein sauberes 3-Liter-Gefäß geben.

Die Ananas vierteln und den harten Strunk herausschneiden. Den Strunk grob hacken und mit Ingwer und Zimtstangen (falls gewünscht) in das Gefäß geben. Das Fruchtfleisch der Ananas kann jetzt gegessen oder für ein anderes Rezept verwendet werden.

Den Zucker mit dem abgemessenen Wasser verrühren, bis er sich aufgelöst hat, dann in das Gefäß gießen, sodass Schale und Strunkstücke vollständig bedeckt sind. Das Gefäß mit einem sauberen Tuch abdecken, das mit Schnur oder einem Gummiband befestigt wird. Bei Zimmertemperatur (aber geschützt vor direkter Sonneneinstrahlung) 2–3 Tage stehen lassen, bis sich die ersten Bläschen bilden.

Die Flüssigkeit durch ein Sieb gießen, in Flaschen abfüllen und kühl stellen. Anschließend in großen Gläsern mit Eis und einem Limettenschnitz servieren. Im Kühlschrank hält sich die Flüssigkeit 3–4 Tage. Wenn sie zu lange steht, wird sie alkoholisch und verwandelt sich danach in Essig.

Variation

Statt Zimtstangen können auch andere Gewürze wie Nelken, Sternanis, Kardamom und Piment oder sogar ein wenig frische rote Chili für eine extra scharfe Note verwendet werden. Für noch mehr Aroma kann man auch die (gewaschenen) Schalen von 2 Mangos hinzufügen.

Kombucha

Zur Herstellung von Kombucha benötigen Sie einen sogenannten SCOBY (ein Akronym aus den englischen Worten *symbiotic culture of bacteria and yeast,* also eine symbiotische Bakterien- und Hefekultur), den Sie online erwerben können. Man findet ihn aber auch am Boden einer Flasche gekauften Kombuchas oder kann ihn selbst heranzüchten. Alternativ können Sie sich im Bekanntenkreis umhören, ob jemand Kombucha herstellt, und sich einen Baby-SCOBY geben lassen.

Um selbst einen SCOBY zu züchten, benötigen Sie zunächst eine kleine Flasche (etwa 330 ml) eines unpasteurisierten, ungesüßten Kombuchas. Mit 3–4 Teebeuteln 1,5 Liter schwarzen Tee (keinen aromatisierten wie Earl Grey) zubereiten, 100 g Zucker darin auflösen, dann auf Zimmertemperatur abkühlen lassen. Den Kombucha, einschließlich der Hefereste und -fäden am Boden der Flasche, hinzugeben und in ein absolut sauberes 2-Liter-Drahtbügelglas oder ein anderes Glasgefäß füllen. Das Glas mit einem doppelt oder dreifach gelegten sauberen Mulltuch abdecken, das mit einem Gummiband oder einer Schnur befestigt wird, und bei Zimmertemperatur, vor direkter Sonneneinstrahlung geschützt, etwa 4 Wochen lang stehen lassen, bis sich ein 5 mm dicker SCOBY gebildet hat. Damit können Sie nun Ihren eigenen Kombucha herstellen.

Ergibt 1,5 Liter
3–4 Teebeutel Schwarztee
500 ml frisch aufgekochtes Wasser
125–150 g Kristall- oder Streuzucker
1 l gefiltertes Wasser
100 ml Starterflüssigkeit (des ursprünglichen SCOBY-Ansatzes)
Einen SCOBY (s. oben)

Aus den Teebeuteln und dem aufgekochten Wasser Tee zubereiten. 10–15 Minuten ziehen lassen, dann die Teebeutel entfernen (dabei die Beutel nicht auspressen, damit der Tee nicht zu bitter wird).

Zucker zugeben und unter Rühren auflösen. Das gefilterte Wasser hineingießen.

In ein sauberes 2-Liter-Gefäß füllen und auf Zimmertemperatur abkühlen lassen.

Den SCOBY (beim Anfassen der lebendigen Kultur auf saubere Hände achten) und etwa 100 ml der Starterflüssigkeit ebenfalls in das Gefäß geben. Mit einem doppelt oder dreifach gelegten Mulltuch abdecken und mit einem Gummiband oder einer Schnur fixieren; dadurch kommt Luft an die Mischung, aber Insekten werden ferngehalten. Das Gefäß bei Zimmertemperatur und ohne direkte Sonneneinstrahlung 1–2 Wochen stehen lassen, bis die Flüssigkeit heller geworden und der SCOBY vom Grund des Gefäßes aufgestiegen und gewachsen ist, sodass er die Gefäßöffnung ausfüllt.

Nach 5–7 Tagen ein wenig Kombucha in ein Glas gießen und kosten – es sollte fruchtig und nicht länger nach Tee schmecken. Fermentieren Sie so lange weiter, bis Ihnen der Geschmack zusagt – alles zwischen 5 Tagen und 2 Wochen ist normal.

Jetzt können Sie Ihren Kombucha abgießen und umfüllen, um ihn zu trinken, oder eine Zweitfermentation zu starten, bei der Sie weitere Zutaten hinzugeben und noch mehr Kohlensäure erzeugen.

Lassen Sie die Menge von etwa einer Tasse an Kombucha im Fermentiergefäß zurück und stellen Sie es entweder bis zur nächsten Verwendung in den Kühlschrank oder beginnen Sie gleich mit dem nächsten Ansatz. Sobald Sie einen Rhythmus bei der Herstellung gefunden haben, können Sie auch die Menge erhöhen, je nachdem, wie viel Kombucha Sie trinken.

Für eine Zweitfermentation und zum Aromatisieren gießen Sie Ihren fertigen Kombucha in 500-ml-Bügelflaschen und geben ¼–½ TL Zucker und nach Belieben Früchte und Kräuter hinzu. In den Flaschen sollte 5 cm Platz zum oberen Rand bleiben, damit das Kohlendioxid entweichen kann, ohne dass die Flüssigkeit überläuft. Pfirsich, Minze, Zitronenverbene, Holunderblüten, Ananas, Hibiskus, Grenadinesirup, Ingwer, Kurkuma und Beeren sind hervorragende

Geschmacksvarianten. Es können auch qualitativ hochwertige Teeblätter wie Darjeeling hinzugefügt werden, um der Mischung zusätzliches Aroma zu verleihen. Verschließen Sie die Flaschen und lassen Sie sie bei Zimmertemperatur, aber ohne direkte Sonneneinstrahlung, 24–48 Stunden stehen. Dabei die Flaschen stets im Auge behalten – sollte sich zu viel Gas bilden, könnten sie platzen. Vor dem Servieren gut kühlen.

Variation: Kaffee-Kombucha

Eine Charge Kombucha herstellen und für die Zweitfermentation bereitstellen. Mit gemahlenem Kaffeepulver eine Tasse frischen Kaffee aufbrühen – entweder in der French Press, im Filter, als Cold Brew oder wie Sie Ihren Kaffee sonst gerne zubereiten – und bei Zimmertemperatur abkühlen lassen.

150 ml Kaffee in eine saubere Bügelflasche füllen, 1 TL Zucker zugeben und schütteln, bis er sich aufgelöst hat. Mit Kombucha auffüllen, abdecken und bei Zimmertemperatur für 24 Stunden stehen lassen, bis die Zweitfermentation stattgefunden hat. Vor dem Servieren kühl stellen.

Variation: Kombucha-Crème fraîche oder -Eiscreme

3–4 EL Kombucha mit 350–500 ml Crème double verrühren und in einer abgedeckten Schüssel oder einem Gefäß 24–36 Stunden lang bei Zimmertemperatur fermentieren lassen.

Die Mischung dann für 4–24 Stunden in den Kühlschrank stellen, um eine probiotische Crème fraîche herzustellen.

Die fertige Crème fraîche innerhalb weniger Tage verbrauchen oder in Formen gießen und über Nacht im Tiefkühler gefrieren lassen, um Eiscreme herzustellen.

Weitere Kombucha-Varianten

- Kombucha mit fermentiertem Hopfen ist ein leckeres Getränk, das geschmacklich an Bier erinnert. Allerdings ist Hopfen schwer aufzutreiben.
- Die Zugabe von Ananasresten zu Beginn der Fermentation erhöht die Fähigkeit des Kombuchas, unerwünschte Mikroben abzuwehren, und komplementiert außerdem wunderbar den Geschmack.
- Sogenannter *hard kombucha* besitzt einen Alkoholgehalt von 0,5–8 Prozent und ist vor allem in den USA erhältlich. Für die Herstellung wird dem Kombucha bei der Zweitfermentation Brauhefe zugesetzt.
- Kombucha kann auch als Starterkultur für Sauerrahmbutter verwendet werden.
- Jun-Tee ist Kombucha sehr ähnlich, wird allerdings mithilfe eines Jun-SCOBYs aus Grüntee mit Honig hergestellt. Sein Geschmack ist milder, blumiger und er fermentiert schneller, ansonsten ist der Herstellungsprozess jedoch derselbe.

Met

Ergibt 1 Liter
800 ml Leitungswasser
200 ml Honig (idealerweise flüssig und aus regionaler Herstellung)
Zimtstange (optional)
Nelke (optional)

Mit diesem Rezept können Sie das vermutlich älteste fermentierte alkoholische Getränk, das häufig auch noch auf Weihnachtsmärkten getrunken wird, selbst herstellen.

Verdünnen Sie den Honig mit gefiltertem Leitungswasser bei Zimmertemperatur in einem Verhältnis 1:4.

Beides gut verrühren und in ein großes Glasgefäß füllen, nach Belieben noch Gewürze wie eine Zimtstange oder Nelke hinzufügen und mit einem locker aufgelegten Deckel oder einem Tuch abdecken, sodass Luft an die Mischung gelangt.

4–7 Tage lang mehrmals täglich umrühren, damit die enthaltene Hefe mit Luft durchmischt wird.

Durch ein Sieb gießen und sofort trinken oder in Flaschen abfüllen.

2–6 Wochen ruhen lassen, um den Alkoholgehalt zu erhöhen.

Grundrezept für selbst gemachten Essig

Dieses Rezept bietet eine hervorragende Möglichkeit, um eine halb leere Flasche Rot- oder Weißwein zu verbrauchen, es können aber auch Bier oder Apfelwein verwendet werden.

Den Wein in ein sauberes Glasgefäß mit breiter Öffnung umfüllen und im Verhältnis 3:2 mit gefiltertem Wasser verdünnen, um den Alkoholgehalt auf etwa 7 Prozent zu senken.

Das Gefäß mit einem sauberen Tuch abdecken, das mit einer Schnur oder einem Gummiband befestigt wird. So kann Luft im Gefäß zirkulieren und die Mikroben können ihre Arbeit verrichten, aber es gelangen keine Insekten in die Flüssigkeit.

Bei kühler Zimmertemperatur und geschützt vor direkter Sonneneinstrahlung etwa 8 Wochen lang stehen lassen. Danach in eine Flasche mit schmalem Hals umfüllen und mit einem Deckel oder Korken verschließen, sodass keine Luft mehr in das Gefäß gelangt und die Fermentation gestoppt wird.

Essig aus Apfelresten

Dies ist ein einfaches Rezept, mit dem sich Lebensmittelabfälle wunderbar vermeiden oder reduzieren lassen. Der Essig schmeckt wirklich gut und ist außerdem noch sehr gesund.

Ergibt 1 Liter
Schalen, Kerngehäuse und etwas Fruchtfleisch von 3–5 Äpfeln, idealerweise bio
1 l gefiltertes Wasser
100 g Zucker

Die Apfelreste in ein sauberes 1-Liter-Gefäß füllen. Wasser und Zucker verrühren und eine 10-prozentige Zuckerlösung herstellen. Lösung über die Apfelreste gießen, sodass sie vollständig bedeckt sind, die Apfelreste anschließend beschweren, sodass sie unter der Flüssigkeit bleiben. Das Gefäß mit einem sauberen Tuch abdecken und diese mit einer Schnur oder einem Gummiband befestigen.

Bei Zimmertemperatur, aber ohne direkte Sonneneinstrahlung 2–4 Wochen stehen lassen. Während dieser Zeit fermentiert die Mischung und es bildet sich zunächst Alkohol, danach Essig. Die Dauer der Fermentation hängt von der Raumtemperatur ab, je wärmer diese ist, desto schneller die Fermentation.

Wenn sich ein Essiggeruch entwickelt hat, die Apfelreste abseihen und den Essig in eine saubere Flasche umfüllen, die mit einem Schraubverschluss oder Korken verschlossen wird, damit keine Luft hineingelangt. Bei Zimmertemperatur und vor direkter Sonneneinstrahlung geschützt aufbewahren. Verdünnt als Getränk genießen oder als Essig in Salatdressings verwenden.

Grundrezept für Sauerkraut

Traditionellerweise wird Sauerkraut bei niedrigen Temperaturen langsam fermentiert – 2–4 Wochen lang bei etwa 15–20 °C –, damit sich genügend Säure entwickelt. Mit einem pH-Wert von 3,5 ist Sauerkraut etwa siebenmal saurer als sein würziger Verwandter, das Kimchi. Rotkohl braucht länger zum Fermentieren als Weißkohl und bei beiden geht es schneller, wenn noch anderes Gemüse (z. B. ein oder zwei kleine Karotten) hinzugefügt wird, das verwertbaren Zucker für die Mikroben enthält.

Ergibt 1 großes Glas
1 Weiß- oder Rotkohl
1–2 Karotten (optional)
1 EL Kümmel (oder Wacholderbeeren)
Meersalz

Den Strunk des Kohls herausschneiden, die äußeren Blätter entfernen. Beides für die spätere Verwendung beiseitelegen. Den Kohlkopf vierteln und mithilfe eines Gemüsehobels, einer Küchenmaschine, einer groben Reibe oder eines scharfen Messers in feine Streifen hobeln. Die Karotten (falls gewünscht) ebenfalls fein schneiden.

Den Kohl in eine große Schüssel geben und den Kümmel unterrühren. Das Gesamtgewicht abwiegen und 2 Prozent dieses Gewichts an Salz hinzufügen (bei 600 g Gesamtgewicht werden z. B. 12 g Salz benötigt).

Das Salz ein paar Minuten lang mit den Händen in den zerkleinerten Kohl einkneten, bis er weicher wird. Die Schüssel mit einem sauberen Küchentuch oder einem Teller abdecken und für mindestens 30 Minuten oder bis zu 3 Stunden stehen lassen, bis der Kohl sehr weich ist und Wasser abgegeben hat.

Den Kohl mitsamt der entstandenen Flüssigkeit in ein sauberes 1- oder 2-Liter-Gefäß füllen und fest hineindrücken, sodass er von der Salzlake vollständig bedeckt ist und noch ein Abstand von 5 cm zum oberen Gefäßrand bleibt. Den Kohl mit den beiseitegelegten äußeren Blättern bedecken und ein Gewicht (oder den Kohlstrunk) auflegen. Den Deckel nur locker auflegen – ein fest versiegeltes Gefäß könnte platzen!

Das Gefäß auf einem Unterteller in einen dunklen und kühlen Schrank ohne direkte Sonneneinstrahlung stellen und 2–3 Tage stehen lassen, damit die Fermentation beginnen kann. Den Deckel täglich öffnen, um überschüssiges Gas entweichen zu lassen. Nach 7 Tagen sollte das Sauerkraut so weit fermentiert sein, dass es in den Kühlschrank gestellt werden kann. Innerhalb von 1–2 Monaten aufbrauchen, je nachdem, wie weich Sie es mögen.

Traditionelles Kimchi

In diesem traditionellen Kimchi-Rezept (nur eine von vielen Varianten) wird der Kohl zunächst eingesalzen. Nach ein paar Stunden spült man ihn ab und vermischt ihn mit würziger Kimchi-Paste aus Chiliflocken, Klebreismehl, Knoblauch und Ingwer.

Ergibt 1 großes Glas
2 Köpfe Chinakohl
2–3 EL Tafelsalz
20 g Klebreismehl
250 ml Wasser
¼ Daikon-Rettich, geschält und gestiftelt
1 Karotte, geschält und gestiftelt
5–6 Frühlingszwiebeln, fein geschnitten
1 Zwiebel, grob gehackt
8 große Knoblauchzehen, geschält und gehackt
1 daumengroßes Stück frischer Ingwer, geschält und gehackt
3 EL Fischsoße

50–75 g koreanische Chiliflocken (Gochugaru)
1 EL brauner Zucker

Das untere Ende des Kohls abschneiden und eventuell rissige äußere Blätter entfernen. Die Kohlköpfe der Länge nach vierteln. Das Salz großzügig über den Kohl und gründlich zwischen den einzelnen Blättern verteilen und in eine große Schüssel geben. 2 Stunden lang stehen lassen, bis der Kohl weich geworden ist, währenddessen ein- oder zweimal wenden.

In der Zwischenzeit die Kimchi-Paste vorbereiten. Das Reismehl in einem kleinen Topf mit dem Wasser glattrühren und bei mittlerer Hitze zum Kochen bringen. 3–4 Minuten unter ständigem Umrühren leicht köcheln lassen, bis die Mischung durchsichtig wird und eindickt. Vom Herd nehmen und abkühlen lassen.

Daikon, Karotten und Frühlingszwiebeln in eine große Schüssel geben. Zwiebel, Knoblauch und Ingwer mit Fischsoße, Chiliflocken und Zucker in einem Mixer zu einer glatten Paste pürieren. Diese Paste zusammen mit der abgekühlten Reismehlpaste in die Schüssel mit dem Rettich und den Karotten geben und unterrühren.

Unter kaltem, fließendem Wasser das Salz gründlich vom Chinakohl abwaschen und etwa 10 Minuten lang in einem Sieb abtropfen lassen.

Die Chili-Gemüse-Paste mit den Händen (saubere Gummihandschuhe sind hier von Vorteil) in den Kohl einkneten, sodass jedes Blatt gut damit bedeckt ist. Die Kohlviertel einmal in der Hälfte zu kleinen Päckchen falten und fest in eine Plastikdose drücken. Mit einem Deckel verschließen und etwa 48 Stunden lang bei Zimmertemperatur stehen lassen, bis das Kimchi zu fermentieren beginnt. Während dieser Zeit den Kohl gelegentlich nach unten drücken, damit er in der entstehenden Flüssigkeit liegt.

Nachdem das Kimchi ein paar Tage fermentiert wurde, sollte es im Kühlschrank gelagert werden, wo es sich mehrere Wochen lang hält.

Grundrezept für Kimchi

Wenn es mal schnell gehen soll, hier eine verkürzte Variante des Rezepts ohne den zweistufigen Prozess des Einsalzens (s. das vorherige Rezept). Probieren Sie gerne beide Varianten aus und schauen Sie, ob Sie einen Unterschied feststellen können. Für dieses Rezept können alle möglichen Kohlsorten und/oder Daikon-Rettich verwendet werden.

Ergibt 1 Glas
1 Kohlkopf oder Chinakohl
1 Daikon-Rettich
Meersalz
4 Knoblauchzehen
1 Bund Frühlingszwiebeln, geputzt und fein geschnitten
1–2 EL koreanische Chiliflocken (Gochugaru)
1 EL Sojasoße
1 EL Fischsoße (oder fermentierte Misopaste bei veganer Ernährung)

Den Kohl putzen und in 4–5 mm breite Streifen schneiden. Den Daikon putzen, schälen und in dünne Halbmonde hobeln.

Das Gemüse zusammen abwiegen, in eine Schüssel geben und 2 Prozent des Gesamtgewichts an Salz zugeben. Mit den Händen das Salz in das Gemüse einkneten, bis es weich wird. Dann die Schüssel abdecken und 4 Stunden lang bei Zimmertemperatur stehen lassen.

Knoblauch, Frühlingszwiebeln, Chiliflocken, Sojasoße und Fischsoße in einen Mixer geben und pürieren. Zum Gemüse geben und gut unterrühren, sodass es ganz damit überzogen ist. Fest in ein sauberes Gefäß drücken und darauf achten, dass das Gemüse vollständig von der Lake bedeckt ist. Falls nötig, mit ein wenig 2-prozentiger Salzlake aufgießen (2 g Salz pro 100 ml Wasser). Mit Gewichten beschweren und das Gefäß locker mit einem Deckel abdecken. 5–10 Tage lang an einem kühlen, dunklen Ort stehen lassen, bis sich Bläschen bilden. Danach in den Kühlschrank stellen und innerhalb von 1–2 Monaten verzehren.

Variation: Reste-Kimchi

Beliebige Gemüsereste, z.B. Paprika, verschiedene Kohlsorten, Karotten, Zwiebeln (aber kein zu weiches Blattgemüse), in 4–5 mm breite Streifen schneiden. Einige Knoblauchzehen, ein daumengroßes Stück Ingwer und 2–3 Chilis kleinhacken und zugeben.

Das vorbereitete Gemüse abwiegen, 2 Prozent des Gewichts an Meersalz und eine größere Prise Chiliflocken (koreanische oder andere) zugeben und unterrühren. Mit den Händen das Gemüse ein paar Minuten lang kneten, bis es weich wird. Dann in einer abgedeckten Schüssel 1 Stunde lang stehen lassen. Das Gemüse fest in saubere Gefäße drücken, darauf achten, dass es gut mit der Salzlake bedeckt ist. Falls nötig, mit 2-prozentiger Salzlake auffüllen.

Locker mit einem Deckel verschließen und das Gefäß auf einen Unterteller stellen. Eine Woche lang an einem kühlen, dunklen Ort stehen lassen und etwa jeden zweiten Tag das entstehende Gas entweichen lassen. Danach im Kühlschrank aufbewahren und innerhalb von 2–4 Wochen verzehren.

Weitere Serviervorschläge

- Zu Salaten oder Reis- und Getreidegerichten – Kimchi schmeckt besonders lecker in gebratenem Eierreis oder zu Nudeln.
- Mit Frischkäse verrührt als Brotaufstrich – eine tolle Idee für Kinder.

- Sauerkraut macht sich gut auf einem Reuben Sandwich mit Pastrami oder mit Pilzpaste auf Roggenbrot.
- Mit Käse auf Brot oder in getoastetem Käse-Sandwich.
- In Teigtaschen oder zu Mac and Cheese oder als Beilage zu Rühr- oder Spiegelei.

Kimchi Bloody Mary

Diese leicht abgewandelte Version des berühmten Cocktails verdankt seine komplexen Aromen dem fermentierten Kimchi, das püriert und durch ein Sieb gestrichen wird. Das finale Getränk erhält somit einen intensiven Geschmack und jede Menge lebendige Mikroben.

Für 4–6 Gläser
250 g Kimchi mit Salzlake
250 ml Wodka
1 l Tomatensaft
Ein Spritzer Zitronensaft
1 EL Meerrettich
Zucker nach Belieben
Selleriesalz nach Belieben (optional)
Worcestershiresoße nach Belieben

Zum Garnieren
Eiswürfel
Kimchi-Stückchen
Grüne Oliven
Zitronenscheiben
Gochugaru
Selleriestangen

Kimchi, Wodka, Tomatensaft, Zitronensaft und Meerrettich im Mixer pürieren. Durch ein Sieb in einen sauberen Becher streichen und mit Gewürzen abschmecken, nach Belieben Zucker, Selleriesalz und Worcestershiresoße hinzugeben.

In mit Eis gefüllte Highball-Gläser gießen und garnieren. Dazu etwas Kimchi und eine Olive auf einen Cocktailspieß schieben und eine Zitronenscheibe hinzufügen. Mit ein wenig Gochugaru bestreuen und mit einer Selleriestange servieren.

In Honig eingelegter Knoblauch

Dieses Rezept ist vermutlich das einfachste von allen – der Knoblauch bringt sein eigenes Mikrobiom als Starterkultur und chemische Verbindungen wie Allicin mit, die andere Mikroben am Wachstum hindern. Verwenden Sie unbehandelten Honig, der voller Nährstoffe ist.

Ergibt 1 Glas
2–3 Knoblauchknollen
Etwa 300 g Honig

So viele Knoblauchzehen schälen, dass sich damit ein Marmeladen- oder Drahtbügelglas zu zwei Dritteln füllen lässt. Den Honig darüber löffeln, bis der Knoblauch vollständig damit bedeckt ist. Den Deckel verschließen und das Glas kräftig schütteln, um Honig und Knoblauch zu vermischen. Das Glas auf einen Unterteller stellen und bei Zimmertemperatur in einer Speisekammer oder einem Schrank aufbewahren, wo es vor direkter Sonneneinstrahlung geschützt ist. In den ersten 7–14 Tagen das Glas alle paar Tage einmal über den Deckel entlüften und umdrehen. In der Zeit fermentiert der Knoblauch und der dickflüssige Honig wird klarer und flüssiger. Der Knoblauch könnte sich dabei verfärben, aber keine Sorge – das ist normal.

Ist der Knoblauch fertig fermentiert, hält er sich an einem kühlen Ort oder im Kühlschrank mehrere Monate lang. Sie können den Knoblauch und Honig separat als Zutaten verwenden oder beides pürieren. Vermischt mit einem guten Olivenöl und Apfelessig wird ein fantastisches Salatdressing daraus. Der Honig eignet sich gut als Marinade für Fleisch, Fisch oder Gemüse. Ich persönlich esse den in Honig eingelegten Knoblauch auch gern einfach so. In einigen Kulturen gilt er als gesund und soll vor Erkältungen schützen.

Variation

Es können auch noch Gewürze wie frisch geschnittene Kurkumawurzel, Ingwer oder ein Lavendelzweig hinzugefügt werden, um komplexere Aromen zu erhalten.

Tomatenketchup

Dies ist eine fermentierte Version, die im Gegensatz zu Ketchup aus dem Supermarkt keine Zusatzstoffe und kaum Zucker enthält.

Ergibt 1 Glas oder 1 Flasche
200 g Tomatenmark
1 EL Worcestershiresoße oder Sojasoße
Ein Spritzer Fischsoße
1 EL flüssiger Honig (z.B. von dem in Honig eingelegten Knoblauch)
1 EL Apfelessig
2–3 TL Sauerkrautlake (optional)
2 TL Koriandersamen
½ TL schwarze Pfefferkörner
1 TL Senfsamen

1/8–1/4 TL gemahlener Zimt
Salz nach Belieben

In einer Schüssel Tomatenmark, Worcestershiresoße oder Sojasoße und einen Spritzer Fischsoße verrühren. Honig, Apfelessig und Sauerkrautlake (falls gewünscht) hinzufügen.

In einer trockenen Pfanne bei mittlerer Hitze die Koriandersamen, schwarzen Pfefferkörner und Senfsamen eine Minute lang sanft anrösten, bis sie zu duften beginnen. Die Gewürze zusammen dann mit dem Zimt und einer Prise Salz fein mahlen. Zur Tomatenmischung geben und unterrühren.

Die Masse in ein sauberes Marmeladenglas füllen, mit einem Deckel verschließen und bei Zimmertemperatur, aber vor direktem Sonnenlicht geschützt aufbewahren. 3–5 Tage lang täglich umrühren, bis die Mischung zu fermentieren beginnt.

Anschließend optional in eine Flasche umfüllen, im Kühlschrank aufbewahren und wie normalen Ketchup verwenden. Innerhalb von 4 Wochen aufbrauchen.

Tims fermentierte Pilzpaste

Die Paste kann zusätzlich mit gehackten Kräutern wie Petersilie, Schnittlauch oder Estragon verfeinert werden. Oder man rührt nach dem Pürieren der fermentierten Pilze etwas Ricotta oder Frischkäse darunter.

Ergibt 200–300 Gramm (4 Portionen)
250 g Champignons, geputzt und grob gehackt
2–4 Knoblauchzehen, gehackt
4 g Meersalz
200 ml gefiltertes Wasser
Salz und frisch gemahlener schwarzer Pfeffer

Ein Spritzer Tabasco (optional)
1–2 EL gehackte Kräuter (optional)
1–2 EL Ricotta oder Frischkäse (optional)

Die Pilze in eine trockene Pfanne geben und auf mittlerer Stufe etwa 4 Minuten lang erhitzen, bis sie braun und weich sind.

Die Pilze in ein sauberes Fermentiergefäß füllen, den Knoblauch zugeben und auf Zimmertemperatur abkühlen lassen. Unterdessen eine 2-prozentige Salzlake zubereiten. Das Salz im Wasser auflösen und in das Gefäß gießen, sodass die Pilze damit vollständig bedeckt sind. Falls nötig, noch mehr Lake nachgießen und die Pilze beschweren, damit sie unter der Oberfläche bleiben.

Das Glas verschließen und bei Zimmertemperatur, aber ohne direkte Sonneneinstrahlung 3–5 Tage lang fermentieren lassen, je nach Raumtemperatur.

Nach 3 Tagen eine Kostprobe nehmen, um zu prüfen, ob die Fermentation eingesetzt hat. Danach entweder weiter fermentieren lassen oder die Salzlake abgießen und für eine andere Verwendung aufbewahren. Pilze und Knoblauch in der Küchenmaschine pürieren und die Masse nach Belieben würzen. Einen Spritzer Tabasco und gehackte Kräuter (falls gewünscht) zugeben – oder die Paste mit ein paar Esslöffeln Ricotta oder Frischkäse verfeinern.

Auf getoastetem Sauerteig oder Crackern mit etwas kalt gepresstem Olivenöl und fein gehackten Kräutern oder eingelegtem Gemüse servieren. Die Paste schmeckt auch sehr gut auf selbst gemachtem Roggen-Sauerteigbrot (S. 346).

Variation

Die eingelegten Pilze nicht pürieren, sondern sie einfach im Ganzen genießen.

Fermentierter Cashewnuss-Käse

Eine Alternative zu diesem Rezept für Cashew-Käse wäre, ihn statt mit probiotischen Kapseln mit 1 EL Sauerkraut- oder Kimchi-Lake oder 1 EL weißer Misopaste zu fermentieren.

Ergibt 1 Schälchen

250 g rohe Cashewnüsse (nicht geröstet oder gesalzen)
½ TL Meersalz
2 probiotische Kapseln (mindestens 4–5 Milliarden KBE, mit Milchsäurebakterien wie Lactobacilli)
2–3 TL Nährhefe
2–3 TL Zitronensaft
Frisch gemahlener schwarzer Pfeffer
½ TL Knoblauchpulver
2 TL getrockneter oder frischer Schnittlauch
Eine Prise getrocknete Chiliflocken (optional)

Die Cashewnüsse über Nacht in kaltes Wasser einlegen, damit sie weich werden.

Die eingeweichten Nüsse durch ein Sieb gießen, kurz mit kaltem Wasser abspülen und in einen Mixer geben. Salz zugeben und zu einer glatten Creme pürieren, dabei gelegentlich die Mischung vom Schüsselrand abkratzen.

Den Inhalt der probiotischen Kapseln (oder die Sauerkraut- oder Kimchi-Lake oder Misopaste, falls gewünscht) unterrühren, Nährhefe und Zitronensaft zugeben und mit Pfeffer würzen. Ein weiteres Mal mixen, bis alles gut vermischt ist.

In ein Drahtbügelglas oder anderes Glasgefäß füllen, dabei etwa 3 cm Platz zum oberen Rand lassen. Abdecken und bei Zimmertemperatur für 12–24 Stunden fermentieren lassen.

Der Käse ist fertig, wenn sich in der Mischung Bläschen gebildet haben und sie leicht säuerlich riecht.

Knoblauch, Kräuter und Chiliflocken (falls gewünscht) unterrühren, mit Salz und Pfeffer abschmecken und im Kühlschrank aufbewahren. Die Mischung lässt sich wie ein weicher Frischkäse verwenden und sollte innerhalb einer Woche verzehrt werden.

Saure Gurken

Für dieses Rezept sollten keine Salatgurken verwendet werden, sie sind zu wässrig und werden schnell matschig. Sie können eine Gewürzmischung oder auch nur ein einziges Gewürz hinzugeben: Senfkörner, Sellerie-, Zwiebel-, Koriander-, Fenchel- oder Kreuzkümmelsamen, Chiliflocken, schwarze Pfefferkörner und Piment eignen sich besonders gut.

Ergibt 1 mittelgroßes Glas
400 g kleine Einlegegurken
2 Schalotten, dünn geschnitten
1 Knoblauchzehe, dünn geschnitten
2–3 Stängel frischer Dill
1–2 Lorbeerblätter
Etwa 25–30 g Meersalz
2 TL Gewürze nach Wahl
Gefiltertes Wasser

Gurken waschen, die Enden abschneiden und je nach Größe der Länge nach halbieren oder vierteln.

Ein leeres Glas auf eine digitale Küchenwaage stellen und auf null setzen. Schalotten und Knoblauch in das Glas geben, dann Dill, Lorbeerblätter und Gewürze darüber schichten, damit alles an Ort und Stelle bleibt. Die Gurken hineinfüllen und mit gefiltertem Wasser auffüllen, sodass sie zu etwa 2 cm bedeckt sind. Das Gesamtgewicht von Gemüse und Wasser ermitteln.

2 Prozent des Gesamtgewichts errechnen und die entsprechende Menge an Salz ins Gefäß geben. Mit einem Deckel fest verschließen und kräftig schütteln, damit sich das Salz auflöst.

Die Gurken im Glas mit einem Gewicht beschweren und mit dem Deckel wieder verschließen. Das Glas auf einem Unterteller bei Zimmertemperatur, ohne direkte Sonneneinstrahlung, 5–7 Tage lang stehen lassen. Bei Bedarf das Glas über den Deckel entlüften.

Nach 4–5 Tagen eine Kostprobe nehmen – die Gurken sollten knackig, würzig und sauer sein. So lange weiter fermentieren, bis der gewünschte Geschmack erreicht ist (das kann bis zu 7 Tage dauern). Danach das Gewicht entfernen und die Gurken im Kühlschrank aufbewahren. Innerhalb von 3–4 Wochen verzehren.

Lacto-Chilis

Für dieses Rezept empfehle ich, größere Chilischoten statt der kleinen Thai- oder Bird's-Eye-Chilis zu verwenden. Sie können auch getrocknete Chilis benutzen oder sie zu den frischen hinzugeben, nachdem diese ein paar Stunden in Salzlake eingelegt waren. Die Gewürze können nach Belieben ausgetauscht werden – versuchen Sie es auch mal mit Senfkörnern oder Fenchelsamen und Lorbeerblättern.

Ergibt 1 großes Glas
400 g rote und/oder grüne Chilis
3–4 Knoblauchzehen
1 TL schwarze Pfefferkörner
1 TL Kreuzkümmelsamen
1 TL Koriandersamen
600 ml gefiltertes Wasser
Etwa 25 g Meersalz

Die Chilis in ein Sieb geben und unter fließendem Wasser abspülen. Trocknen lassen und die Stiele abschneiden, Schoten halbieren und die Kerne entfernen.

Ein sauberes Glas auf die digitale Küchenwaage stellen und diese auf null setzen. Chilis und Knoblauch in das Glas schichten und genügend Wasser aufgießen, sodass das Gemüse bedeckt ist. Das Gesamtgewicht ermitteln, dann Chilis und Knoblauch abgießen und mit den Gewürzen wieder in das trockene Gefäß geben. Aus gefiltertem Wasser und Meersalz die Lake herstellen – die Salzmenge sollte 2 bis 3 Prozent des Gesamtgewichts von Wasser, Chilis und Knoblauch entsprechen. Bei einem Gesamtgewicht von 900 g sind beispielsweise 18–27 g Salz nötig.

Die Salzlake über die Chilis gießen und diese mit einem Gewicht beschweren, sodass sie unter der Oberfläche bleiben. Gefäß verschließen und bei Zimmertemperatur und ohne direkte Sonneneinstrahlung 7–10 Tage lang fermentieren. Nach 7 Tagen probieren – die Chilis sollten leicht säuerlich schmecken.

Nach dem Fermentieren bewahren Sie die Chilis entweder im Kühlschrank auf oder Sie gießen einen Großteil der Salzlake ab und geben Chilis und Knoblauch in einen Mixer, um sie zu pürieren und eine fermentierte Chilipaste herzustellen. Im Kühlschrank gelagert, sollten die Chilis innerhalb von 3–4 Monaten verbraucht werden, entweder pur als Vorspeise oder als Chilipaste zum Würzen von Gerichten.

Lacto-Tomaten

Diese Geschmacksbomben machen sich gut in Salaten, Eintöpfen oder auf getoastetem Sauerteigbrot, als peppige Bruschetta oder als *pan con tomate*. Ich nenne sie gern »Lacto-Tomate«, weil die Mikroben, die hierbei hauptsächlich die Fermentation vorantreiben, Laktobazillen sind.

Ergibt 1 großes Glas
500 g Cherry-Tomaten an der Rispe
2–3 Knoblauchzehen
2–3 Kräuterzweige (Rosmarin, Thymian, Oregano, Dill)
1 Chili, gewaschen und der Stiel entfernt (optional)
Etwa 20 g Meersalz
500 ml gefiltertes Wasser

Die Tomaten von der Rispe lösen, unter fließendem Wasser abwaschen und mit einem Holzspieß oder Zahnstocher einige Löcher hineinstechen.

Die Tomaten zusammen mit ganzen, geschälten Knoblauchzehen, Kräuterzweigen und Chili (falls gewünscht) in ein absolut sauberes Glasgefäß füllen.

Eine 4-prozentige Salzlake herstellen und das Gefäß damit aufgießen, sodass die Tomaten zu 2 cm bedeckt sind. Die Tomaten mit einem Gewicht beschweren, damit sie unter der Oberfläche bleiben. Das Gefäß mit einem Deckel verschließen.

Das Gefäß auf einen Teller stellen und bei Zimmertemperatur, aber ohne direkte Sonneneinstrahlung 5–7 Tage fermentieren lassen. Nach 5 Tagen eine Kostprobe nehmen – sollten die Tomaten bereits leicht prickelnd und säuerlich schmecken, können sie in den Kühlschrank wandern und sollten innerhalb von 4 Wochen verzehrt werden.

Weitere Lacto-Fermente

Das Rezept für die Lacto-Tomaten kann auch für größere grüne Tomaten und viele andere Gemüsesorten verwendet werden, z. B. geviertelte grüne Bohnen oder festeres Gemüse wie Knollensellerie, Karotten oder Fenchel, die mit einem Gemüsehobel in dünne Scheiben geschnitten wurden.

Nach dem Abwiegen das Gemüse in ein großes Gefäß füllen und mit 2-prozentiger Salzlake aufgießen, sodass es zu 2 cm bedeckt ist. Das Gemüse mit Gewichten beschweren, damit es vollständig unter der Lake bleibt. Das Gefäß locker mit einem Deckel verschließen und auf einem Teller in einen kühlen, dunklen Schrank stellen.

Die Fermentation sollte innerhalb von 7–10 Tagen stattfinden. Die Salzlake, die nach dem Abgießen übrigbleibt, kann zum Ansetzen von anderen Fermenten oder zur Herstellung von Soßen verwendet werden.

Kurkuma oder Ingwer fermentieren

Kurkuma und Ingwer wirken unterstützend auf das Immunsystem und können Entzündungen und Schmerzen lindern. Werden sie fermentiert, könnte das ihre Wirksamkeit sogar noch erhöhen.

Ergibt 1 kleines Glas
1 EL Bio-Ingwer bzw. -Kurkuma, gerieben (mit Schale)
1 TL Zucker
3 EL gefiltertes Wasser

Die geriebene Kurkuma bzw. den geriebenen Ingwer zusammen mit dem Zucker in ein sauberes Glasgefäß geben. Das gefilterte Wasser darüber gießen und umrühren, bis sich der Zucker aufgelöst hat.

Das Gefäß mit einem sauberen Geschirr- oder Mulltuch abdecken und dieses mit einem Gummiband befestigen. Bei Zimmertemperatur, aber ohne direkte Sonneneinstrahlung für 24 Stunden stehen lassen.

Am nächsten Tag erneut geriebene Kurkuma bzw. geriebenen Ingwer mit Zucker und Wasser hinzugeben, das Gefäß wieder abdecken und in eine dunkle Ecke stellen.

Weitere 2 Tage lang so verfahren oder so lange, bis sich in der Flüssigkeit erste Bläschen bilden. Die Fermentation kann bis zu einer Woche dauern. Sobald sich Bläschen gebildet haben, ist die Mischung verzehrfertig. Man kann sie als Starterkultur für selbst gemachte Limonaden, Wasserkefir oder als gesundes Würzmittel zum Kochen verwenden.

Die Mikroben in der Mischung können am Leben erhalten werden, indem sie genauso gefüttert werden wie für einen Sauerteigansatz (S. 344).

Misozuke – Eingelegtes Gemüse japanischer Art

Ob gekauft oder selbst gemacht, unpasteurisierte Misopaste eignet sich gut als Starterkultur, um Gemüse wie lila Sprossenbrokkoli, kleine Brokkoli- oder Blumenkohlröschen oder Grünkohl einzulegen. Stark wasserhaltiges Gemüse wie Daikon oder Radieschen sollte vorher gehackt und trockengetupft oder eingesalzen werden, um überschüssige Feuchtigkeit zu entfernen.

Die Mengen im folgenden Rezept sind eher klein gehalten, können aber bei Bedarf angepasst werden. Ich benutze weiße Misopaste, es klappt aber eigentlich mit jeder Sorte. Die Menge der Paste sollte etwa 50 Prozent des Gewichts des vorbereiteten Gemüses betragen.

Für 2–3 Portionen
100 g weiße Misopaste
2 EL Reisessig, Mirin oder Sake
1 EL frischer Ingwer, fein gerieben
1 Knoblauchzehe, zerdrückt oder fein gerieben
½ TL getrocknete Chiliflocken
200 g kleine Brokkoliröschen

Miso und Reisessig (oder Mirin oder Sake) in einer Schüssel mit Ingwer, Knoblauch und Chiliflocken vermischen.

Den Brokkoli zugeben und unterrühren, bis er gut mit der Paste überzogen ist.

In ein sauberes Schraubglas oder einen Zip-Beutel füllen und im Kühlschrank aufbewahren. Das eingelegte Gemüse kann bereits nach wenigen Stunden verzehrt werden, schmeckt aber noch besser, wenn es 4–7 Tage durchziehen konnte.

Zum Servieren das Gemüse herausnehmen und überschüssige Paste entfernen. Schmeckt hervorragend als Beilage oder Hors-d'œuvre.

Kenjis Misopaste (rot und weiß)

Weißes Miso ist süßlich und geschmacklich weniger komplex als rotes. Die Fermentation ist bei weißem Miso schon nach einer Woche abgeschlossen, bei rotem hingegen dauert sie monatelang. Unten finden Sie Rezepte für beide Varianten. Die Methode ist dieselbe, aber Mengen und Fermentationszeiten sind unterschiedlich. Gibt man bei weißem Miso etwas fertig gekaufte Misopaste in guter Qualität zu, hilft das, die Fermentation zu beschleunigen. Beide Rezepte stammen von Kenji Morimoto.

Rotes Miso

Ergibt 500 Gramm

150 g getrocknete Sojabohnen (ergibt fertig gekocht ca. 300 g)
150 g Reis-Kōji
108 g Meersalz (13 Prozent des Endgewichts), plus 2 TL extra
1 EL hochwertige Misopaste
2–3 EL Wodka (zum Säubern des Gefäßes)

Etwa 500 g ungekochten Reis, getrocknete Hülsenfrüchte oder Salz zum Beschweren

Weißes Miso

Ergibt 500 Gramm
150 g getrocknete Sojabohnen (ergibt fertig gekocht ca. 300 g)
300 g Reis-Kōji
48 g Meersalz (8 Prozent des Endgewichts), plus 2 TL extra
1 EL hochwertige Misopaste (optional)
2–3 EL Wodka (zum Säubern des Gefäßes)
Etwa 500 g ungekochten Reis, getrocknete Hülsenfrüchte oder Salz zum Beschweren

Sojabohnen abspülen, in eine große Schüssel geben, mit frischem Wasser bedecken und für 12 Stunden oder über Nacht einweichen lassen.

Die Bohnen abgießen, erneut abspülen und in einen Topf geben. Mit Wasser aufgießen und 4–6 Stunden köcheln lassen, bis sie so weich sind, dass man sie mit den Fingern leicht zerdrücken kann. Falls nötig, zwischendurch etwas Wasser nachfüllen.

Die Bohnen abgießen, dabei die Kochflüssigkeit auffangen. Bohnen und Flüssigkeit auf Zimmertemperatur abkühlen lassen.

Die Bohnen in einen Mixer geben und zu einer glatten Paste pürieren. In einer Schüssel das getrocknete Kōji, Salz und die Misopaste vermischen und zu der Bohnenpaste geben. Ein weiteres Mal pürieren, dabei, falls nötig, 2–3 EL der aufbewahrten Kochflüssigkeit zugeben.

Mit sauberen Händen das Miso zu festen Kugeln formen – etwa von der Größe einer Satsuma – und sie in ein absolut sauberes Glas geben. Mit den Fingerknöcheln das Miso gleichmäßig in das Gefäß drücken, damit keine Lufteinschlüsse mehr vorhanden sind.

Dann die nächsten Kugeln hineingeben, sodass glatte Schichten entstehen.

Den Gefäßrand mit etwas in Wodka oder Branntwein getränktem Küchenpapier reinigen und 2 TL Salz auf der Oberfläche des Misos verstreuen. Mit einer Lage Frischhaltefolie abdecken, die direkt auf der Oberfläche des Misos und an den Rändern fest angedrückt wird. Einen Plastik-Frühstücksbeutel mit trockenem Reis, Bohnen oder Salz füllen und als Gewicht auf die Frischhaltefolie legen, um zu verhindern, dass Luft an die Oberfläche des Misos gelangt.

Mit einem Deckel verschließen und an einem kühlen Ort ohne direkte Sonneneinstrahlung 6 Monate lang aufbewahren, um rotes Miso herzustellen, weißes Miso ist bereits nach 3 Wochen bis wenigen Monaten fertig.

Sobald die gewünschte Konsistenz erreicht ist, das Miso im Kühlschrank aufbewahren, wo es sich Monate, wenn nicht gar Jahre hält. Ich benutze es als gesunde Alternative zu Brühwürfeln in Eintöpfen und Suppen oder um Gemüse wie Rosenkohl oder Brokkoli geschmacklich zu verfeinern.

Sauerteigansatz

Der folgende Schritt ist für alle gedacht, die ganz von vorne beginnen möchten und noch keine Vorerfahrung mitbringen. Abhängig vom verwendeten Mehl und der Raumtemperatur in der Küche kann es zwischen 6 Tagen und 2 Wochen dauern, bis der Sauerteigansatz fertig ist – Sie benötigen also etwas Geduld.

Ergibt 300 Gramm Starterkultur
300 g Bio-Weizenmehl Typ 550
300 g Bio-Dinkel- oder -Roggenmehl
Lauwarmes Leitungswasser

Tag 1: Beide Mehlsorten vermischen und in einer luftdicht verschlossenen Dose oder einem Gefäß aufbewahren. 25 g der Mehlmischung mit 25 ml Wasser in einem kleinen Glas oder einer Keramikschüssel glattrühren. Lose mit Frischhaltefolie abdecken und bei Zimmertemperatur für 24 Stunden stehen lassen. (Gesamtgewicht = 50 g)

Tag 2: Weitere 25 g Mehl und 25 ml Wasser zu einer glatten Paste verrühren und zur Mischung des Vortags geben. Beides gut vermischen, wieder mit Folie abdecken und für weitere 24 Stunden stehen lassen. (Gesamtgewicht = 100 g)

Tag 3: Die Hälfte der Mischung (50 g) entnehmen und entsorgen. Zu der verbliebenen Starterkultur weitere 25 g Mehl und 25 ml Wasser hinzufügen und unterrühren, dann in ein Glas-, Keramik- oder Steingut-Gefäß umfüllen, locker mit einem Deckel abdecken und weitere 24 Stunden ruhen lassen. (Gesamtgewicht = 100 g)

Tag 4: Wie an Tag 3 verfahren. (Gesamtgewicht = 100 g)

Tag 5: 100 g Mehl und 100 ml Wasser verrühren und zur Starterkultur hinzugeben. Gut vermischen, locker abdecken und wieder für 24 Stunden stehen lassen. (Gesamtgewicht = 300 g)

Tag 6: Die Hälfte der Starterkultur (150 g) entnehmen und 75 g Mehl und 75 ml Wasser vermischen und hinzugeben. (Gesamtgewicht = 300 g)

Inzwischen sollte ihre Starterkultur Bläschen bilden, aktiv sein und einen frischen Hefegeruch abgeben. Derselbe Vorgang kann noch weitere 6 Tage wiederholt werden. Dazu stets die Hälfte der Starterkultur entnehmen und dieselbe Menge an Wasser und Mehl hinzugeben. Das Verhältnis von Mehl zu Wasser sollte bei jeder »Fütterung« gleich bleiben. Sollte die Starterkultur nach 6 Tagen immer noch nicht richtig in Gang gebracht sein, probieren Sie, sie zweimal am Tag im Abstand von jeweils 12 Stunden zu füttern.

Sobald die Starterkultur aktiv ist, sollte sie bis zur nächsten Verwendung im Kühlschrank aufbewahrt werden – es sei denn, man backt täglich oder jeden zweiten Tag, dann reicht auch ein kühler Raum aus.

Roggen-Sauerteigbrot

Wenn Sie keine Zeit oder Lust haben, eine eigene Starterkultur (s. vorheriges Rezept) anzusetzen, können Sie sich auch im Freundeskreis umhören, ob jemand eine abzugeben hat, oder sie im Internet kaufen. In jedem Fall muss ihre Starterkultur (auch »Mutter« genannt) aktiv und einsatzbereit sein. Falls sie es nicht ist, wecken Sie sie auf, indem Sie sie ein paarmal im Abstand von 12 Stunden füttern, bis sie anfängt, Blasen zu bilden. Um zu testen, ob Ihre Starterkultur aktiv ist, geben Sie einen Teelöffel davon in eine Schüssel mit kaltem Wasser. Sie sollte an der Oberfläche schwimmen. Sinkt sie dagegen nach unten, dann füttern Sie sie ein weiteres Mal und versuchen es 8–10 Stunden später noch einmal.

Dieses Rezept lässt sich je nach Wunsch anpassen und funktioniert sowohl mit hellem Mehl als auch mit Roggen-Vollkornmehl (bei hellem Mehl brauchen Sie eventuell etwas weniger Wasser). Passen Sie Rezept und Zeiten gern an Ihre Vorlieben und Bedürfnisse an.

Ergibt einen 500-Gramm-Laib
80 g aktive Starterkultur
450 g Roggenmehl (hell oder Vollkorn)
450–475 ml lauwarmes Wasser
50 g Weizenvollkorn- oder Dinkelmehl
3 TL Meersalz
100 g gemischte Saaten (Sonnenblumenkerne, Leinsamen, Kürbiskerne und Sesam)
Butter oder Olivenöl zum Einfetten

Beginnen Sie mit einem Sauerteigansatz. Die Starterkultur mit 100 g Roggenmehl in eine mittelgroße Schüssel geben und 100 ml lauwarmes Wasser hinzufügen. Gut vermischen, mit einem feuchten Geschirrhandtuch abdecken und bei Zimmertemperatur über Nacht oder für 12–24 Stunden stehen lassen – es sollten sich Bläschen gebildet haben und winzige Luftlöcher in der Oberfläche entstanden sein. Sollten Sie eine Glasschüssel verwenden, müssten von der Seite eine Menge Bläschen in der Mischung zu sehen sein. 3 EL des fertigen Ansatzes abnehmen und in einem sauberen Glas als neue Starterkultur in den Kühlschrank stellen.

In einer großen Schüssel die verbliebenen 350 g Roggenmehl mit dem Weizenvollkorn- oder Dinkelmehl und Meersalz vermischen. Den Sauerteigansatz und 350–375 ml lauwarmes Wasser zugeben und zu einer luftigen, feuchten Masse verrühren. Falls nötig, noch mehr Wasser hinzufügen. 75 g der gemischten Saaten unterrühren.

Die Innenseiten einer 900-g-Kastenform (alternativ einer Gusseisenform oder hitzefesten Kasserolle) mit Butter oder Olivenöl einfetten und mit Mehl bestäuben, um ein Anhaften des Teiges später zu verhindern. Den Teig in die Form füllen und mit befeuchteten Händen glätten. Die Form mit einem feuchten Geschirrhandtuch oder einer Duschhaube aus Plastik abdecken (oder sie in eine große Plastiktüte stecken) und den Teig bei Zimmertemperatur etwa 7–10 Stunden oder über Nacht im Kühlschrank gehen lassen. Der Teig sollte seine Größe danach fast verdoppelt haben und es sollten weitere Luftlöcher in der Oberfläche zu sehen sein.

Den Backofen auf die höchste Stufe – 240 °C oder 220 °C Umluft – vorheizen und auf den Boden eine kleine Bratenform mit Wasser stellen. Die Oberfläche des Brotteiges mit Wasser besprühen und die verbliebenen Saaten darüberstreuen.

Den Teig auf mittlerer Schiene 30 Minuten lang backen, dann die Temperatur auf 200 °C oder 180 °C Umluft verringern und für weitere 30 Minuten backen, bis das Brot schön goldbraun ist.

Das Brot aus der Form auf ein Drahtgitter stürzen und vor dem Anschneiden vollständig abkühlen lassen. Ideal ist es, das abgekühlte Brot einzuwickeln und über Nacht ruhen zu lassen, dadurch wird der Geschmack milder und die Textur verbessert sich. Nach Wunsch in der Mitte durchteilen und eine Hälfte einfrieren.

Variation: Kunterbuntes Gesundheitsbrot

Um noch mehr Pflanzen, Ballaststoffe und Proteine in Ihrem Brot unterzubringen, können Sie – so wie ich es regelmäßig tue – weitere Zutaten in den Teig geben. Tauschen Sie beispielsweise 25–50 g des Mehls gegen ein Spezialmehl aus, das Pflanzen- und Kräuterzusätze enthält (z. B. die »Diversity Blend«-Mehlarten der Firma *Hodmedod's*). Das verleiht dem Brot noch mehr Textur und einen komplexeren Geschmack, außerdem freuen sich Ihre Darmmikroben. Alternativ können auch 30–40 g eines Präbiotikums untergerührt werden. Dieses Brot gehört inzwischen zu meinen Favoriten.

Problemlösungen

Fermentieren ist halb Wissenschaft, halb Kunst und mit einer Menge Herumprobieren verbunden, da in jeder Küche andere Bedingungen herrschen. Merken Sie sich deshalb am besten, was gut funktioniert hat und was nicht. Ein Notizbuch und Aufkleber auf den Flaschen und Gläsern, auf denen verzeichnet ist, was wann darin abgefüllt wurde, können hilfreich sein. Bei der Rezeptrecherche habe ich sehr unterschiedliche Angaben darüber gefunden, wie viel Zucker man beispielsweise zu Kombucha und Wasserkefir zugeben sollte, und auch die Zeitangaben variierten stark. Experimentieren Sie also gern nach Lust und Laune. Ich selbst hatte bislang noch keine größeren Probleme, abgesehen von etwas unerwünschter weißer Hefe, die sich gebildet hat, und Fermenten, die zu viel Luft abbekommen haben. Echte Fehlschläge gab es eigentlich nur, wenn ich Obst und Gemüse verwendet habe, das nicht mehr ganz frisch war oder Risse oder Druckstellen hatte.

Im Folgenden habe ich einige typische Probleme und dabei hilfreiche Tipps zusammengestellt, die ich selbst besonders nützlich fand. Verlassen Sie sich aber stets auch auf Ihre eigenen Sinne, um festzustellen, ob etwas schiefgegangen ist. Wenn etwas ungewöhnlich aussieht und schlecht riecht – dann ist es mit großer Wahrscheinlichkeit auch schlecht.

Fermentieren allgemein

Problem: Das Fermentierte ist von einem dünnen, geruchlosen weißen Schaumfilm bedeckt, insbesondere Sauerkraut oder fermentierte Chilis.
Lösung: Vermutlich handelt es sich um harmlose Kahmhefe, die sich einfach abkratzen lässt. Notfalls kann das Fermentierte auch in ein neues Gefäß umgefüllt werden – alles unter der abgekratzten Schicht ist weiterhin bedenkenlos genießbar.

Problem: Auf dem Fermentierten hat sich ein blaugrauer Schimmel gebildet, der pelzig aussieht und einen unangenehmen Geruch verbreitet.
Lösung: Manche Leute entfernen lediglich die oberste Schicht und verzehren das, was darunter liegt. Ich persönlich würde aber alles wegwerfen und lieber wieder von vorn anfangen. Vermutlich hat das Fermentierte zu viel Sauerstoff abbekommen, war nicht ausreichend mit Salzlake bedeckt oder wurde in einem feuchten Raum mit Schimmel in den Wänden aufbewahrt.

Problem: Das Fermentierte ist zu salzig.
Lösung: Möglicherweise haben Sie sich verrechnet und zu viel Salz zugegeben. Aber das ist kein Beinbruch. Spülen Sie das Fermentierte mit Wasser ab, geben Sie es zu unfermentiertem Gemüse hinzu oder in einen Salat oder verwenden Sie es zum Kochen.

Problem: Sie verreisen für einige Monate. Können Sie Ihre Ansätze und Kefirknollen oder -kristalle einfrieren?
Lösung: Das kommt darauf an. Meinen Sauerteigansatz habe ich schon einmal mehrere Monate lang erfolgreich eingefroren. Wasserkefir lässt sich samt seinen Kristallen dagegen nicht gut einfrieren, da dabei wichtige Mikroben absterben würden. Milchkefir darf in den Tiefkühler, die Knollen müssen aber zunächst entnommen und getrocknet werden, um auch eingefroren werden zu können. Ein

Kombucha-SCOBY hält in einer dunklen Ecke im Kühlschrank mehrere Monate lang.

Joghurt

Problem: Der Joghurt ist nicht richtig eingedickt.
Lösung: Das passiert häufig, wenn die Milch zu dem Zeitpunkt, als die Starterkultur zugesetzt wurde, wärmer war als die magischen 46 °C. Oder wenn die Inkubationstemperatur unter 38 °C gefallen ist. Es ist also wichtig, die Temperatur stets im Auge zu behalten. Sie können auch eine Thermoskanne oder einen Teewärmer verwenden, um die Temperatur zu halten.

Problem: Der Joghurt schmeckt gut, ist aber flüssig.
Lösung: Vermutlich ist die Temperatur zu schnell gefallen und die Wärme sollte besser gedämmt werden. Versuchen Sie, Vollmilch 15 Minuten lang auf 82 °C zu erhitzen, um die Proteine aufzuspalten und etwas Wasser verdunsten zu lassen.

Problem: Der Joghurt ist zu früh geronnen.
Lösung: Nach ein paar Tagen setzt sich normalerweise etwas Molke ab, wenn das aber zu früh passiert, war der Joghurt vermutlich zu lange hohen Temperaturen ausgesetzt. Passen Sie beim nächsten Mal die Starttemperatur an.

Kefir

Problem: Die Milch trennt sich auf, sodass sich nur in der oberen cremigen Schicht Kefir bildet.
Lösung: Schütteln Sie die Milch kräftig durch, bevor Sie die Kefirknollen zugeben.

Problem: Woher weiß ich, dass der Kefir fertig ist?
Lösung: Das hängt von den Umgebungsbedingungen ab, aber ein säuerlicher Geruch ist ein guter Anhaltspunkt. Außerdem können Sie es daran erkennen, dass die Kefirknollen oben auf der geronnenen Milch schwimmen.

Problem: Die Molke hat sich in Klumpen abgesetzt.
Lösung: Das kann besonders bei warmem Wetter passieren oder wenn der Kefir zu lange stehen gelassen wurde. Es ist aber kein großes Problem, Sie können die Molke einfach mit einem Löffel oder Schneebesen wieder unterrühren.

Problem: Die Milch gerinnt und bildet kleine Bröckchen.
Lösung: Das kann im Sommer passieren. Der Kefir verliert dann seinen typischen Geruch. Es bedeutet, dass sich Fäulnisbakterien darin gebildet haben, Also schütten Sie die Flüssigkeit besser weg und probieren Sie es an einem kühleren Ort noch einmal.

Problem: Der Kefir ist zu sauer.
Lösung: Versuchen Sie, ihn beim nächsten Mal etwas kürzer fermentieren zu lassen und weniger Kefirknollen zu verwenden.

Problem: An der Oberfläche des Kefirs hat sich ein weißer Film gebildet.
Lösung: Das ist die sogenannte Kahmhaut. Dabei handelt es sich um Hefepilze, die harmlos sind, aber den Ansatz dennoch verderben können. Retten Sie Ihre Knollen, indem Sie sie abseihen und in ein sauberes, luftdichtes Gefäß geben.

Problem: Wie kann ich die Kefirknollen züchten, um sie an Freunde weitergeben zu können?
Lösung: Legen Sie die Knollen in ein Gefäß mit 100 ml frischer Milch und lassen Sie sie 3 Tage lang bei Zimmertemperatur stehen. Die Knollen vermehren sich in dieser Zeit.

Problem: Wie lange halten sich die Kefirknollen?
Lösung: Unendlich lange, wenn man sie in einem komfortablen Fünf-Sterne-Hotel im Kühlschrank aufbewahrt. Es sollte ein Gefäß sein, das zehn- bis zwanzigmal so viel Milch wie Kefirknollen enthält. Alle drei Wochen sollten die Knollen entweder direkt verwendet oder die Milch aufgefrischt werden (und überschüssige Knollen eventuell auf unterschiedliche Gefäße aufgeteilt werden). Ich bin kein sehr guter Hotelier und habe bisher nicht länger als 6 Monate durchgehalten …

Wasserkefir (Tibicos)

Problem: Der Kefir sieht dick und schleimig aus und schmeckt süß.
Lösung: Wahrscheinlich stellen die Milchsäurebakterien zu viele Dextrane her, weil die Mischung zu viel Zucker enthält und zu warm steht. Der Kefir ist trotzdem genießbar, verwenden Sie aber beim nächsten Mal weniger Zucker und geben etwas Zitronenschale hinzu.

Problem: Der Kefir ist nach drei Tagen immer noch dünn und klar.
Lösung: Offenbar sind die Kristalle abgestorben und es hat keine Fermentation stattgefunden. Versuchen Sie sie wiederzubeleben, indem Sie sie in die doppelte Menge 4-prozentiger Zuckerlösung (eventuell mit einer Feige) geben und weitere 1–2 Tage stehen lassen. Sollte dieser Versuch fehlschlagen, ist die Kultur offiziell tot.

Problem: Die Kristalle sind matschig geworden.
Lösung: Keine Sorge, man kann trotzdem noch Kefir damit herstellen. Sie können jedoch versuchen, die kleineren Kristalle auszusieben, idealerweise mit einem Plastiksieb, da sie keinen Kontakt mit Metall mögen.

Kombucha

Problem: Der SCOBY sieht fleckig und unansehnlich aus.
Lösung: Bei einem gesunden SCOBY-Pilz können sich hell- und dunkelbraune Ringe abzeichnen und unten Fäden herabhängen, das ist ganz normal. Sollte sich jedoch Schimmel auf der Oberfläche gebildet haben, dann ist das ein Zeichen dafür, dass er nicht in genügend Flüssigkeit gelagert wurde oder krank geworden ist und entsorgt werden muss.

Problem: Der SCOBY ist nach dem Hineingeben in die Flüssigkeit nach unten gesunken – ist er tot?
Lösung: Nein, diese Sorge hatte ich beim ersten Mal auch, aber normalerweise rappelt er sich wieder auf und steigt nach ein paar Tagen nach oben.

Problem: Der Kombucha riecht seltsam … sind Gerüche nach Dung und Nagellack normal?
Lösung: Nein, und er sollte auch nicht nach Erbrochenem riechen. Er hat eindeutig nicht schnell genug Säure gebildet und wurde verunreinigt. Der Kombucha und auch der infizierte SCOBY sollten lieber entsorgt und ein neuer herangezüchtet werden. Dieses Problem lässt sich vermeiden, indem einem neuen Ansatz etwas reifer Kombucha hinzugefügt wird.

Problem: Der Kombucha schmeckt eigentlich gut, ist aber zu schal.
Lösung: Eine Zweitfermentation macht den Kombucha spritziger. Füllen Sie ihn in Flaschen um, rühren Sie die Hefe auf und geben Sie einen Teelöffel Zucker (falls gewünscht auch etwas Obst) hinzu. Dann lassen Sie ihn 1–3 Tage bei Zimmertemperatur stehen, bevor Sie ihn in den Kühlschrank stellen. Aber Vorsicht, übertreiben Sie es nicht damit. Besonders mit Pfirsich oder Mango kann die Flasche schnell überlaufen, wie ich zu meinem Leidwesen feststellen musste.

Problem: Der Kombucha schmeckt nach Essig.
Lösung: Das bedeutet, dass er wahrscheinlich zu Essig geworden ist. Vermutlich wurde er zu lange stehen gelassen. Man kann ihn als Essig verwenden, indem man einen Teelöffel Zucker zugibt und ihn mit dem SCOBY noch weitere 2 Wochen stehen lässt. Oder man mischt ihn mit Wasserkefir, um den Geschmack zu verbessern.

Problem: Auf der Oberseite meines SCOBYs hat sich ein dünner Film gebildet.
Lösung: Vermutlich handelt es sich dabei um einen Baby-SCOBY. Sie können ihn einfach dort lassen, ihn entfernen und in Ihrem Hotel unterbringen oder an jemanden verschenken.

Fermentiertes Gemüse

Problem: Darf man das geschlossene Bügelglas öffnen, um nachzuschauen, ob die Fermentation begonnen hat?
Lösung: Ja, aber frühestens nach 72 Stunden (bei Chilis sollten Sie noch länger warten). Sonst gelangt Sauerstoff ins Glas, was Probleme bereiten und zur Bildung von Kahmhefe führen könnte.

Problem: Die oberste Schicht des Gemüses hat sich seltsam verfärbt.
Lösung: Wahrscheinlich war das Gemüse nicht ausreichend mit Flüssigkeit bedeckt – ein Problem, das häufiger auftritt. Verwenden Sie beim nächsten Mal einen Plastikdeckel, einen Zip-Beutel mit Salzwasser, sterilisierte Steine oder gekaufte Gewichte.

Problem: Beim Öffnen oder Entlüften des Glases oder Gefäßes ist ein deutlicher Schwefelgeruch wahrnehmbar.
Lösung: Das ist kein Problem. Bei der Fermentation von z. B. Kohlgemüse entstehen Gase wie Schwefel. Daran gewöhnt man sich.

Problem: Ein penetranter Fäulnisgestank hat sich ausgebreitet.
Lösung: Oje. Möglicherweise war die Salzmenge nicht ausreichend und Fäulnis hat eingesetzt. Sie könnten es beim nächsten Mal auch mit Bio-Gemüse probieren.

Problem: Das Gemüse ist schleimig geworden.
Lösung: Da hilft nur Entsorgen. Für gewöhnlich ist auch das ein Zeichen dafür, dass Salz fehlt und Fäulnis eingesetzt hat.

Sauerteig

Problem: Der Ansatz riecht leicht nach Essig, wenn er aus dem Kühlschrank kommt, und es hat sich etwas Flüssigkeit abgesetzt.
Lösung: Keine Sorge, das ist normal. Jeder Ansatz verhält sich etwas anders. Wecken Sie ihn mit frischem Mehl und Wasser auf – dann sollte alles wieder in Ordnung sein. Nur wenn sich andere seltsame Gerüche entwickeln oder der Ansatz sich sehr dunkel verfärbt, stimmt etwas nicht.

Problem: Das Brot geht nicht so auf, wie es soll, und es bilden sich keine großen Poren im Teig.
Lösung: Keine Sorge. Bei mir hat das anfangs auch oft nicht funktioniert und das Brot hat trotzdem geschmeckt. Hier ein paar Möglichkeiten zum Ausprobieren: den Ansatz länger stehen lassen, bis er wirklich aktiv ist und Blasen wirft; den Teig ein paarmal falten, aber nicht kneten; den Teig länger in der gefetteten Form aufgehen lassen, bevor er in den Ofen kommt. Auch ein Wechsel zu qualitativ hochwertigem Bio-Mehl kann etwas bewirken. Aber im Grunde hilft nur Ausprobieren. In der Regel verbessert sich das Resultat, wenn der Ansatz an Reife und Sie an Routine gewonnen haben.

Problem: Die Kruste ist zu hart.
Lösung: Kaufen Sie ein besseres Brotmesser oder wickeln Sie das frisch gebackene Brot in ein feuchtes Geschirrhandtuch ein.

Problem: Das Roggenbrot ist nach dem Backen noch zu feucht.
Lösung: Versuchen Sie, es zu toasten! Oder lassen Sie es mit offenem Deckel etwas länger backen und 10 Minuten lang bei geöffneter Ofentür langsam im Ofen auskühlen.

Problem: Das Brot bleibt an der Backform hängen und die Kruste zerreißt beim Herausnehmen.
Lösung: Die Backform gut mit Pflanzenöl einstreichen oder -sprühen und etwas Mehl darüber stäuben.

Dank

Während der über sechs Jahre, in denen dieses Buch entstanden ist und langsam fermentieren konnte, waren zahlreiche Menschen an dem Prozess beteiligt. Meine langjährige Lektorin Bea Hemming bei Penguin Random House war so weitsichtig, *Die Wissenschaft der Fermentation* als unabhängiges Projekt zu betrachten, das ein eigenes Buch verdient. Ihr stand ein Jahr lang Jenny Dean zur Seite, die die erste Rohfassung gelesen und die nächste Version mitgestaltet hat. Als Nächstes kam Annie Rigg mit an Bord, die meine Rezepte fachmännisch getestet und verbessert und ihre Küche dabei mit Fermentiertem gefüllt hat. Sophie Lambert, meine gute Freundin und Agentin, stand mir tatkräftig zur Seite.

Große Unterstützung beim Zusammentragen der neuesten wissenschaftlichen Erkenntnisse und beim Aufbau des Buchs erhielt ich von meiner Freundin und Kollegin, der vielseitig talentierten Ernährungsexpertin und Wissenschaftlerin Dr. Federica Amati sowie von der äußerst begabten Dr. Lucy McCann, die die Studie zur Sequenzierung fermentierter Lebensmittel leitete. Meg Wallace leistete bei der Analyse der ZOE-Ferment-Studie großartige Arbeit, sodass die Ergebnisse noch in dieses Buch einfließen konnten. Nicola Segatas Team in Trient hat sich selbst darin übertroffen, die Zusammensetzung von Präbiotika sowie zahlreicher Lebensmittel und Getränke zu ermitteln, ebenso wie das Zwillingslabor am King's College unter der Leitung von Sam Wade beim Extrahieren von DNA aus dürftigen Proben.

Tim Newman unterstützte mich bei den Korrekturen und während der letzten Phasen des Lektorats, ebenso wie Graeme Hall, Jamie Taylor, Clare Sayer und Fiona Brown von Penguin Random House. Alison Davies und Sarah Bennie leisteten wunderbare PR-Arbeit und füllten stets meinen Terminkalender. Chris Bell erstellte das Register.

Darüber hinaus möchte ich mich bei meiner Familie und meinem Freundeskreis dafür bedanken, dass ich meine Experimente an ihnen ausprobieren, sie seltsamen Gerüchen und Aromen aussetzen, mit Kimchi-Geschichten langweilen und mit Kombucha-Kostproben plagen durfte. Mein Dank gilt außerdem dem King's College London, das mir schon seit über dreißig Jahren eine akademische Heimat bietet und meine Leidenschaft teilt, Wissenschaft für die Öffentlichkeit zugänglich zu machen. ZOE – das Wissenschafts- und Ernährungsunternehmen, dessen Mitbegründer ich 2017 war – und sein CEO Jonathan Wolf haben meine Forschung und meine Veröffentlichungen stets unterstützt und verfolgen ebenso wie ich das Ziel, die Gesundheit von Millionen Menschen zu verbessern. Abschließend folgt noch eine Liste der vielen weiteren Experten und Expertinnen, deren Wissen ich mir auf diesem Weg zunutze gemacht habe, insbesondere jener Enthusiasten, die ihr Leben dem Fermentieren gewidmet haben. Es sollte auch erwähnt werden, dass die Rezepte der Fachleute nie identisch waren, oft sogar stark voneinander abwichen – genau deshalb macht das Fermentieren ja auch so viel Spaß. Ändern Sie meine Rezepte also nach Herzenslust ab und beweisen Sie mir, dass ich falsch lag. Ich freue mich, von Ihnen zu hören! Mein Instagram-Account ist: @tim.spector

Yuji Akiyama
Francesco Aniscar
Federica Armanini
Fiona Bennie
Leon Bjerregaard
Andrew Bowhay
Andy Braithwaite
Nicky Briggs
Will Bulsiewicz
Jogile Bulavaite
Steve Byrne
Patrice Cani

William Chase
Jelena Deminska
Rachel de Thample
Hugh Fearnley-Whittingstall
Jack Gilbert
James Hoffmann
Spencer Hyman
Sandor Katz
Vanessa Kimbell
Uyen Luu
Kenji Morimoto
Rasmus Munk
Rebecca Palmer
Neil Rankin
Justin & Erica Sonnenburg
Daniel Watkins
Alan & Mark Wogan
Andrew Clarke
Raj Dey
Julius Fiedler
Christopher Gardner
Nicola Hart
Justin Horne
Connor Jordan
Denise Kelly
Andrew Kojima
Doug McMaster
Sam Murphy
Josh Puddle
James Read
Nicola Segata
Akira Suzuki
Harry Watmough

Ich entschuldige mich bei allen Familienmitgliedern, Freundinnen und Freunden sowie Fachleuten, die zu erwähnen ich vergessen habe!

Weiterführende Quellen

Hier habe ich einige Bücher zusammengestellt, die ich Ihnen empfehlen würde, wenn Sie weitere Rezepte ausprobieren möchten:

Cooper, Sam: *Fermentieren. Rezepte und Techniken für Geschmack, den man nicht kaufen kann: Kimchi, Kombucha, Miso und mehr*, München: DK 2025.

Gilmartin, Caroline: *Fermented Foods. A Practical Guide,* Ramsbury: The Crowood Press 2020.

Katz, Sandor: *Die Fermentier-Bibel. Grundlagen, Techniken und über 100 Rezepte, um Lebensmittel natürlich länger haltbar zu machen*, München: Riva 2025.

Kimbell, Vanessa: *Sauerteigbrot für jeden Tag. Der 10-Minuten Plan*, München: ZS 2023.

Morimoto, Kenji: *Ferment. Simple Ferments and Pickles and How to Eat Them*, London: Pan Macmillan 2025.

Parker, Andy: *CAMRA's Essential Home Brewing*, St Albans: CAMRA Books 2018.

Read, James: *Of Cabbages & Kimchi. A Practical Guide to the World of Fermented Food*, London: Particular Books 2023.

Simonsson, Asa: *Fermentation. How to make your own sauerkraut, kimchi, brine pickles, kefir, kombucha, vegan dairy, and more*, Wisbech: Lorenz Books 2019.

Skinner, Julia: *Our Fermented Lives. A History of How Fermented Foods Have Shaped Cultures & Communities*, North Adams: Storey Publishing 2022.

Thample, Rachel de: *Fermentation. River Cottage Handbook No. 18*, London u. a.: Bloomsbury Publishing 2020.

Wise, Jaega: *Wild Brews. The Craft of Home Brewing*, London: Kyle Books 2022.

Anmerkungen

Die Reise der Mikroben – vom Feld ins Fermentationsglas

1 Tim Newman: »ZOE study. Fermented food improves mood, energy, and hunger«, in: *ZOE Science & Nutrition* (2025), URL: https://zoe.com/learn/zoe-study-fermented-food (zuletzt abgerufen am 09.01.2026).
2 Hae-Won Lee u. a.: »Presence of an ultra-small microbiome in fermented cabbages«, in: *PeerJ* 17/11 (2023), DOI: 10.7717/peerj.15680
3 Gerard Cummins u. a.: »Smart pills for gastrointestinal diagnostics and therapy«, in: *Advanced Drug Delivery Reviews* 177 (2021), DOI: 10.1016/j.addr.2021.113931
4 Melanie M. Kaelberer u. a.: »Neuropod cells: The Emerging Biology of Gut-Brain Sensory Transduction«, in: *Annual Review of Neuroscience* 43 (2020), S. 337–353.
5 Sean M. Gibbons u. a.: »Perspective: Leveraging the Gut Microbiota to Predict Personalized Responses to Dietary, Prebiotic, and Probiotic Interventions«, in: *Advances in Nutrition* 13/5 (2022), S. 1450–1461.

Die »Fermentierer« – ein Überblick

1 Handuo Shi u. a.: »Starvation induces shrinkage of the bacterial cytoplasm«, in: *Proceedings of the National Academy of Sciences of the United States of America* 118/24 (2021), DOI: 10.1073/pnas.2104686118
2 Bundesinstitut für Risikobewertung (BfR), URL: https://www.bfr.bund.de/lebensmittel-und-futtermittelsicherheit/bewertung-mikrobieller-risiken-von-lebensmitteln/gesundheitliche-bewertung-von-bakterien/bacillus-cereus/ (zuletzt abgerufen am 09.01.2026).
3 Niccolò Carlino u. a.: »Unexplored microbial diversity from 2,500 food metagenomes and links with the human microbiome«, in: *Cell* 187/20 (2024), S. 5775–5795.
4 Nicholas A. Pudlo u. a.: »Diverse events have transferred genes for edible sea-

weed digestion from marine to human gut bacteria«, in: *Cell Host and Microbe* 30/3 (2022), S. 314–328.

5 Paolo Manghi u. a.: »Coffee consumption is associated with intestinal *Lawsonibacter asaccharolyticus* abundance and prevalence across multiple cohorts«, in: *Nature Microbiology* 9 (2024), S. 3120–3134.

6 Annabelle Thibessard u. a.: »Identification of Streptococcus thermophilus CNRZ368 genes involved in defense against superoxide stress«, in: *Applied and Environmental Microbiology* 70 (2004), S. 2220–2229.

7 »Salmonellen in Geflügel kein drängendes Problem«, in: *Deutsches Ärzteblatt* (2024), URL: https://www.aerzteblatt.de/news/salmonellen-in-gefluegel-kein-draengendesproblem-e56b16c6-54f3-4bf0-9121-709b594cd258 (zuletzt abgerufen am 09.01.2026).

8 »Hefe«, in: *Duden*, URL: https://www.duden.de/rechtschreibung/Hefe (zuletzt abgerufen am 09.01.2026); »Yeast – Etymology, Origin & Meaning«, in: *Online Etymology Dictionary*, URL: https://www.etymonline.com/word/yeast (zuletzt abgerufen am 09.01.2026); »Levure – Étymologie de LEVURE«, in: *CNRTL*, URL: https://www.cnrtl.fr/etymologie/levure (zuletzt abgerufen am 09.01.2026).

9 Izabella Mogilnicka, Marcin Ufnal: »Gut Mycobiota and Fungal Metabolites in Human Homeostasis«, in: *Current Drug Targets* 20/2 (2019), S. 232–240.

10 Ricardo J. Dinis-Oliveira: »The Auto-Brewery Syndrome: A Perfect Metabolic ›Storm‹ with Clinical and Forensic Implications«, in: *Journal of Clinical Medicine* 10/20 (2021), DOI: 0.3390/jcm10204637

11 Bruna L. Maske u. a.: »Viruses in fermented foods: are they good or bad? Two sides of the same coin«, in: *Food Microbiology* 98 (2021), DOI: 10.1016/j.fm.2021.103794

12 Qian Wu u. a.: »Phages in Fermented Foods: Interactions and Applications«, in: *Fermentation* 9/201 (2023), DOI: 10.3390/fermentation9030201

13 »Natürliche Starterkulturen enthalten wenig Arten, …«, in: *Milk & Health* (2025), URL: https://www.milkandhealth.com/de/2025/05/12/natuerliche-starterkulturen-enthalten-wenig-arten/ (zuletzt abgerufen am 09.01.2026).

14 Seppo Salminen u. a.: »The International Scientific Association of Probiotics and Prebiotics (ISAPP) consensus statement on the definition and scope of postbiotics«, in: *Nature Reviews. Gastroenterology and Hepatology* 18/9 (2021), S. 649–667.

Fermentieren auf der ganzen Welt

1 Redbran: »Die Einzigartigkeit des menschlichen Gehirns findet eine Erklärung durch … Fermentation«, in: *Techno-Science.net* (2024), URL: https://www.tech-

no-science.net/de/nachrichten/die-einzigartigkeit-menschlichen-gehirns-findet-eine-erklaerung-durch-fermentation-N24378.html (zuletzt abgerufen am 09.01.2026)

2 Katherine L. Bryant: »Fermentation technology as a driver of human brain expansion«, in: *Communications Biology* 6 (2023), DOI: 10.1038/s42003-023-05517-3

3 Krysztof Skowron u. a.: »Two Faces of Fermented Foods – The Benefits and Threats of Its Consumption«, in: *Frontiers in Microbiology* 13 (2022), DOI: 10.3389/fmicb.2022.845166

4 Sang-Oh Kim u. Sang-Soon Kim: »Recent (2011–2017) foodborne outbreak cases in the Republic of Korea compared to the United States: a review«, in: *Food Science and Biotechnology* 30/2 (2021), S. 185–194.

5 Mohamad Alkhouli u. a.: »Revisiting the ›cheese reaction‹: more than just a hypertensive crisis?«, in: *Journal of Clinical Psycho-pharmacology* 34/5 (2014), S. 665–667.

6 Vince T. Martin u. Vij Brinder: »Diet and headache: Part 1«, in: *Headache* 56/9 (2016), S. 1543–1552.

7 Kelly G. Jameson u. a.: »Toward Understanding Microbiome-Neuronal Signaling«, in: *Molecular Cell* 78/4 (2020), S. 577–583.

Gesundheitliche Vorzüge – die neuesten Erkenntnisse der Wissenschaft

1 Yoshifumi Kotani u. a.: »Oral intake of Lactobacillus pentosus strain b240 accelerates salivary immunoglobulin A secretion in the elderly: A randomized, placebo-controlled, double-blind trial«, in: *Immunity and Ageing* 7/11 (2010), DOI: 10.1186/1742-4933-7-11

2 Shoji Shinkai u. a.: »Immunoprotective effects of oral intake of heat-killed Lactobacillus pentosus strain b240 in elderly adults: a randomised, double-blind, placebo-controlled trial«, in: *British Journal of Nutrition* 109/10 (2013), S. 1856–1865.

3 Wei-Sheng Hong u. a.: »Effect of Heat-Inactivated Kefir-Isolated Lactobacillus kefiranofaciens M1 on Preventing an Allergic Airway Response in Mice«, in: *Journal of Agricultural and Food Chemistry* 56/16 (2011), S. 9022–9031.

4 Jeadran N. Malagón-Rojas u. a.: »Postbiotics for Preventing and Treating Common Infectious Diseases in Children: A Systematic Review«, in: *Nutrients* 12/2 (2020), DOI: 10.3390/nu12020389

5 Paolo Roggero u.a.: »Analysis of immune, microbiota and metabolome maturation in infants in a clinical trial of Lactobacillus paracasei CBA L74-fermented formula«, in: *Nature Communications* 11/1 (2020), DOI:10.1038/s41467-020-16582-1

6 Viola Andresen u. a.: »Heat-inactivated Bifidobacterium bifidum MIMBb75 (SYN- HI-001) in the treatment of irritable bowel syndrome: a multicentre, ran-

domised, double-blind, placebo-controlled clinical trial«, in: *Lancet Gastroenterology and Hepatology* 5/7 (2020), S. 658–666.

7 Ferran Balaguer u. a.: »Lipoteichoic acid from Bifidobacterium animalis subsp. lactis BPL1: A novel postbiotic that reduces fat deposition via IGF-1 pathway«, in: *Microbial Biotechnology* 15/3 (2022), S. 805–816.

8 Yujie Zhong u. a.: »The protective effect of heat-inactivated Companilactobacillus crustorum on dextran sulfate sodium-induced ulcerative colitis in mice«, in: *Nutrients* 15/12 (2023), DOI: 10.3390/nu15122746

9 Benjamin C. T. Bourrie u. a.: »Consumption of kefir made with traditional microorganisms resulted in greater improvements in LDL cholesterol and plasma markers of inflammation in males when compared to a commercial kefir: A randomized pilot study«, in: *Applied Physiology, Nutrition, and Metabolism* 48/9 (2023), S. 668–677.

10 Abdul-Raouf Al-Mohammadi u. a.: »Chemical Constitution and Antimicrobial Activity of Kombucha Fermented Beverage«, in: *Molecules* 26/16 (2021), DOI: 10.3390/molecules26165026

11 Elsa Sandberg Nielsen u. a.: »Lacto-fermented sauerkraut improves symptoms in IBS patients independent of product pasteurisation – a pilot study«, in: *Food and Function* 9/10 (2018), S. 5323–5335.

12 Julia K. Goodrich u. a.: »Human Genetics Shape the Gut Microbiome«, in: *Cell* 159 (2014), S. 789–799.

13 Patrice D. Cani u. a.: »Akkermansia muciniphila: paradigm for next-generation beneficial microorganisms«, in: *Nature Reviews Gastroenterology and Hepatology* 19/10 (2022), S. 625–637.

14 Hyo Shin Yoon u. a.: »Akkermansia muciniphila secretes a glucagon-like peptide-1-inducing protein that improves glucose homeostasis and ameliorates metabolic disease in mice«, in: *Nature Microbiology* 6/5 (2021), S. 563–573.

15 Henry Wade u. a.: »Akkermansia muciniphila and its membrane protein ameliorates intestinal inflammatory stress and promotes epithelial wound healing via CREBH and miR-143/145«, in: *Journal of Biomedical Science* 30/1 (2023), DOI: 10.1186/s12929-023-00935-1

16 Clara Depommier u. a.: »Beneficial Effects of Akkermansia muciniphila Are Not Associated with Major Changes in the Circulating Endocannabinoidome but Linked to Higher Mono-Palmitoyl-Glycerol Levels as New PPARα Agonists«, in: *Cells* 10/1 (2021), DOI: 10.3390/cells10010185

17 Diana Elena Motei u. a.: »Supplementation with postbiotic from Bifidobacterium Breve BB091109 improves inflammatory status and endocrine function in healthy females: a randomized, double-blind, placebo-controlled, parallel-groups study«, in: *Frontiers in Microbiology* 14 (2023), DOI: 10.3389/fmicb.2023.1273861

18 Dearbhla Finnegan u. a.: »Novel Dairy Fermentates Have Differential Effects on Key Immune Responses Associated with Viral Immunity and Inflammation in Dendritic Cells«, in: *Foods* 13/15 (2024), DOI: 10.3390/foods13152392

19 Seiya Makino u. a.: »Enhanced natural killer cell activation by exopolysaccharides derived from yogurt fermented with Lactobacillus delbrueckii ssp. bulgaricus OLL1073R-1«, in: *Journal of Dairy Science* 99/2 (2016), S. 915–923.

20 Seon-Joo Park u. a.: »Postbiotics against Obesity: Perception and Overview Based on Pre-Clinical and Clinical studies«, in: *International Journal of Molecular Sciences* 24/7 (2023), DOI: 10.3390/ijms24076414

21 Jiayi Wu u. a.: »The anti-cancer effects and mechanisms of lactic acid bacteria exopolysaccharides in vitro: A review«, in: *Carbohydrate Polymers* 253 (2021), DOI: 10.1016/j.carbpol.2020.117308

22 Institut AllergoSan: »Reizdarmsyndrom«, URL: https://www.allergosan.com/de/blog/reizdarmsyndrom/ (zuletzt abgerufen am 09.01.2026).

23 Fran Asnicar: »Gut microbes linked with metabolic health, nutrition and diet intervention«, in: *Nature* (2025).

24 Salam A. Ibrahim u. a.: »A review and comparative perspective on health benefits of probiotic and fermented foods«, in: *International Journal of Food Science and Technology* 58/10 (2023), S. 4948–4964.

25 Herzmedizin.de: »Was ist Verkalkung der Blutgefäße?« (2023), URL: https://www.herzmedizin.de/fuer-patienten-und-interessierte/wissen/fragen-zum-herzen/was-ist-verkalkung-der-blutgefaesse.html (zuletzt abgerufen am 09.01.2026).

26 Panayiotis Louca u. a.: »Modest effects of dietary supplements during the COVID-19 pandemic: insights from 445,850 users of the COVID-19 Symptom Study app«, in: *BMJ Nutrition, Prevention and Health* 4/1 (2021), S. 149–157.

27 Hannah C. Wastyk u. a.: »Gut-microbiota-targeted diets modulate human immune status«, in: *Cell* 184/16 (2021), S. 4137–4153.e14.

28 Kirsten Tillisch u. a.: »Consumption of Fermented Milk Product With Probiotic Modulates Brain Activity«, in: *Gastroenterology* 144/7 (2013), S. 1394–1401.

29 Alok K. Paul u. a.: »Are Fermented Foods Effective against Inflammatory Diseases?«, in: *International Journal of Environmental Research and Public Health* 20/3 (2023), DOI: 10.3390/ijerph20032481

30 Healthcare-in-Europe.com: »Forscher nehmen Tarnkappen der Tumorzellen ins Visier« (2017), URL: https://www.healthcare-in-europe.com/de/news/forscher-nehmen-tarnkappen-der-tumorzellen-ins-visier.html (zuletzt abgerufen am 09.01.2026).

31 Christine Westerhaus: »Bakterien und Krebs – Tumore haben ein ganz spezifisches Mikrobiom«, in: *Deutschlandfunk* (2020), URL: https://www.deutschlandfunk.de/bakterien-und-krebs-tumore-haben-ein-ganz-spezifisches-100.html (zuletzt abgerufen am 09.01.2026).

32 Satoko Ugai u. a.: »Long-term yogurt intake and colorectal cancer incidence subclassified by Bifidobacterium abundance in tumor«, in: *Gut Microbes* 17/1 (2025), DOI: 10.1080/19490976.2025.2452237

33 Tillisch: »Consumption of Fermented Milk Product With Probiotic Modulates Brain Activity«, S. 1394–1401.

34 Kirsten Berding u. a.: »Feed your microbes to deal with stress: a psychobiotic diet impacts microbial stability and perceived stress in a healthy adult population«, in: *Molecular Psychiatry* 28/2 (2023), S. 601–610.

Die mikrobielle Apotheke

1 Tim Newman u. Emily Leeming: »Why are short-chain fatty acids important«, in: *ZOE* (2024), URL: https://zoe.com/learn/what-are-short-chain-fatty-acids (zuletzt abgerufen am: 13.11.2025).

2 Palanisamy Bruntha Devi u. a.: »Gamma-aminobutyric acid (GABA) production by potential probiotic strains of indigenous fermented foods origin and RSM based production optimization«, in: *LWT* 176 (2023), DOI: 10.1016/j.lwt.2023.114511

3 Shin Jie Yong u. a.: »Antidepressive Mechanisms of Probiotics and Their Therapeutic Potential«, in: *Frontiers in Neuroscience* 13 (2020), DOI: 10.3389/fnins.2019. 01361; Joana Moncrieff u. a.: »The serotonin theory of depression: a systematic umbrella review of the evidence«, in: *Molecular Psychiatry* 28/8 (2023), S. 3243–3256.

4 Panayiotis Louca u. a.: »The secondary bile acid isoursodeoxycholate correlates with post-prandial lipemia, inflammation, and appetite and changes post-bariatric surgery«, in: *Cell Reports Medicine* 4/4 (2023), DOI: 10.1016/j.xcrm.2023.100993

5 Peipei Gao u. a.: »Gut microbial metabolism of bile acids modifies the effect of Mediterranean diet interventions on cardiometabolic risk in a randomized controlled trial«, in: *Gut Microbes* 16/1 (2024), DOI: 10.1080/19490976.2024.2426610

6 Ziyu Huang u. a.: »Unveiling and harnessing the human gut microbiome in the rising burden of non-communicable diseases during urbanization«, in: *Gut Microbes* 15/1 (2023), DOI: 10.1080/19490976.2023.2237645

7 Atsuo Nakamura u. a.: »Symbiotic polyamine metabolism regulates epithelial proliferation and macrophage differentiation in the colon«, in: *Nature Communications* 12/1 (2021), DOI: 10.1038/s41467-021-22212-1

8 Leilei Yu u. a.: »Gut microbiota and anti-aging: Focusing on spermidine«, in: *Critical Reviews in Food Science and Nutrition* 64/28 (2024), S. 10419–14037.

9 Yusuke Kitada u. a.: »Bioactive polyamine production by a novel hybrid system comprising multiple indigenous gut bacterial strategies«, in: *Science Advances* 4/6 (2018), DOI: 10.1126/sciadv.aat0062

10 Stefanie De Marco u. a.: »Probiotic Cell-Free Supernatants Exhibited Anti-Inflammatory and Antioxidant Activity on Human Gut Epithelial Cells and Macrophages Stimulated with LPS«, in: *Evidence-Based Complementary and Alternative Medicine* (2018), DOI: 10.1155/2018/1756308

11 Juanita Escamilla u. a.: »Cell-free supernatants from probiotic Lactobacillus casei and Lactobacillus rhamnosus GG decrease colon cancer cell invasion in vitro«, in: *Nutrition and Cancer* 64/6 (2012), S. 871–878.

12 Rafael R. Segura Munoz u. a.: »Experimental evaluation of ecological principles to understand and modulate the outcome of bacterial strain competition in gut microbiomes«, in: *The ISME Journal* 16/6 (2022), S. 1594–1604.

Joghurt

1 Amy C. Brown u. Ana Valiere: »Probiotics and medical nutrition therapy«, in: *Nutrition in Clinical Care* 7/2 (2004), S. 56–68.

2 Niv Zmora u. a.: »Personalized Gut Mucosal Colonization Resistance to Empiric Probiotics is Associated with Unique Host and Microbiome Features«, in: *Cell* 174/6 (2018), S. 1388–1405.e21.

3 Lei Wu u. Dali Sun: »Consumption of Yogurt and the Incident Risk of Cardiovascular Disease: A Meta-Analysis of Nine Cohort Studies«, in: *Nutrients* 9/3 (2017), DOI: 10.3390/nu9030315

4 Helda Tutunchi u. a.: »Yogurt consumption and risk of mortality from all causes, CVD and cancer: a comprehensive systematic review and dose-response meta-analysis of cohort studies«, in: *Public Health Nutrition* 26/6 (2023), S. 1196–1209.

5 Audrée-Anne Dumas u. a.: »A systematic review of the effect of yogurt consumption on chronic diseases risk markers in adults«, in: *European Journal of Nutrition* 56/4 (2017), S. 1375–1392.

6 Carmen Sayon-Orea u. a.: »Associations between Yogurt Consumption and Weight Gain and Risk of Obesity and Metabolic Syndrome: A Systematic Review«, in: *Advances in Nutrition* 8/1 (2017), S. 146S–154S.

7 Caroline Ivanne Le Roy u. a.: »Yoghurt Consumption is Associated With Transient Changes in the Composition of the Human Gut Microbiome«, (2020), DOI: 10.21203/rs.3.rs-99718/v1

8 Jonas Zierer u. a.: »The fecal metabolome as a functional readout of the gut microbiome«, in: *Nature Genetics* 50/6 (2018), S. 790–795.

9 Takayuki Toshimitsu u. a.: »Ingesting Yogurt Containing Lactobacillus plantarum OLL2712 Reduces Abdominal Fat Accumulation and Chronic Inflammation in Overweight Adults in a Randomized Placebo-Controlled Trial«, in: *Current Developments in Nutrition* 5/2 (2021), DOI: 10.1093/cdn/nzab006

10 Paulraj Kanmani u. a.: »Exopolysaccharides from Lactobacillus delbrueckii OLL1073R-1 modulate innate antiviral immune response in porcine intestinal epithelial cells«, in: *Molecular Immunology* 93 (2018), S. 253–265.

11 Ruisong Pei u. a.: »Low-fat yogurt consumption reduces biomarkers of chronic inflammation and inhibits markers of endotoxin exposure in healthy premenopausal women: a randomised controlled trial«, in: *British Journal of Nutrition* 118/12 (2017) , S. 1043–1051; Ruisong Pei u. a.: »Premeal Low-Fat Yogurt Consumption Reduces Postprandial Inflammation and Markers of Endotoxin Exposure in Healthy Premenopausal Women in a Randomized Controlled Trial«, in: *Journal of Nutrition* 148/6 (2018), S. 910–916.

12 Louca u. a.: »Modest effects of dietary supplements during the COVID-19 pandemic: insights from 445,850 users of the COVID-19 Symptom Study app«, S. 149–157.

13 Jun Hemmi u. a.: »Consumption of yogurt fermented with Lactobacillus delbrueckii ssp. bulgaricus OLL1073R-1 augments serum antibody titers against seasonal influenza vaccine in healthy adults«, in: *Bioscience of Microbiota, Food and Health* 42/1 (2023), S. 73–80.

14 Shaofei Yan u. a.: »Characterization of the Composition Variation of Healthy Human Gut Microbiome in Correlation with Antibiotic Usage and Yogurt Consumption«, in: *Antibiotics* 11/12 (2022), DOI: 10.3390/antibiotics11121827

15 Bernadette Moore u. Barbara Fielding: »High levels of sugar in organic and children's yogurts – new survey«, in: *The Conversation* (2018), URL: https://theconversation.com/high-levels-of-sugar-in-organic-and-childrens-yogurts-new-survey-103369 (zuletzt abgerufen am 13.11.2025).

16 Bernadette Moore u. a.: »Evaluation of the nutrient content of yogurts: a comprehensive survey of yogurt products in the major UK supermarkets«, in: *BMJ Open* 8/8 (2018), DOI: 10.1136/bmjopen-2017-021387

17 Zentralverband der deutschen Werbewirtschaft (ZAW) e. V.: »Werbewirtschaft verabschiedet neue Verhaltensregeln des Deutschen Werberats: Verstärkter Schutz von Unter-14-Jährigen« (2021), URL: https://zaw.de/werbewirtschaft-verabschiedet-neue-verhaltensregeln-des-deutschen-werberats-verstaerkter-schutz-von-unter-14-jaehrigen/ (zuletzt abgerufen am 09.01.2026).

18 Winston J. Craig u. Cecilia J. Brothers: »Nutritional Content and Health Profile of Non-Dairy Plant-Based Yogurt Alternatives«, in: *Nutrients* 13/11 (2021), DOI: 10.3390/nu13114069

19 Eun-Seo Lim: »Preparation and functional properties of probiotic and oat-based synbiotic yogurts fermented with lactic acid bacteria«, in: *Applied Biological Chemistry* 61 (2018), S. 25–37.

20 Mutamed M. Ayyash u. a.: »Characterization of new probiotics from dairy and nondairy products — Insights into acid tolerance, bile metabolism and tolerance, and adhesion capability«, in: *Journal of Dairy Science* 104/8 (2021), S. 8363–8379.

Kefir

1 Stefan Parsch: »Ältester Käse der Welt entdeckt – an Mumien«, in: *GEO* (2024), URL: https://www.geo.de/wissen/forschung-und-technik/aeltester-kaese-der-weltentdeckt---an-mumien-35099634.html (zuletzt abgerufen am 09.01. 2026).

2 Brigitte Richard: »A Whole New Generation of Milk Kefir Grains Formed From Freeze-dried Starter Cultures – A Fascinating Insight Into a Hidden World«, in: *Research Report* (2016), URL: https://hal.science/hal-01253250v1 (zuletzt abgerufen am 13.11.2025).

3 Damiana D. Rosa u. a.: »Milk kefir: nutritional, microbiological and health benefits«, in: *Nutrition Research Reviews* 30/1 (2017), S. 82–96.

4 Hsiao-Ling Chen u. a.: »Kefir peptides exhibit antidepressant-like activity in mice through the BDNF/TrkB pathway«, in: *Journal of Dairy Science* 104/6 (2021), S. 6415–6430.

5 Benjamin C. T. Bourrie u. a.: »Kefir in the Prevention and Treatment of Obesity and Metabolic Disorders«, in: *Current Nutrition Reports* 9/3 (2020), S. 184–192; Dennis A. Savaiano u. Robert W. Hutkins: »Yogurt, cultured fermented milk, and health: a systematic review«, in: *Nutrition Reviews* 79/5 (2021), S. 599–614.

6 Zala J. Pražnikar u. a.: »Effects of kefir or milk supplementation on zonulin in overweight subjects«, in: *Journal of Dairy Science* 103/5 (2020), S. 3961–3970.

7 Hülya Demir: »Comparison of traditional and commercial kefir microorganism compositions and inhibitory effects on certain pathogens«, in: *International Journal of Food Properties* 23/1 (2020), S. 375–386.

8 Hülya Demir: »Comparison of traditional and commercial kefir microorganism compositions and inhibitory effects on certain pathogens«, in: *International Journal of Food Properties* 23/1 (2020), S. 375–386.

9 Benjamin C. T. Bourrie u. a.: »Consumption of the cell-free or heat-treated fractions of a pitched kefir confers some but not all positive impacts of the corresponding whole kefir«, in: *Frontiers in Microbiology* 13 (2022), DOI: 10.3389/fmicb.2022.1056526

10 Aaron M. Walsh u. a.: »Microbial Succession and Flavor Production in the Fermented Dairy Beverage Kefir«, in: *mSystems* 1/5 (2016), DOI: 10.1128/mSystems.00052-16

11 Bourrie u. a.: »Consumption of kefir made with microorganisms resulted in greater improvements in LDL cholesterol and plasma markers of inflammation in males when compared to a commercial kefir: a randomized pilot study«, S. 668–677.

12 Solenne Costard u. a.: »Outbreak-Related Disease Burden Associated with Consumption of Unpasteurized Cow's Milk and Cheese, United States, 2009–2014«, in: *Emerging Infectious Diseases* 23/6 (2017), S. 957–964.

Wasserkefir (Tibicos)

1 Eda Bozkir u. a.: »Challenges in water kefir production and limitations in human consumption: A comprehensive review of current knowledge«, in: *Heliyon* 10 (2024), DOI: 10.1016/j.heliyon.2024.e33501

2 Oktay Yerlikaya u. a.: »The metagenomic composition of water kefir microbiota«, in: *International Journal of Gastronomy and Food Science* 30 (2022), DOI: 10.1016/j.ijgfs.2022.100621

3 Marta Calatayud u. a.: »Water Kefir and Derived Pasteurized Beverages Modulate Gut Microbiota, Intestinal Permeability and Cytokine Production In Vitro«, in: *Nutrients* 13 (2021), DOI: 10.3390/nu13113897

4 Ebd.

Sauerkraut und Kimchi

1 Susanne Thiele: »Dschingis Khan und die Kohlköpfe – Sauerkraut, Kimchi & Co (Fermentation Teil 2)«, in: *Mikrobenzirkus* (2018), URL: https://mikrobenzirkus.com/2018/11/18/dschingis-khan-und-die-kohlkoepfe-sauerkraut-kimchi-co-fermentation-teil-2/ (zuletzt abgerufen am 09.01.2026).

2 »Die Geschichte des Sauerkrauts«, URL: https://www.sauerkraut.de/news.php (zuletzt abgerufen am 09.01.2026).

3 Julia Devlin: »Henry Heinz geboren, Vater des Ketchups«, in: *BR 2* (2021), URL: https://www.br.de/radio/bayern2/sendungen/kalenderblatt/henry-heinz-geboren-vater-des-ketchups-102.html (zuletzt abgerufen am 09.01.2026).

4 Heidemarie Pütz: »James Cook und die Suche nach Vitamin C«, in: *ÄrzteZeitung* (2018), URL: https://www.aerztezeitung.de/Medizin/James-Cook-und-die-Suche-nach-Vitamin-C-226655.html (zuletzt abgerufen am 09.01.2026).

5 Sae B. Lim u. a.: »Garlic is a source of major lactic acid bacteria for early-stage fer-

mentation of cabbage-kimchi«, in: *Food Science and Biotechnology* 24/4 (2015), S. 1437–1441.

6 Eiseul Kim u. a.: »Analysis of Cultivable Microbial Community during Kimchi Fermentation Using MALDI-TOF MS«, in: *Foods* 10/5 (2021), DOI: 10.3390/foods10051068

7 Se H. Lee u. a.: »Unraveling microbial fermentation features in kimchi: from classical to meta-omics approaches«, in: *Applied Microbiology and Biotechnology* 104/18 (2020), S. 7731–7744.

8 James Read: *Of Cabbages and Kimchi*, London: Particular Books 2023.

9 Jean Bousquet u. a.: »Cabbage and fermented vegetables: From death rate heterogeneity in countries to candidates for mitigation strategies of severe COVID-19«, in: *Allergy* 76/3 (2021), S. 735–750.

10 Elsa S. Nielsen u. a.: »Lacto-fermented sauerkraut improves symptoms in IBS patients independent of product pasteurisation – a pilot study«, in: *Food and Function* 9/10 (2018), S. 5323–5335.

11 Hee-Young Kim u. a.: »Kimchi improves irritable bowel syndrome: results of a randomized, double-blind placebo-controlled study«, in: *Food and Nutrition Research* 66 (2022), DOI: 10.29219/fnr.v66.8268

12 Soo Lim u. a.: »Effect of Lactobacillus sakei, a Probiotic Derived from Kimchi, on Body Fat in Koreans with Obesity: A Randomized Controlled Study«, in: *Endocrinology and Metabolism* 35/2 (2020), S. 425–434.

13 Amy E. Galena u. a.: »The effects of fermented vegetable consumption on the composition of the intestinal microbiota and levels of inflammatory markers in women: A pilot and feasibility study«, in: *PLOS ONE* 17/10 (2022), DOI: 10.1371/journal.pone.0275275

14 Carmen Haro u. a.: »Two Healthy Diets Modulate Gut Microbial Community Improving Insulin Sensitivity in a Human Obese Population«, in: *Journal of Clinical Endocrinology and Metabolism* 101/1 (2016), S. 233–242.

15 Kim u. Kim: »Recent (2011–2017) foodborne outbreak cases in the Republic of Korea compared to the United States: a review«, S. 185–194.

16 Sang Y. Kim u. a.: »Nineteen-year trends in fermented food consumption and sodium intake from fermented foods for Korean adults from 1998 to 2016«, in: *Public Health Nutrition* 23/3 (2020), S. 515–524.

17 Hong J. Song u. Hae-Jeung Lee: »Consumption of kimchi, a salt fermented vegetable, is not associated with hypertension prevalence«, in: *Journal of Ethnic Foods* 1/1 (2014), S. 8–12.

18 Xuejun Yin u. a.: »Effects of salt substitutes on clinical outcomes: a systematic review and meta-analysis«, in: *Heart* 108/20 (2022), S. 1608–1615.

19 Anne-Mary Lewis-Mikhael u. a.: »Effect of Lactobacillusplantarum containing

probiotics on blood pressure: A systematic review and meta-analysis«, in: *Pharmacological Research* 153 (2020), DOI: 10.1016/j.phrs.2020.104663

20 Anja Schienkiewitz u. a.: »Übergewicht und Adipositas bei Erwachsenen in Deutschland – Ergebnisse der Studie GEDA 2019/2020-EHIS«, in: *Journal of Health Monitoring* 7/3 (2022), DOI: 10.25646/10292

Käse

1 Parisa Rashtchi u. a.: »Comparison of the microbial, physicochemical, and sensorial properties of raw and pasteurized Lighvan cheeses during ripening time«, in: *Food Science and Nutrition* 9/10 (2021), S. 5527–5535.

2 Nuno I. P. Valente u. a.: »Cheeses Made from Raw and Pasteurized Cow's Milk Analysed by an Electronic Nose and an Electronic Tongue«, in: *Sensors* 18/8 (2018), DOI: 10.3390/s18082415

3 Meghan Sebastianski u. a.: »Disease outbreaks linked to pasteurized and unpasteurized dairy products in Canada and the United States: a systematic review«, in: *Canadian Journal of Public Health* 113/4 (2022), S. 569–578.

4 Annalisa Giosuè u. a.: »Consumption of Dairy Foods and Cardiovascular Disease: A Systematic Review«, in: *Nutrients* 14/4 (2022), DOI: 10.3390/nu14040831

5 Sarah Berry u. a.: »Whitepaper: The PREDICT program«, URL: https://zoe.com/whitepapers/the-predict-program (zuletzt abgerufen am 09.01.2026)

6 Yulia O. Shulpekova u. a.: »Food Intolerance: The Role of Histamine«, in: *Nutrients* 13/9 (2021), DOI: 10.3390/nu13093207

7 Maria C. Ferrante u. Raffaelina Mercogliano: »Focus on histamine production during cheese manufacture and processing: A review«, in: *Food Chemistry* 419 (2023), DOI: 10.1016/j.foodchem.2023.136046

8 Nick Squires: »Italy's ›Mozzarella King‹ arrested over ›contaminated cheese‹«, in: *Telegraph* (17.06.2012), URL: https://www.telegraph.co.uk/news/worldnews/europe/italy/9406507/Italys-Mozzarella-King-arrested-over-contaminated-cheese.html?msockid=284e95e0c99c604023a183bac8466176 (zuletzt abgerufen am 17.11.2025).

9 Jessica Haworth: »One in four Italian mozzarella cheeses contain foreign milk products«, in: *Mirror* (21.01.2016), URL: https://www.mirror.co.uk/news/world-news/one-four-italian-mozzarella-cheeses-7222172 (zuletzt abgerufen am 17.11.2025).

10 Brittany Vonow: »FAKING IT: ›How takeaways are selling you pizzas topped with FAKE CHEESE‹«, in: *The Sun* (04.10.2016), URL: https://www.thesun.co.uk/news/1909324/how-takeaways-are-selling-you-pizzas-topped-with-fake-cheese/ (zuletzt abgerufen am 17.11.2025).

11 Good Food Team: »The best vegan ›cheese‹ taste tested 2023«, in: *BBC Good Food* (2023), URL: https://www.bbcgoodfood.com/review/best-vegan-cheese (zuletzt abgerufen am 09.01.2026).

Kombucha

1 Al-Mohammadi u. a.: »Chemical Constitution and Antimicrobial Activity of Kombucha Fermented Beverage«, DOI: 10.3390/molecules26165026
2 Muzaffer Arıkan u. a.: »Microbial composition of Kombucha determined using amplicon sequencing and shotgun metagenomics«, in: *Journal of Food Science* 85/2 (2020), S. 455–464.
3 Jieping Yang u. a.: »Microbial and Chemical Profiles of Commercial Kombucha Products«, in: *Nutrients* 14/3 (2022), DOI: 10.3390/nu14030670
4 Tuba Esatbeyoglu u. a.: »Additional advances related to the health benefits associated with kombucha consumption«, in: *Critical Reviews in Food Science and Nutrition* 64/18 (2023), S. 6102–6119.
5 Al-Mohammadi u. a.: »Chemical Constitution and Antimicrobial Activity of Kombucha Fermented Beverage«, DOI: 10.3390/molecules26165026
6 E. Ernst: »Kombucha: A Systematic Review of the Clinical Evidence«, in: *Forschende Komplementarmedizin und Klassische Naturheilkunde* 10/2 (2003), S. 85–87.
7 Ailsa Holbourn u. Judith Hurdman: »Kombucha: is a cup of tea good for you?«, in: *BMJ Case Reports* (2017), DOI: 10.1136/bcr-2017-221702
8 Julie M. Kapp u. Walton Summer: »Kombucha: a systematic review of the empirical evidence of human health benefit«, in: *Annals of Epidemiology* 30 (2019), S. 66–70.
9 Fiona S. Atkinson u. a.: »Glycemic index and insulin index after a standard carbohydrate meal consumed with live kombucha: A randomised, placebo-controlled, crossover trial«, in: *Frontiers in Nutrition* 10 (2023), DOI: 10.3389/fnut.2023.1036717
10 Ly Tu Phung u. a.: »Changes in the chemical compositions and biological properties of kombucha beverages made from black teas and pineapple peels and cores«, *in: Scientific Reports* 13/1 (2023), DOI: 10.1038/s41598-023-34954-7

Essig

1 Elif Aykın u. a.: »Bioactive components of mother vinegar«, in: *Journal of the American College of Nutrition* 34/1 (2015), S. 80–89.
2 Anuar Samad u. a.: »Therapeutic effects of vinegar: a review«, in: *Current Opinion in Food Science* 8 (2016), S. 56–61.

3 Parviz Allahdo u. a.: »Effect of probiotic and vinegar on growth performance, meat yields, immune responses, and small intestine morphology of broiler chickens«, in: *Italian Journal of Animal Science* 17/3 (2018), S. 675–685.

4 Heitor O. Santos u. a.: »Vinegar (acetic acid) intake on glucose metabolism. A narrative review«, in: *Clinical Nutrition ESPEN* 32 (2019), S. 1–7.

5 Palanisamy B. Devi u. a.: »Gamma-aminobutyricacid (GABA) production by potential probiotic strains of indigenous fermented foods origin and RSM based production optimization«, in: *LWT* 176, DOI: 10.1016/j.lwt. 2023.114511

6 Mie Nishimura u. a.: »Effects of white rice containing enriched gamma-aminobutyric acid on blood pressure«, in: *Journal of Traditional and Complementary Medicine* 6/1 (2016), S. 66–71.

7 Shino Sugiyama u. a.: »Hypotensive effect and safety of brown rice vinegar with high concentration of GABA on mild hypertensive subjects«, in: *Japanese Pharmacology and Therapeutics* 36/5 (2008), S. 429–444.

8 Hiroko Tanaka u. a.: »The Effects of γ-Aminobutyric Acid, Vinegar, and Dried Bonito on Blood Pressure in Normotensive and Mildly or Moderately Hypertensive Volunteers«, in: *Journal of Clinical Biochemistry and Nutrition* 45/1 (2009), S. 93–100.

9 Tomoo Kondo u. a.: »Vinegar intake reduces body weight, body fat mass, and serum triglyceride levels in obese Japanese subjects«, in: *Bioscience, Biotechnology, and Biochemistry* 73/8 (2009), S. 1837–1843.

10 Amir Hadi u. a.: »The effect of apple cider vinegar on lipid profiles and glycemic parameters: a systematic review and meta-analysis of randomized clinical trials«, in: *BMC Complementary Medicine and Therapies* 21/1 (2021), DOI: 10.1186/s12906-021-03351-w

11 Panayota Mitrou u. a.: »Vinegar Consumption Increases Insulin-Stimulated Glucose Uptake by the Forearm Muscle in Humans with Type 2 Diabetes«, in: *Journal of Diabetes Research* (2015), DOI: 10.1155/2015/175204

12 Panayota Mitrou u. a.: »Vinegar Consumption Increases Insulin-Stimulated Glucose Uptake by the Forearm Muscle in Humans with Type 2 Diabetes«, in: *Journal of Diabetes Research* 2015 (2015), DOI: 10.1155/2015/175204

13 Mario Falchi u. a.: »Low copy number of the salivary amylase gene predisposes to obesity«, in: *Nature Genetics* 46/5 (2014), S. 492–497, DOI: 10.1038/ng.2939

14 Santos u. a.: »Vinegar (acetic acid) intake on glucose metabolism: A narrative review«, S. 1–7.

15 Jiyeon Chang u. a.: »Corrosive Esophageal Injury due to a Commercial Vinegar Beverage in an Adolescent«, in: *Clinical Endoscopy* 53/3 (2020), S. 366–369.

16 Abdul Mughees Rana u. a.: »Severe Metabolic Acidosis: A Case of Triple Hit with Ketogenic Diet, Vinegar, and Metformin in an Obese Patient«, in: *Case Reports in Nephrology* (2020), DOI: 10.1155/2020/8861978

17 Aykın u. a.: »Bioactive components of mother vinegar«, S. 80–89.

18 Wilbert Gutiérrez-Sarmiento u. a.: »Microbial community structure, physicochemical characteristics and predictive functionalities of the Mexican tepache fermented beverage«, in: *Microbiological Research* 260 (2022), DOI: 10.1016/j.micres.2022.127045

Fermentiertes Soja

1 Hang Zhao u. a.: »Effects of plant protein and animal protein on lipid profile, body weight and body mass index on patients with hypercholesterolemia: a systematic review and meta-analysis«, in: *Acta Diabetologica* 57/10 (2020), S. 1169–1180.

2 Yeu-Ching Shi: »The Bacterial and Fungi Microbiota of Soy Sauce-Supplied Lactic Acid Bacteria Treated with High-Pressure Process«, in: *Fermentation* 8/3 (2022), DOI: 10.3390/fermentation8030097

3 Muhammad Afzaal u. a.: »Nutritional Health Perspective of Natto: A Critical review«, in: *Biochemical Research International* 1 (2022), DOI: 10.1155/2022/5863-887

4 Dangfend Li u. a.: »Recent Advances in Nattokinase-Enriched Fermented Soybean Foods: A Review«, in: *Foods* 11/13 (2022), DOI: 10.3390/foods11131867

5 Farhan Saeed u. a.: »Miso: A traditional nutritious & health-endorsing fermented product«, in: *Food Science & Nutrition* 10/12 (2022), S. 4103–4111.

6 Su-Ji Jeong u. a.: »Inverse association of daily fermented soybean paste (›Jang‹) intake with metabolic syndrome risk, especially body fat and hypertension, in men of a large hospital-based cohort«, in: *Frontiers in Nutrition* 13/10 (2023), DOI: 10.3389/fnut.2023.1122945

7 Diana Lo u. a.: »Effect of different fermentation conditions on antioxidant capacity and isoflavones content of soy tempeh«, in: *AIMS Agriculture and Food* 7/3 (2022), S. 567–579.

Sauerteig

1 Aspen T. Reese u. a.: »Influences of Ingredients and Bakers on the Bacteria and Fungi in Sourdough Starters and Bread«, in: *mSphere* 5/1 (2020), DOI: 10.1128/mSphere.00950-19

2 Elizabeth A. Landis u. a.: »The diversity and function of sourdough starter microbiomes«, in: *eLife* 10 (2021), DOI: 10.7554/eLife.61644

3 Léa Ribet u. a.: »Nutritional benefits of sourdoughs: A systematic review«, in: *Advances in Nutrition* 14/1 (2023), DOI: 10.1016/j.advnut.2022.10.003

4 Daniel P. Johansson u. a.: »Impact of food processing on rye product properties and their in vitro digestion«, in: *European Journal of Nutrition* 57/4 (2018), S. 1651–1666.

5 Olivia J. Ogilvie u. a.: »A Case Study of the Response of Immunogenic Gluten Peptides to Sourdough Proteolysis«, in: *Nutrients* 13/6 (2021), DOI: 10.3390/nu13061906

6 Tal Korem u. a.: »Bread Affects Clinical Parameters and Induces Gut Microbiome-Associated Personal Glycemic Responses«, in: *Cell Metabolism* 25/6 (2017), S. 1243–1253.e5.

Tee

1 Changwei Liu u. a.: »Study on the Trend in Microbial Changes during the Fermentation of Black Tea and Its Effect on the Quality«, in: *Foods* 12/10 (2023), DOI: 10.3390/foods12101944

2 Tereza Koláčková u. a.: »Matcha Tea: Analysis of Nutritional Composition, Phenolics and Antioxidant Activity«, in: *Plant Foods for Human Nutrition* 75/1 (2020), S. 48–53.

3 Xin Yang u. a.: »Association between tea consumption and prevention of coronary artery disease: A systematic review and dose-response meta-analysis«, in: *Frontiers in Nutrition* 9 (2022), DOI: 10.3389/fnut.2022.1021405

4 Claudia Musial u. a.: »Beneficial Properties of Green Tea Catechins«, in: *International Journal of Molecular Sciences* 21/5 (2020), DOI: 10.3390/ijms21051744

5 Sara Sokary u. a.: »The therapeutic potential of matcha tea: A critical review on human and animal studies«, in: *Current Research in Food Science* 23/6 (2022), DOI: 10.1016/j.crfs.2022.11.015

Kaffee

1 Manghi u. a.: »Coffee consumption is associated with intestinal Lawsonibacter asaccharolyticus abundance and prevalence across multiple cohorts«, S. 3120–3134.

2 Pauline Curtet: »Exploring the Finnish affinity for coffee«, in: *This is FINLAND* (2015), URL: https://finland.fi/arts-culture/exploring-the-finnish-affinity-for-coffee/ (zuletzt abgerufen am 09.01.2026); Deutscher Kaffeeverband e. V.: »Wir sind die Spezialisten«, URL: https://www.kaffeeverband.de/de (zuletzt abgerufen am 09.01.2026); Luke Dalton: »Coffee Shop Consumption Statistics UK 2024–2025«, in: *Working from Coffee Shops* (2025), URL: https://www.workingfromcoffeeshops.co.uk/blog/coffee-shop-consumption-statistics-uk (zuletzt abgerufen am 09.01.2026).

3 Rosmery Cruz-O'Byrne u. a.: »Microbial diversity associated with spontaneous coffee bean fermentation process and specialty coffee production in northern Colombia«, in: *International Journal of Food Microbiology* 354 (2021), DOI: 10.1016/j.ijfoodmicro.2021.109282

4 Débora M. de Jesus Cassimiro u. a.: »Wet fermentation of Coffea canephora by lactic acid bacteria and yeasts using the self-induced anaerobic fermentation (SIAF) method enhances the coffee quality«, in: *Food Microbiology* 110 (2023), DOI: 10.1016/j.fm.2022.104161

5 Marilu Mestanza u. a.: »Changes of polyphenols and antioxidants of arabica coffee varieties during roasting«, in: *Frontiers in Nutrition* 10 (2023), DOI: 10.3389/fnut.2023.1078701

6 »Wie viel Koffein hat entkoffeinierter Kaffee? Inhalt & Wirkung«, in: *Biokaffeewelt* (2024), URL: https://biokaffeewelt.de/wie-viel-koffein-hat-kaffee/ (zuletzt abgerufen am 09.01.2026).

7 Andrea Staack u. a.: »Prospective study on the effects of regular and decaffeinated coffee on urinary symptoms in young and healthy volunteers«, in: *Neurourology Urodynamics* 36/2 (2017), S. 432–437.

8 Stefanie Sinz u. a.: »Gum Chewing and Coffee Consumption but not Caffeine Intake Improve Bowel Function after Gastrointestinal Surgery: a Systematic Review and Network Meta-Analysis«, in: *Journal of Gastrointestinal Surgery* 27/8 (2023), S. 1730–1745.

9 Vijay Mehta u. a.: »Effect of Caffeine on Colonic Manometry in Children«, in: *Journal of Pediatric Gastroenterology and Nutrition* 76/1 (2023), S. 20–24.

10 Ryan D. Heath u. a.: »Coffee: The magical bean for liver diseases«, in: *World Journal of Hepatology* 9/15 (2017), S. 689–696.

11 Yudong Wei u. a.: »Instant coffee is negatively associated with telomere length: Finding from observational and Mendelian randomization analyses of UK Biobank«, in: *Nutrients* 15/6 (2023), DOI: 10.3390/nu15061354

12 Mitsuo Sakamoto u. a.: »Lawsonibacter asaccharolyticus gen. nov., sp. nov., a butyrate-producing bacterium isolated from human faeces«, in: *International Journal of Systematic and Evolutionary Microbiology* 68/6 (2018), S. 2074–2081.

Wein

1 Samuel Laurent u. Jonathan Parienté: »Le vin est ›un alcool comme un autre‹, n'en déplaise au ministre de l'agriculture«, in: *Le Monde* (2019), URL: https://www.lemonde.fr/les-decodeurs/article/2019/01/16/le-vin-est-un-alcool-comme-un-autre-n-en-deplaise-au-ministre-de-l-agriculture_5409994_4355770.html (zuletzt abgerufen am 09.01.2026).

2 »Weinkonsum fällt auf niedrigsten Stand seit Jahrzehnten«, in: *DER SPIEGEL* (2025), URL: https://www.spiegel.de/wirtschaft/weinkonsum-faellt-auf-niedrigsten-stand-seit-jahrzehnten-a-8824d19d-16f6-4336-84c6-e33f77937ba9 (zuletzt abgerufen am 09.01.2026).

3 Xinwei Ruan u. a.: »Stimulation of Saliva Affects the Release of Aroma in Wine: A Study of Microbiota, Biochemistry, and Participant Origin«, in: *Journal of Agricultural and Food Chemistry* 72/46 (2024), S. 25847–25859, DOI: 10.1021/acs.jafc.4c05116

4 Carolina Muñoz-González u. a.: »Ability of human oral microbiota to produce wine odorant aglycones from odourless grape glycosidic aroma precursors«, in: *Food Chemistry* 187 (2015), S. 112–119.

5 Mathieu Schwartz u. a.: »Impact of Oral Microbiota on Flavor Perception: From Food Processing to In-Mouth Metabolization«, in: *Foods* 10/9 (2021), DOI: 10.3390/foods10092006

6 Angela M. Wood u. a.: »Risk thresholds for alcohol consumption: combined analysis of individual-participant data for 599 912 current drinkers in 83 prospective studies«, in: *The Lancet* 391/10129 (2018), S. 1513–1523.

7 Anya Topiwala u. a.: »Alcohol consumption and telomere length: Mendelian randomization clarifies alcohol's effects«, in: *Molecular Psychiatry* 27/10 (2022), S. 4001–4008; GBT 2016 Alcohol Collaborators: »Alcohol use and burden for 195 countries and territories, 1990–2016: A systematic analysis for the Global Burden of Disease Study 2016«, in: *The Lancet* 392/10152 (2023), S. 1015–1035.

8 Maribel Lucerón-Lucas-Torres u. a.: »Association between Wine Consumption with Cardiovascular Disease and Cardiovascular Mortality: A Systematic Review and Meta-Analysis«, in: *Nutrients* 15/12 (2023), DOI: 10.3390/nu15122785

9 Mauro Lombardo u. a.: »Health Effects of Red Wine Consumption: A Narrative Review of an Issue That Still Deserves Debate«, in: *Nutrients* 15/8 (2023), DOI: 10.3390/nu15081921

10 Elisa A. Haas u. a.: »A red wine intervention does not modify plasma trimethylamine N-oxide but is associated with broad shifts in the plasma metabolome and gut microbiota composition«, in: *American Journal of Clinical Nutrition* 116/6 (2022), S. 1515–1529.

11 Caroline I. Le Roy u. a.: »Red Wine Consumption Associated With Increased Gut Microbiota α-Diversity in 3 Independent Cohorts«, in: *Gastroenterology* 158/1 (2020), S.270–272.e2.

12 Luigi Castaldo u. a.: »Red Wine Consumption and Cardiovascular Health«, in: *Molecules* 24/19 (2019), DOI: 10.3390/molecules24193626

13 M. Taborsky u. a.: »Red or white wine consumption effect on atherosclerosis in healthy individuals (In Vino Veritas study)«, in: *Bratislava Medical Journal* 118/5 (2017), S. 292–298.

14 Xuehui Zheng u. a.: »Effects of resveratrol supplementation on cardiac remodeling in hypertensive patients: a randomized controlled clinical trial«, in: *Hypertension Research* 46/6 (2023), S. 1493–1503.

15 G. C. Batista-Jorge u. a.: »Oral resveratrol supplementation improves Metabolic Syndrome features in obese patients submitted to a lifestyle-changing program«, in: *Life Sciences* 256 (2020), DOI: 10.1016/j.lfs.2020.117962

16 Thomas N. Kjær u. a.: »No Beneficial Effects of Resveratrol on the Metabolic Syndrome: A Randomized Placebo-Controlled Clinical Trial«, in: *Journal of Clinical Endocrinology and Metabolism* 102/5 (2017), S. 1642–1651.

17 Xinyi Cao u. a.: »The Effect of Resveratrol on Blood Lipid Profile: A Dose-Response Meta-Analysis of Randomized Controlled Trials«, in: *Nutrients* 14/18 (2022), DOI: 10.3390/nu14183755

18 Laura Briansó-Llort u. a.: »Effect of Resveratrol Content in Red Wine on Circulating Sex Hormone-Binding Globulin: Lessons from a Pilot Clinical Trial«, in: *Molecular Nutrition & Food Research* 66/16 (2022), DOI: 10.1002/mnfr.202200125

19 Mostafa Mousavi u. a.: »Resveratrol supplementation significantly influences obesity measures: A systematic review and dose-response meta-analysis of randomized controlled trials«, in: *Obesity Reviews* 20/3 (2019), S. 487–498.

20 Hong Cai u. a.: »Cancer chemoprevention: Evidence of a nonlinear dose response for the protective effects of resveratrol in humans and mice«, in: *Science Translational Medicine* 7/298 (2015), DOI: 10.1126/scitranslmed.aaa7619

21 Raúl Zamora-Ros u. a.: »Concentrations of resveratrol and derivatives in foods and estimation of dietary intake in a Spanish population: European Prospective Investigation into Cancer and Nutrition (EPIC)-Spain cohort«, in: *British Journal of Nutrition* 100/1 (2008), S. 188–196.

22 E. H. Siemann u. L. L. Creasy: »Concentration of the Phytoalexin Resveratrol in Wine«, in: *American Journal Enology and Viticulture* 43 (1992), S. 49–52.

23 Mani Naiker u. a.: »Loss of trans-resveratrol during storage and ageing of red wines«, in: *Australian Journal of Grape and Wine Research* 26/4 (2020), S. 385–387.

24 Joris C. Verster u. a.: »Updating the Definition of the Alcohol Hangover«, in: *Journal of Clinical Medicine* (2020) 9/3, DOI: 10.3390/jcm9030823

25 Penelope A. Lind u. a.: »Association between in vivo alcohol metabolism and genetic variation in pathways that metabolize the carbon skeleton of ethanol and NADH reoxidation in the Alcohol Challenge Twin Study«, in: *Alcoholism: Clinical and Experimental Research* 36/12 (2012), S. 2074–2085; Vatsalya Vatsalya u. a.: »Influence of age and sex on alcohol pharmacokinetics and subjective pharmacodynamic responses following intravenous alcohol exposure in humans«, in: *Alcohol* 107 (2023), S. 144–152; Kari Koponen u. a.: »Associations of alcohol with the human gut microbiome and prospective health outco-

mes in the FINRISK 2002 cohort«, in: *European Journal of Nutrition* 64/4 (2025), DOI: 10.1007/s00394-025-03668-z

26 Jingjing Fan u. a.: »Fermented ginseng improved alcohol liver injury in association with changes in the gut microbiota of mice«, in: *Food & Function* 10/9 (2019), S. 5566–5573; Tae-Joong Lim u. a.: »Effects of multi-species probiotic supplementation on alcohol metabolism in rats«, in: *Journal of Microbiology* 59/4 (2021), S. 417–425.

27 Sun-Jin Jung u. a.: »Regulation of Alcohol and Acetaldehyde Metabolism by a Mixture of Lactobacillus and Bifidobacterium Species in Human«, in: *Nutrients* 13/6 (2021), DOI: 10.3390/nu13061875

28 Agnese Merlo u. a.: »Proceedings of the 10th Alcohol Hangover Research Group Meeting in Utrecht, The Netherlands«, in: *Proceedings* 43/1 (2020), DOI: 10.3390/proceedings2020043004

29 Miguel Silva u. a.: »Sulfite concentration and the occurrence of headache in young adults: a prospective study«, in: *European Journal of Clinical Nutrition* 73/9 (2019), S. 1316–1322.

30 Hiroko Takeuchi u. a.: »2,4,6-trichloroanisole is a potent suppressor of olfactory signal transduction«, in: *Proceedings of the National Academy of Sciences of the United States of America* 110/40 (2013), S. 16235–16240.

31 Frédéric Brochet u. Denis Dubourdieu: »Wine descriptive language supports cognitive specificity of chemical senses«, in: *Brain and Language* 77/2 (2001), S. 187–196.

32 Amélie Christel u. a.: »Impact of farming systems on soil ecological quality: a meta-analysis«, in: *Environmental Chemistry Letters* 19/6 (2021), S. 4603–4625; Markus Rienth u. a.: »Effects of biodynamic preparations 500 and 501 on vine and berry physiology, pedology and the soil microbiome«, in: *OENO One* 57/1 (2023), DOI: 10.20870/oeno-one.2023.57.1.7218

33 Chiao-Chicy Chen u. a.: »Interaction between the Functional Polymorphisms of the Alcohol-Metabolism Genes in Protection against Alcoholism«, in: *American Journal of Human Genetics* 65/3 (1999), S. 795–807.

34 Shivkanya Fuloria u. a.: »Synbiotic Effects of Fermented Rice on Human Health and Wellness: A Natural Beverage That Boosts Immunity«, in: *Frontiers in Microbiology* 13 (2022), DOI: 10.3389/fmicb.2022.950913

Met, Bier und Apfelwein

1 Saeed Samarghandian u. a.: »Honey and Health: A Review of Recent Clinical Research«, in: *Pharmacognosy Research* 9/2 (2017), S. 121–127.

2 Lorenzo A. Santorelli u. a.: »Beehives possess their own distinct microbiomes«, in: *Environmental Microbiome* 18/1 (2023), DOI: 10.1186/s40793-023-00460-6

3 Samuel Bovo u. a.: »Shotgun sequencing of honey DNA can describe honey bee derived environmental signatures and the honey bee hologenome complexity«, in: *Scientific Reports* 10/1 (2020), DOI: 10.1038/s41598-020-66127-1
4 Nikos Papadimitriou u. a.: »A Prospective Diet-Wide Association Study for Risk of Colorectal Cancer in EPIC«, in: *Clinical Gastroenterology and Hepatology* 20/4 (2022), S. 864–873.
5 Gemma Chiva-Blanch u. a.: »Effects of alcohol and polyphenols from beer on atherosclerotic biomarkers in high cardiovascular risk men: a randomized feeding trial«, in: *Nutrition, Metabolism and Cardiovascular Diseases* 25/1 (2015), S. 36–45.
6 Cláudia Marques u. a.: »Impact of Beer and Nonalcoholic Beer Consumption on the Gut Microbiota: A Randomized, Double-Blind, Controlled Trial«, in: *Journal of Agricultural and Food Chemistry* 70/41 (2022), S. 13062–13070.
7 Fernando Hernández-Quiroz: »Influence of moderate beer consumption on human gut microbiota and its impact on fasting glucose and β-cell function«, in: *Alcohol* 85 (2020), S. 77–94.
8 Blake O. Langley u. a.: »Xanthohumol Microbiome and Signature in Healthy Adults (the XMaS Trial): Safety and Tolerability Results of a Phase I Triple-Masked, Placebo-Controlled Clinical Trial«, in: *Molecular Nutrition & Food Research* 65/8 (2021), DOI: 10.1002/mnfr.202001170
9 Vincente A. Tirado-Kulieva u. a.: »A comprehensive review of the benefits of drinking craft beer: Role of phenolic content in health and possible potential of the alcoholic fraction«, in: *Current Research in Food Science* 6 (2023), DOI: 10.1016/j.crfs.2023.100477
10 Isabel Goñi u. a.: »Dietary Fiber in Beer: Content, Composition, Colonic Fermentability, and Contribution to the Diet«, in: Victor R. Preedy (Hg.), *Beer in Health and Disease Prevention*, San Diego: Academic Press 2009, S. 299–307.
11 Joshua E. S. J. Reid u. a.: »Non-starch polysaccharides in beer and brewing: A review of their occurrence and significance«, in: *Critical Reviews in Food Science and Nutrition* 64/3 (2024), S. 837–851.
12 Corina-Aurelia Zugravu u. a.: »Beer and Microbiota: Pathways for a Positive and Healthy Interaction«, in: *Nutrients* 15/4 (2023), DOI: 10.3390/nu15040844
13 Mei Z. A. Chan u. a.: »Survival of probiotic strain Lactobacillus paracasei L26 during co-fermentation with S. cerevisiae for the development of a novel beer beverage«, in: *Food Microbiology* 82 (2019), S. 541–550.
14 Alexander Tyakht u. a.: »Characteristics of bacterial and yeast microbiomes in spontaneous and mixed-fermentation beer and cider«, in: *Food Microbiology* 94 (2021), DOI: 10.1016/j.fm.2020.103658
15 Melanie Millet u. a.: »Haze in Apple-Based Beverages: Detailed Polyphenol, Poly-

saccharide, Protein, and Mineral Compositions«, in: *Journal of Agricultural and Food Chemistry* 65/31 (2017), S. 6404–6414.

Würzsoßen, Gewürze und fermentiertes Gemüse

1 Saša Kenig u. a.: »Moderate but not high daily intake of chili pepper sauce improves serum glucose and cholesterol levels«, in: *Journal of Functional Foods* 44 (2018), S. 209–217.

2 Paul u. a.: »Are Fermented Foods Effective against Inflammatory Diseases?«, DOI: 10.3390/ijerph20032481

3 Edward D. Kerr u. Bejamin L. Schulz: »Vegemite beer: yeast extract spreads as nutrient supplements to promote fermentation«, in: *PeerJ* 4 (2016), DOI: 10.7717/peerj.2271

4 Quancen Li u. a.: »Protein-rich yeast extract (®fermgard) has potential antioxidant and anti-aging activities«, in: *Comparative Biochemistry and Physiology Part C: Toxicology & Pharmacology* 270 (2023), DOI: 10.1016/j.cbpc.2023.109656

5 Anika K. Smith u. a.: »Dietary modulation of cortical excitation and inhibition«, in: *Journal of Psychopharmacology* 31/5 (2017), S. 632–637.

Die Zukunft der Fermentation

1 Yanyan Wang u. a.: »Microbial Cell Factories for Green Production of Vitamins«, in: *Frontiers in Bioengineering and Biotechnology* 9 (2021), DOI: 10.3389/fbioe.2021.661562

2 Christopher A. Voigt: »Synthetic biology 2020–2030: six commercially-available products that are changing our world«, in: *Nature Communications* 11 (2020), DOI: 10.1038/s41467-020-20122-2

3 Florian Humpenöder u. a.: »Projected environmental benefits of replacing beef with microbial protein«, in: *Nature* 605 (2022), S. 90–96.

4 Peter Slade u. Mila Markevych: »Killing the sacred dairy cow? Consumer preferences for plant-based milk alternatives«, in: *Agribusiness* 40/1 (2024), S. 70–92.

5 Samuel T. Coradetti u. a.: »Functional genomics of lipid metabolism in the oleaginous yeast Rhodosporidium toruloides«, in: *eLife* 7 (2018), DOI: 10.7554/eLife.32110

6 Patricia M. Noronha: »Feeding bacteria seaweed to make compostable plastic«, in: *Nature.com* (07.08.2023), URL: https://www.nature.com/articles/d41586-023-02499-4 (zuletzt abgerufen am 20.11.2025); Shafeer Kalathil u. a.: »Microbial Fermentation of Polyethylene Terephthalate (PET) Plastic Waste for the Production of Chemicals or Electricity«, in: *Angewandte Chemie* 61/45 (2022), DOI: 10.1002/anie.202211057

7 Sierra M. Brooks u. Hal S. Alper: »Applications, challenges, and needs for employing synthetic biology beyond the lab«, in: *Nature Communications* 12 (2021), DOI: 10.1038/s41467-021-21740-0

8 Shuya Liang u. a.: »Recent advances in bacteria-mediated cancer therapy«, in: *Frontiers in Bioengineering and Biotechnology* 10 (2022), DOI: 10.3389/fbioe.2022.1026248

9 Muhammad T. Khan u. a.: »Synergy and oxygen adaptation for development of next-generation probiotics«, in: *Nature* 620 (2023), S. 381–385.

10 Pim W. Gilijamse u. a.: »Treatment with Anaerobutyricum soehngenii: a pilot study of safety and dose-response effects on glucose metabolism in human subjects with metabolic syndrome«, in: *NPJ Biofilms and Microbiomes* 6/1 (2020), DOI: 10.1038/s41522-020-0127-0

11 EFSA Panel on Dietetic Products, Nutrition and Allergies (NDA): »Scientific opinion on the substantiation of health claims related to live yoghurt cultures and improved lactose digestion (ID 1143, 2976) pursuant to Article 13(1) of Regulation (EC) No. 1924/2006«, in: *EFSA Journal* 8/10 (2010), DOI: 10.2903/j.efsa.2010.1763

12 Patrycja Cichońska u. a.: »The Survival of Psychobiotics in Fermented Food and the Gastrointestinal Tract: A Review«, in: *Microorganisms* 11/4 (2023), DOI: 10.3390/microorganisms11040996

13 Hannah C. Wastyk u. a.: »Randomized controlled trial demonstrates response to a probiotic intervention for metabolic syndrome that may correspond to diet«, in: *Gut Microbes* 15/1 (2023), DOI: 10.1080/19490976.2023.2178794

Schlusswort

1 »AHA bewertet Risiken hochverarbeiteter Lebensmittel«, in: *Herzmedizin.de* (2025), URL: https://herzmedizin.de/fuer-aerzte-und-fachpersonal/kardiologie-interdisziplinaer/praevention/aha-bewertung-risiken-hochverarbeitete-lebensmittel.html (zuletzt abgerufen am 09.01.2026).

Register

Rezeptverzeichnis

Von Tim Spector sind bei DuMont außerdem erschienen:
Die Wahrheit über unser Essen.
Warum fast alles, was man uns über Ernährung erzählt, falsch ist
Nahrung fürs Leben. Alle neuen Erkenntnisse der Ernährungswissenschaft
Nahrung fürs Leben. Das Kochbuch

MIX
Papier | Fördert gute Waldnutzung
FSC® C083411
FSC www.fsc.org

Das bei der Produktion dieses Buches entstandene CO_2
wurde durch die Finanzierung von Klimaschutzprojekten kompensiert:
climate-id.com/17531-2110-1001/de

Die englische Originalausgabe erschien 2025 unter dem Titel ›Ferment. The Life-Changing Power of Microbes‹ bei Jonathan Cape, einem Imprint von Vintage. Vintage gehört zur Unternehmensgruppe Penguin Random House.

1. Auflage 2026

Übersetzung: Petra Huber und Sara Riffel
Lektorat: Lea Schiemann
Satz: Fagott, Ffm
Druck und Verarbeitung: CPI books GmbH, Leck
Gedruckt auf säurefreiem und chlorfrei gebleichtem Papier
Printed in Germany
ISBN 978-3-7558-0084-2

www.dumont-buchverlag.de